高等院校课程设计案例精编

ASP.NET程序设计与开发经典课堂

王治国 主编

清華大學出版社
北 京

内 容 简 介

本书遵循“理论够用，重在实践”的原则，系统地讲解了ASP.NET动态网站开发技术，主要内容包括ASP.NET概述、C#语言基础、ASP.NET的常用对象、常用服务器控件、ASP.NET中的样式/主题和母版页、数据库访问技术和数据绑定技术、ASP.NET中的XML数据处理、ASP.NET Web服务、ASP.NET的配置和部署、提高ASP.NET应用程序性能的方法、提高ASP.NET应用程序安全性的技术。最后通过实际的项目应用案例，介绍如何在具体开发中使用ASP.NET的这些技术。

本书语言通俗易懂，知识结构合理，适合作为高等院校计算机与信息技术及相关专业学习ASP.NET动态网站设计的教材，也适合作为在.NET框架下开发Web应用程序的Web程序设计人员的参考资料。

图书在版编目(CIP)数据

ASP.NET程序设计与开发经典课堂 / 王治国主编. —北京：清华大学出版社，2020.8
高等院校课程设计案例精编
ISBN 978-7-302-55855-2

Ⅰ.①A…　Ⅱ.①王…　Ⅲ.①网页制作工具—程序设计—高等学校—教学参考资料　Ⅳ.①TP393.092.2

中国版本图书馆CIP数据核字（2020）第109970号

责任编辑：李玉茹
封面设计：张　伟
责任校对：王明明
责任印制：宋　林
出版发行：清华大学出版社
　　网　　址：http://www.tup.com.cn，　http://www.wqbook.com
　　地　　址：北京清华大学学研大厦A座　　**邮　　编：**100084
　　社 总 机：010-62770175　　**邮　　购：**010-62786544
　　投稿与读者服务：010-62776969，c-service@tup.tsinghua.edu.cn
　　质量反馈：010-62772015，zhiliang@tup.tsinghua.edu.cn
印 装 者：大厂回族自治县彩虹印刷有限公司
经　　销：全国新华书店
开　　本：185mm×260mm　　**印　　张：**20.75　　**字　　数：**500千字
版　　次：2020年8月第1版　　**印　　次：**2020年8月第1次印刷
定　　价：69.00元

产品编号：087144-01

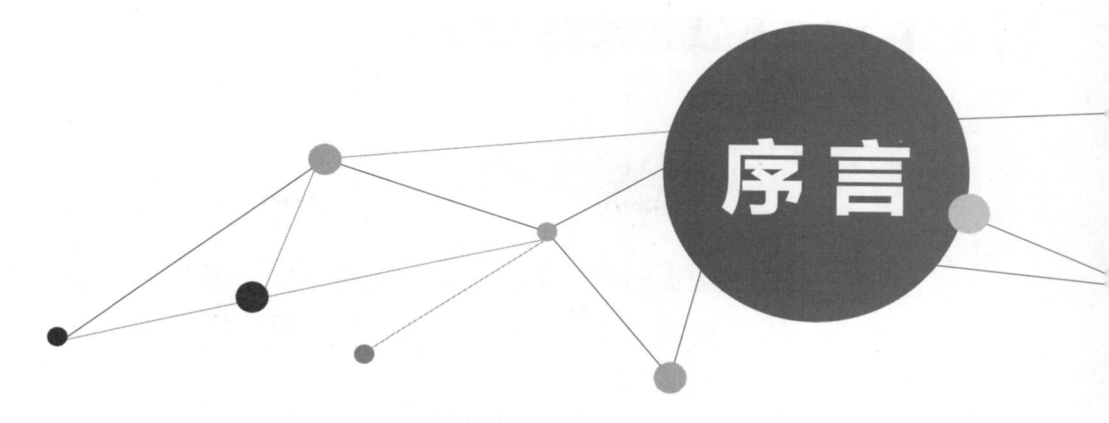

为什么要学这些课程？

随着科技的飞速发展，计算机市场发生了翻天覆地的变化，硬件产品不断更新换代，应用软件也得到了长足发展，应用软件不仅拓宽了计算机系统的应用领域，还放大硬件的功能。那些用于开发应用软件的基础语言便成为了大家热烈追捧的香饽饽，如3D打印、自动驾驶、工业机器人、物联网等人工智能都离不开这些基础学科的支持。

问：一名合格的程序员应该学习哪些语言？

答： 需要学习的程序语言包含C#、Java、C++、Python等，要是能成为一名多语言开发人员将是十分受欢迎的。学习一门语言或开发工具，语法结构、功能调用是次要的，最主要是学习它的思想，有了思想才能触类旁通。

问：没有基础如何学好编程？

答： 其实，最重要的原因是你想学！不论是作为业余爱好还是作为职业，无论是有基础还是没有基础，只要认真去学，都会让你很有收获。需要强调的是，要从基础理论知识学起，只有深入理解这些概念（如变量、函数、条件语句、循环语句等）的语法、结构，吃透列举的应用示例，才能建立良好的程序思维，做到举一反三。

问：学计算机组装与维护的必要性？

答： 计算机硬件设备正朝着网络化、微型化、智能化方向发展。不仅计算机本身的外观、性能、价格越来越亲民，而且它的信息处理能力也将更强大。计算机组装与维护是一门追求动手能力的课程，读者不仅要掌握理论知识，还要在理论的指导下亲身实践。掌握这门技能后，将为后期的深入学习奠定良好的基础。

问：学网络安全有前途吗？

答： 目前，网络和IT已经深入到日常生活和工作当中，网络速度飞跃式的增长和社会信息化的发展，突破了时空的障碍，使信息的价值不断提高。与此同时，网页篡改、计算机病毒、系统非法入侵、数据泄密、网站欺骗、漏洞非法利用等信息安全事件时有发生，这就要求有更多的专业人员去维护。

经典课堂系列新成员

继设计类经典课堂上市后，我们又根据读者的需求组织具有丰富教学经验的一线教师、网络工程师、软件开发工程师、IT经理共同编写了以下图书作品：

√《ASP.NET程序设计与开发经典课堂》
√《C#程序设计与开发经典课堂》
√《SQL Server数据库开发与应用经典课堂》
√《Java程序设计与开发经典课堂》
√《Oracle数据库管理与应用经典课堂》
√《计算机组装与维护经典课堂》
√《局域网组建与维护经典课堂》
√《计算机网络安全与管理经典课堂》
……

系列图书主要特点

结构合理，从课程教学大纲入手，从读者的实际需要出发，内容由浅入深、循序渐进逐步展开，具有很强的针对性。

用语通俗，在讲解过程中安排更多的示例进行辅助说明，理论联系实际，注重其实用性和可操作性，以使读者快速掌握知识点。

易教易学，每章最后都安排了具有针对性的练习题，读者在学习前面知识的基础上，可以自行跟踪练习，同时也达到了检验学习效果的目的。

配套齐全，包含了图书中所有的代码及实例，读者可以直接参照使用。同时，还包含了书中典型案例的视频录像，这样读者便能及时跟踪模仿练习。

获取同步学习资源

本书由王治国老师编写。同时，感谢清华大学出版社的所有编审人员为本书的出版所付出的辛勤劳动，感谢郑州轻工业大学教务处的大力支持。本书在编写过程中力求严谨细致，由于水平有限，书中难免会有不妥和疏漏之处，恳请广大读者给予批评指正。

本书配套教学资源请扫描此二维码获取：

适用读者群体

- 本、专科院校的教师和学生。
- 相关培训机构的教师和学员。
- 程序设计与开发的爱好者。
- 程序测试及维护人员。
- 步入相关工作岗位的“菜鸟”。
- 初、中级数据库管理员或程序员。

目录

CATALOGUE

第1章 初识ASP.NET

第2章 ASP.NET程序设计基础

第3章 ASP.NET的Web页面管理

第4章 ASP.NET常用的服务器控件

第5章 ASP.NET的常用内置对象

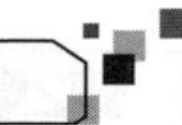

第6章 样式、主题和母版页

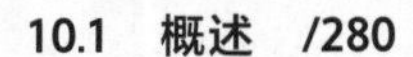

第10章 综合编程项目开发

第1章 初识ASP.NET

内容导读

ASP.NET 是微软发布的新一代主流企业级 Web 应用开发技术平台，是目前最热门的 Web 开发技术之一，可提供构建基于企业级服务器的 Web 应用程序所必需的所有服务。ASP.NET 是在 .NET Framework 的基础上构建的，因此所有 .NET Framework 功能都适用于 ASP.NET 应用程序。可使用与公共语言运行库 (CLR) 兼容的任何语言 (包括 Visual Basic、C++ 和 C# 等) 编写应用程序。

本章将讲解 Web 基础知识、ASP.NET 框架体系以及其运行环境配置等知识。目的是创建 Web 程序并能够对 Web 知识有一个清晰的认识。

通过本章的学习，读者应该重点掌握 IIS Web 服务器的配置和 Visual Studio 2015 集成开发环境的应用等，并能够利用其开发环境创建第一个 ASP.NET Web 的应用程序。

学习目标

- ◆ 了解什么是 Web
- ◆ 熟悉 .NET Framework 的概念
- ◆ 熟悉 Visual Studio 2015 的基本操作
- ◆ 掌握如何创建 ASP.NET 应用程序

课时安排

- ◆ 理论学习 1 课时
- ◆ 上机操作 2 课时

1.1 Web 开发技术基础

Web 是 World Wide Web 的缩写，也称为 WWW 或万维网。目前，它是 Internet 上应用最为广泛、最为重要的信息服务类型。

1.1.1 Web 的基本概念

Web 被人们誉为 20 世纪最伟大的发明之一。万维网使得全世界的人们以史无前例的巨大规模相互交流。无论相距如何遥远的人们，甚至是不同年代的人们都可以通过网络来交流他们之间的信息从而实现沟通，人们可以用历史上从来没有过的低投入实现数据共享。

最初 Web 起源于 CERN(欧洲粒子物理实验室)，由从事高性能物理研究的科学家提出设想、发明，并最终给现代社会带来了巨大的影响。最初 CERN 的科学家是为了让散布于世界各地的高性能物理研究人员能够及时地传递信息、共享研究成果和思想，1989 年 CERN 的 Tim Bemers Lee 提出 HyperText(超文本) 的设想。1991 年，Web 的第一个技术标准问世并获得了巨大的成功。

风靡全球的 WWW 服务主要是以一个个网页呈现出来的，所谓 Web 网页也就是大家在浏览器上见到的画面，一般在输入网址进入站点后所看的第一个页面称为主页。主页通常用来作为一个站点的目录或索引。而 Web 网站是一组相关网页的集合，也就是说，设计制作了几个网页，并且经过组织规划，让网页彼此相连，然后让连上 Internet 的人们都能看到，这样的结构就称为 Web 网站。

通过 Internet，Web 将全世界联网的不同网址上的相关信息有机地编织在一起，以超文本传输协议 (Hyper Text Transfer Protocol，HTTP) 为基础协议进行数据传输。Web 采用客户端 / 服务器工作模式，如图 1.1 所示。

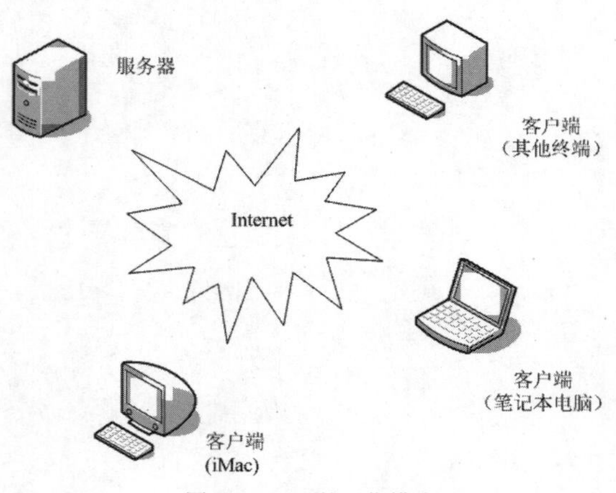

图 1.1　Web 的工作模式

服务器中的信息以页面 (或称 Web 网页) 的形式存储，而这些页面则采用超文本标记语言 (Hyper Text Markup Language，HTML) 来对信息进行组织，并通过超级链接将它们连接起来。服务器的地址以及各个页面的地址信息被称为统一资源定位器 (Uniform Resource Locator，URL)，如 http://www. Microsoft.com /windows/ default.aspx。其中，http:// 表示使用 HTTP 协议，www. Microsoft.com 表示 Microsoft 公司的 Web 服务器地址，/windows 表示服务器上网站根目录下面的 windows 目录 (或者是一个虚拟的目录，但是映射了另外一个真实的目录)，/default.aspx 表示该目录下的一个文件。所有的 Web 站点都有一个辨识自己的唯一 IP(Internet Protocol，网际协议) 地址，该地址由 4 个数字序列 (最大为 3 位十进制数，值为 0~255) 组成，中间由点号分隔，如 127.0.0.1。其实网站的 URL 就是某个 IP 地址的映射，使用 URL 的好处就是便于记忆。Internet 中的域名服务程序 DNS (Domain Name Services) 会自动把 URL 和 IP 地址进行转换。

客户端可以是笔记本电脑、iMac 电话、个人电话、掌上电脑以及其他终端设备。在客户端上一般都有一个 Web 浏览器软件，如 Microsoft 公司的 Internet Explorer、Netscape 的 Navigator、掌上电脑中的 Opera 浏览器等。用户在客户端通过浏览器向服务器提出要访问的 Web 页面 URL，DNS 服务器会把要访问的 URL 指向服务器，服务器接收到客户的请求后查找用户指定的页面，如果没有找到该页面，就返回一个错误信息；否则将该页面的内容返回给客户端。客户端接收到服务器的响应后，便将结果显示在浏览器上。

Web 页面在 Internet 上的传输是通过超文本传输协议 (HTTP) 实现的。超文本传输协议是一个应用程序协议，允许浏览器和服务器相互通信，来回传送数据。Web 页的所有请求和服务器发送的所有响应都是在浏览器和服务器之间传送的 HTTP 信息。

1.1.2 静态网页技术

当人们浏览 Internet 时，会看到许多静态 Web 页面。静态网页在制作完成并发布后，网页内容和外观对于任何浏览者无论何时或以何种方式访问都将保持不变。从本质上说，这种类型的 Web 页面是由一些 HTML 代码组成的页面，且这些代码可以直接通过文本编辑器或 Web 页面编辑器输入，并保存为扩展名为 .htm 或 .html 的文件。因此，在用户访问 Web 页面之前，Web 页面的作者已经用 HTML 完全确定了页面的具体内容。静态 Web 页面通常非常容易识别，它的内容 (文本、图像、超链接等) 和外观总是保持不变，它并不考虑谁在访问页面、何时访问页面、如何进入页面以及其他因素。

【例 1.1】静态网页示例。

编写以下简单 HTML 代码，为 Web 站点创建名为 Default.html 的页面。

```
<html>
<head><title> 欢迎进入 ASP.NET 的世界 </title></head>
<body>
<h1> 欢迎进入 ASP.NET 的世界 </h1>
<br><br>
<a HREF="contents.html"> 详细内容请点击这里 </a>.
<br><br>
当您在浏览的过程当中遇到问题，请与我联系
```

```
<a href="mailto:happy@163.com"> 发邮件给我 </a>.
</body>
</html>
```

当用户进入站点访问该页面时，会得到如图 1.2 所示的结果。

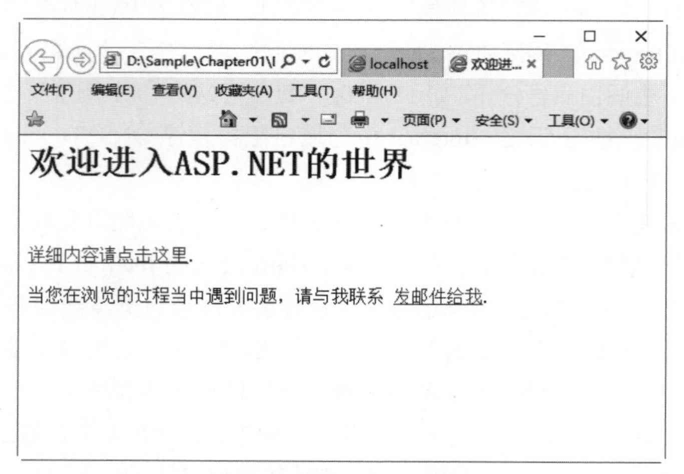

图 1.2　静态页面的显示效果

在用户发出访问页面的请求之前，页面的内容已经确定。实际上，Web 管理员将代码以 .html 文件保存到磁盘时，就确定了该页面的内容。

1.1.3　动态网页技术

随着 Internet 的发展，静态页面已经不能满足人们的需要，人们需要从 Internet 上获取更多的多媒体信息，期望能够在浏览 Web 页面时看到更为吸引人的页面以及新闻信息，更希望与网站之间产生实时互动，得到更好的上网体验。特别是随着电子商务的发展，人们需要更为灵活、及时的互动 Web 技术，因此动态网页技术也就应运而生。

动态网页技术就是指网页内含有在服务器端执行的程序代码，当客户端向服务器端提出请求时，程序的代码会先在服务器端执行，然后再将 Web 服务器端执行的结果传送给浏览器。Web 服务器端执行的程序一般有 CGI、ASP、ASP.NET、JSP、PHP 等。与静态网页技术的区别如表 1.1 所示。

表 1.1　静态网页与动态网页的区别

比较项	静态网页	动态网页
内容	网页内容固定	网页内容动态生成
后缀	.htm 等	.asp、.aspx、.shtm、.php、.cgi 等
优点	无须系统实时生成、网页风格灵活多样	日常维护简单、更改结构方便、实时交互性能强

续表

比较项	静态网页	动态网页
缺点	交互性能较差、日常维护烦琐	需要大量的系统资源合成网页、需要更强大的编程能力
数据库	不支持	支持

1.1.4 B/S 架构体系

目前在应用开发领域中，从软件开发体系上分类，可分成三大体系，即基于浏览器的 B/S(Brower/Server) 架构、基于客户端的 C/S(Client/Server) 架构、基于嵌入式系统的开发架构。基于 B/S 架构的编程体系，目前主要采用 3 种服务器端语言，即 JSP(Java Server Pages)、PHP(Personal Home Page) 和 ASP.NET。这 3 种语言构成 3 种常用应用开发组合，即 JSP+Oracle 体系、PHP+MySQL 体系以及 ASP.NET+SQL Server 体系。

B/S 架构编程语言分成浏览器端编程语言和服务器端编程语言。浏览器端包括超文本标记语言 (HyperText Markup Language，HTML)、级联样式表单 (Cascading Style Sheets，CSS)、JavaScript 语言和 VBScript 语言。所谓的浏览器端编程语言就是这些语言均被浏览器解释执行。HTML 和 CSS 是由浏览器解释的，JavaScript 语言和 VBScript 语言也是在浏览器上执行的。

为了实现一些复杂的操作，如连接数据库、操作文件等，需要使用服务器端编程语言。目前主要是 3P(ASP.NET、JSP 和 PHP) 技术。ASP.NET 是 Microsoft(微软) 公司推出的，在这 3 种语言中是用得最为广泛的一种。JSP 是 Sun 公司推出的，是 J2EE(Java 2 Enterprise Edition，Java2 企业版)13 种核心技术中重要的一种。PHP 在 1999 年的下半年和 2000 年用得非常广泛，因为 Linux+PHP+MySQL(一种中小型数据库管理系统) 构成全免费的而且非常稳定的应用平台，这 3 种语言是目前应用开发体系的主流。

数据库支持是必需的，目前应用领域的数据库系统全部采用关系型数据库 (Relation Database Management System，RDBMS)。在企业级开发领域中，目前主要采用三大厂商的数据库关系系统，即微软公司的 SQL Server、Oracle 公司的 Oracle 以及 IBM 公司的 DB2。

1.2 .NET Framework 与 ASP.NET

ASP.NET 是建立在 .NET Framework(又叫 .NET 框架) 的公共语言运行库上的编程框架，可用于在服务器上生成功能强大的 Web 应用程序。

1.2.1 .NET Framework 简介

微软公司将未来计算机软件的发展状况设想命名为 .NET，它认为未来的计算机软件将是多个应用程序通过网络以一种分布式的方式计算的世界。在此基础上为了让不同的编程

语言都能够实现这种互通的编程方式，Microsoft 推出了 .NET。Microsoft 的 .NET 其实是一项非常庞大的计划，也是 Microsoft 发展的战略核心。Microsoft 公司前首席执行官兼总裁曾说：".NET 代表了一个集合、一个环境、一个编程的基本结构，作为一个平台来支持下一代互联网。.NET 也是一个用户环境，是一组基本的用户服务，可以作用于客户端、服务器端或任何地方，与改编成的模式具有很好的一致性，并有所创新。因此，它不仅是一个用户体验，而且是开发人员体验的集合。"

.NET 的核心是 .NET 框架，用英文表示为 .NET Framework。2002 年，微软推出 .NET Framework 1.0 版。.NET 框架平台不同于以往的编程语言，它实质上是一个技术框架，即架设一个开发 VB.NET、C#、ASP.NET 等应用程序的总框架。在 .NET 框架中主要包括公共语言运行库、基础类库、ASP.NET 和 C# 等语言运行库三大部分。

1. 公共语言运行库

公共语言运行库 (CLR) 是 .NET 框架的最底层，也是 .NET 框架的运行环境，它的主要功能是负责运行和维护用户编写的程序代码。当客户端第一次访问网页时，所访问的 Web 应用程序会被编译成一种中间语言 (Microsoft Intermediate Language，MSIL)，然后通过即时编译器将这种中间语言生成计算机可以执行的二进制代码，当用户再次访问该页时，系统就可以从中间语言直接编译成该页面请求所允许的可执行二进制机器代码。如果源代码被开发人员进行了重写，再次访问时，就需要重新把源代码编译为中间语言。正是这样的运行模式，使得应用程序可在不同环境下执行，实现跨平台性。另外，.NET 的公共语言运行库还提供了统一安全机制和系统资源统一管理功能。

2. 基础类库 (Base Class Library)

.NET 框架为开发人员提供了一个面向对象、统一的、层次化且可扩展的类库集 (API)。这正如 C++ 开发人员使用的 Microsoft 基类 (MFC) 库，Java 开发人员使用的 Java 类库，就像 Visual Basic 用户使用的 Visual Basic API 集一样，.NET 框架统一了微软以前所有使用的类库，这样大大方便了开发人员的编程。在程序设计中，不需要再直接调用底层的系统 API，简化了程序设计，同时减少了程序设计中的问题。最主要的是，.NET 类库具有更大的跨语言兼容性、错误处理能力和调试功能。

3. ASP.NET 和 C# 等语言运行库

ASP.NET 和 C# 等语言都是 .NET 框架中的顶层应用，它们之间的关系如图 1.3 所示。

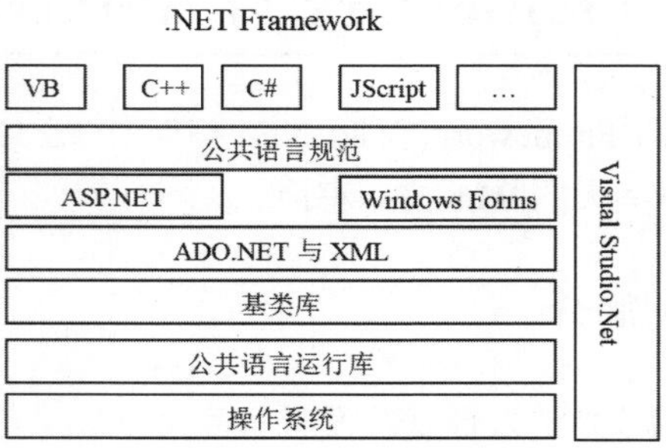

.NET Framework

VB | C++ | C# | JScript | …
公共语言规范
ASP.NET | Windows Forms
ADO.NET 与 XML
基类库
公共语言运行库
操作系统
Visual Studio.Net

图 1.3　NET 框架

1.2.2 ASP.NET 的基本框架

ASP.NET 是由微软公司推出的用于 Web 应用开发的全新框架，是 .NET 框架(即 .NET Framework) 的组成部分，它从现有的 ASP(Active Server Pages) 结构体系上跨出了一大步，是对传统 ASP 技术的重大升级和更新。

ASP.NET 是一个统一的 Web 应用程序开发模型，它包括在企业级 Web 应用程序开发过程中所尽可能少的代码生成所必需的各种服务。ASP.NET 是 .NET Framework 的一部分。当开发人员编写 ASP.NET 应用程序代码时，可以方便地访问 .NET Framework 中已经封装好的类，这样可以大大降低开发难度。同样还可以使用与公共语言运行库兼容的任何语言来编写所开发应用程序的代码，这些语言包括 Microsoft Visual Basic、C#、JScript、.NET 和 J# 等。使用这些语言，可以开发利用公共语言运行库、类型安全、继承等方面优点的 ASP.NET 应用程序。ASP.NET 包括页和控件框架、ASP.NET 编译器、安全基础结构、状态管理功能、应用程序配置、运行状况监视和性能功能调试支持、XML Web Services 框架、可扩展的宿主环境和应用程序生命周期管理、可扩展的设计器环境等。

1. 页面和控件框架

ASP.NET 页面和控件框架是一种编程框架，它能够在 Web 服务器上运行，ASP.NET 页面可以被动态地生成和呈现。ASP.NET 页面可以从任何浏览器或客户端设备所请求，ASP.NET 会将所请求的页面进行编译后向浏览器请求以 HTML 标记的方式来呈现。ASP.NET 支持基于如移动电话、手持型计算机和个人数字助理 (PDA) 等 Web 设备的移动控件。

ASP.NET 页面是完全面向对象的。在 ASP.NET 网页中，HTML 元素的处理都可以使用属性、方法和事件来实现。ASP.NET 网页框架为响应在服务器上运行的代码中的客户端事件提供统一的模型，从而可以使开发者不必考虑基于 Web 的应用程序中固有的客户端和服务器隔离的实现细节。

ASP.NET 页面和控件框架还提供各种功能，如对网站的整体外观和感觉的控制可以通过主题和外观来实现。除了主题外，还可以定义母版页，以使应用程序中的页面布局一致。一个母版页可以定义开发人员所希望的应用程序中的所有页(或一组页)所具有的布局和标准行为。当用户请求内容页时，这些内容页与母版页合并，产生将母版页的布局与内容页中的内容组合在一起的输出。

2. ASP.NET 编译器

ASP.NET 包括一个编译器，该编译器将包括页面和控件在内的所有应用程序组件编译成一个程序集，然后 ASP.NET 宿主环境可以使用该程序集来处理用户的请求。

3. 安全基础结构

ASP.NET 提供了除 .NET 安全功能外的高级安全基础结构，以便对用户进行身份验证和授权，并执行其他与安全相关的功能。开发人员可以使用由 IIS 提供的 Windows 身份验证功能对用户进行身份验证，也可以通过自己设计的数据库与 ASP.NET Forms 身份验证和 ASP.NET 成员资格来管理身份验证。

4. 状态管理功能

ASP.NET 提供了内部状态管理功能的相关类，通过这些对象可以使开发人员能够存储客户页请求期间的信息，如客户信息或购物车的内容等，此信息可以独立于页面上的任何控件。

5. ASP.NET 配置

ASP.NET 应用程序所使用的配置系统文件，可以定义整个 Web 服务器、网站或单个应用程序的配置设置。开发人员可以随时添加或修订配置设置，且对运行的 Web 应用程序和服务器具有最小的影响。ASP.NET 配置设置信息存储在基于 XML 的配置文件中。由于这些 XML 文件是 ASCII 文本文件，因此对 Web 应用程序进行配置更改比较简单。

6. 运行状况监视和性能功能

ASP.NET 具备可以监视 ASP.NET 应用程序运行状况和性能的功能。它可以报告关键事件，这些关键事件提供了有关应用程序的运行状况和错误情况信息。通过这些事件显示诊断和监视特征的组合，可以对 ASP.NET 的记录事件以及如何记录事件等方面提供高度的灵活性。

7. 调试支持

ASP.NET 利用运行库调试基础结构来提供跨语言和跨计算机的调试支持。可以调试托管和非托管对象，以及公共语言运行库和脚本语言支持的所有语言。此外，ASP.NET 页面框架提供了可以将检测消息插入 ASP.NET 网页的跟踪模式。

8. XML Web Services 框架

ASP.NET 同样提供对 XML Web Services 的支持。XML Web Services 是包含业务功能的组件，利用该业务功能，应用程序可以使用 HTTP 和 XML 消息等标准跨越防火墙来交换信息。XML Web Services 不用依靠特定的组件技术或对象调用约定。因此，用任何语言编写、使用任何组件模型并在任何操作系统上运行的程序，都可以访问 XML Web Services。

9. 可扩展的宿主环境和应用程序生命周期管理

ASP.NET 还包括一个可扩展的宿主环境，该环境控制应用程序的生命周期，即从用户首次访问此 Web 应用程序中的资源到应用程序关闭这一时间段。虽然 ASP.NET 依赖作为应用程序宿主的 IIS 服务器，但 ASP.NET 自身也提供了许多宿主功能。通过 ASP.NET 的基础结构，开发人员可以响应应用程序事件并创建自定义 HTTP 处理程序和 HTTP 处理模块。

10. 可扩展的设计器环境

ASP.NET 中提供了对创建 Web 服务器控件的设计器，如 Visual Studio 可视化开发工具的增强支持。使用工具可以为控件生成设计时用户界面，因此开发人员也可以在可视化设计工具中配置控件的属性和内容。

1.2.3 ASP.NET 的特点

ASP.NET 带来了一场网络编程的革命，开发人员可以方便、快速地开发 Web 应用程序和 Web 服务。具体地说，ASP.NET 的优点包括以下几个方面。

1. 简易性

ASP.NET 提供了很多基于常用功能的控件，使诸如表单提交、表单验证、数据交互等常用操作变得更加简单。ASP.NET 的事务处理模型也相当简单，类似于 VB 的 FORM 处理模型。ASP.NET 执行窗体提交和客户端身份验证到部署和站点配置变得很容易。同时，发布、配置程序也由于 ASP.NET 的新的处理模式而更加简单。

2. 安全性

应用 Windows 系统内置的身份验证机制和基于每个应用程序的配置，完全可以保证应用程序的安全性。ASP.NET 还为 Web 应用程序提供了各种授权和身份验证方案。开发人员可以根据应用程序的需要方便地移除、添加或替换这些方案。

3. 自定义性和可扩展性

用户可以使用自己编写的自定义组件或扩展来替换 ASP.NET 运行库中的任何子组件。ASP.NET 是基于通用语言的，开发者可以使用任何 .NET 支持的语言（如 C#、VB.NET、JScript 等）来开发 ASP.NET 的程序。ASP.NET 编程语言可以选择最适合应用程序的语言，或跨多种语言分割应用程序。

4. 强大的工具支持

ASP.NET 框架应用了 Visual Studio.NET 集成开发环境中的工具箱和设计器。Visual Studio.NET 提供了强大、高效的 .NET 程序的集成开发环境，支持诸如所见即所得、控件拖放、编译调试等功能，使开发 ASP.NET 程序更加快速、方便。

5. 多种性能优良的功能

ASP.NET 与其前身 ASP 最大的区别在于其不再是解释性的脚本，而是运行于服务器端经过编译的代码，这使早期绑定、本地优化、缓存服务等技术成为可能，大大提高了 ASP.NET 程序的执行效率。ASP.NET 中还包括多种功能和工具，可用来设计和实现高性能的 Web 应用程序。这些功能包括基于 ASP 经过改进的进程模型、自动编译请求的页面并在服务器上存储这些页面、ASP.NET 特定的性能计数器、Web 应用程序测试工具等。

6. 可管理性

ASP.NET 程序的所有配置都存储在基于 XML 的文件中，这将大大简化对服务器环境和网络程序的配置过程。在部署 ASP.NET 框架应用程序时只需将必要的文件复制到服务器，即可将 ASP.NET 框架应用程序部署到服务器，而不需要重新启动服务器。

1.3 配置 ASP.NET 运行环境

作为 ASP.NET 的 Windows 运行环境，IIS(Internet Information Service，互联网信息服务）服务器的配置是必不可少的。Web 项目在开发完毕后，必须要通过 IIS 服务器的发布才可以供其他人访问。

1.3.1 配置 IIS 服务器

作为 Windows 下网页技术的发布者和服务提供者，IIS 服务器是承载整个 Web 网站对外提供服务的重要程序，所有的 Web 页面也都是在这个软件的管理下为用户服务的。根据操作系统版本的不同，IIS 服务器的安装状况略有不同。下面就对其配置过程进行简单说明。

选择“控制面板”|“所有控制面板项”|“管理工具”，查看各自的 IIS 服务器是否已经安装成功，如图 1.4 所示。

图 1.4　查看 IIS 是否安装

若没有安装，则需要安装 IIS 服务器组件。具体步骤如下：进入“控制面板”，选择“程序和功能”，如图 1.5 所示。

图 1.5　启用或关闭 Windows 功能

单击窗口左边的“启用或关闭 Windows 功能”链接，在弹出的窗口中找到并选择 Internet Information Services 选项，如图 1.6 所示。

将 Windows 10 安装盘放入光驱，单击“确定”按钮就可以实现 IIS 的安装。图 1.7 显示安装成功。

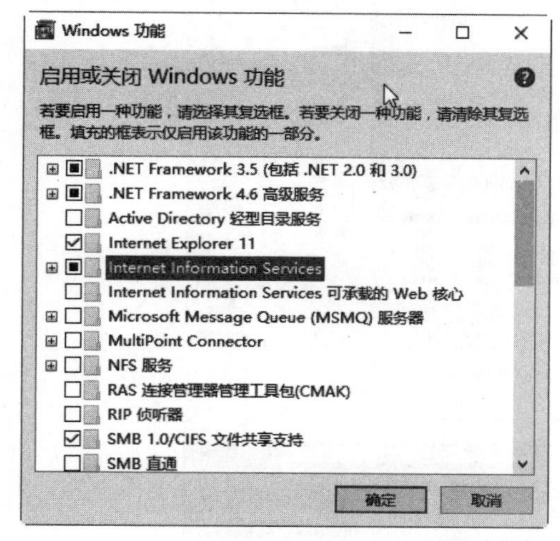

图 1.6　安装 IIS

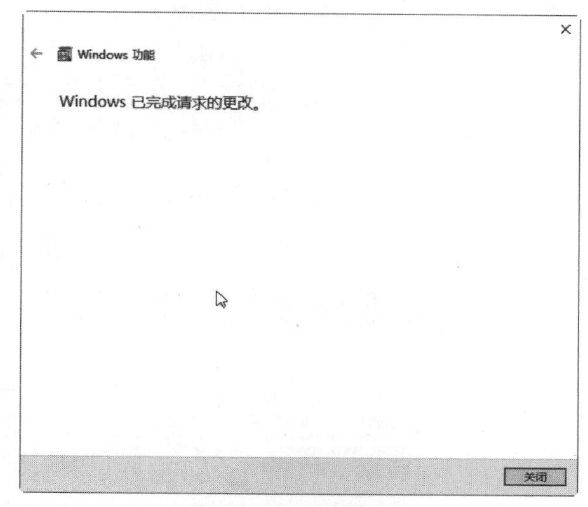

图 1.7　IIS 安装成功

在安装完毕后，就可以对 IIS Web 服务器进行配置了。选择“控制面板”|“管理工具”，双击 IIS，进入 IIS 管理器，如图 1.8 所示。

图 1.8　IIS 管理器

打开后单击窗口左边网站节点，展开“网站”，选择 Default Web Site 选项，然后选择窗口右边的“基本设置”，可以对 IIS 进行基本设置管理，如配置和添加 Web 项目所在的路径等，如图 1.9 所示。

配置网站主页。打开网站站点的 IIS 管理界面，双击“默认文档”选项，从打开的窗口中就可以配置添加该网站所要运行的初始网站主页，如图 1.10 所示。

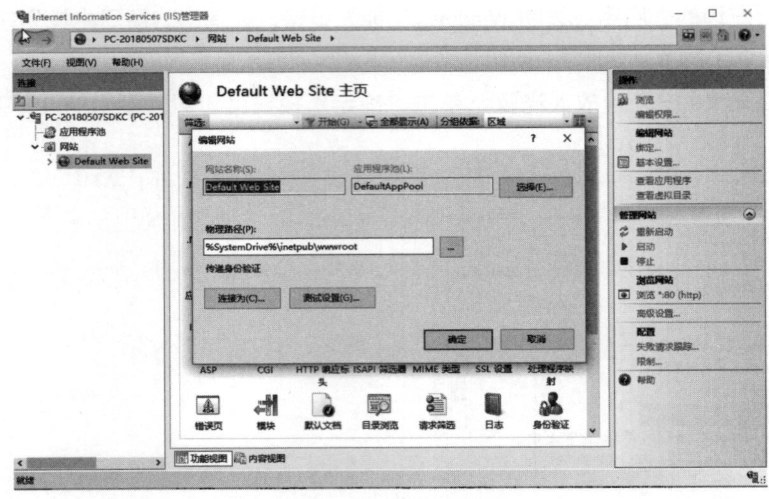

图 1.9 Web 项目目录配置

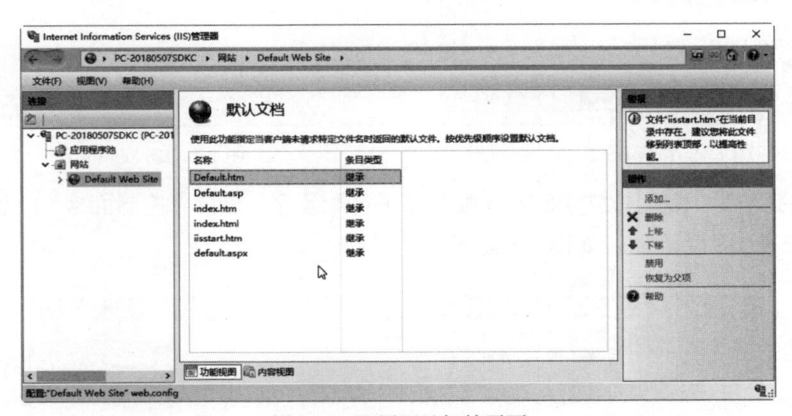

图 1.10 配置网站初始页面

配置身份验证。打开网站站点的 IIS 管理界面，双击“身份验证”选项，就可以进行配置身份验证。这里身份验证有 Forms 身份验证、ASP.NET 模拟、匿名身份验证 3 种验证方式，如图 1.11 所示。

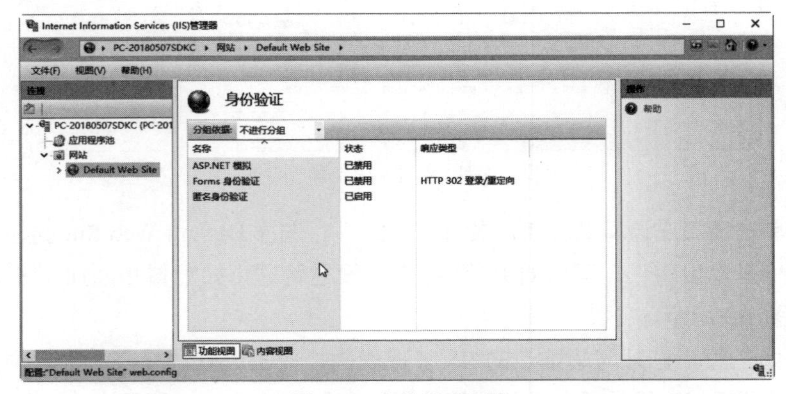

图 1.11 身份验证配置

1.3.2 Visual Studio 开发环境介绍

下面介绍Visual Studio 集成开发环境(IDE)。Visual Studio 是一套基于组件的软件开发工具和其他技术，可用于构建功能强大、性能出众的应用程序。Visual Studio不但提供了高效的开发环境，还提供了功能强大的帮助工具。Visual Studio 2015内部代号为Visual Studio“14”，发布时间是2014年11月13日。Visual Studio 2015平台可帮助开发人员打造跨平台的应用程序，从Windows到Linux甚至iOS和Android。

在安装Visual Studio 2015之前要确定所使用计算机的软硬件配置情况，看看能否达到基本配置的要求，以便正确安装并全面使用Visual Studio 2015强大的功能。

Visual Studio Professional 2015 (含 Update 3) 的硬件要求如下。

◎ 1.6 GHz或更快的处理器。

◎ 1 GB的RAM(如果在虚拟机上运行则需1.5 GB)。

◎ 10 GB可用硬盘空间。

◎ 转速为5400 r/min的硬盘驱动器。

◎ 支持DirectX 9的视频卡(1024×768或更高分辨率)。

Visual Studio Professional 2015 (含 Update 3) 支持以下操作系统。

◎ Windows 10。

◎ Windows 8.1。

◎ Windows 8。

◎ Windows 7 SP1。

◎ Windows Server 2012 R2。

◎ Windows Server 2012。

◎ Windows Server 2008 R2 SP1。

Visual Studio 2015包括以下新功能。

◎ 新的、灵活的跨平台运行时。

◎ 新的模块式HTTP请求管道。

◎ 云就绪环境配置。

◎ 将MVC、Web API和网页结合在一起的编程模型。

◎ 能够在不重新生成项目的情况下查看更改。

◎ 能并行运行多个.NET Framework版本。

◎ 能够自承载或在IIS上承载。

◎ Visual Studio 2015中的新工具，包括Grunt、Gulp、Bower和NPM集成。

◎ GitHub 中的开放源代码。

2002 年，微软取消了 Visual FoxPro、Visual InterDev、Visual J++ 等，推出了 Visual Studio 和 .NET Framework 1.0 以及一门新的语言 C#。基于 .NET Framework 的 Visual Studio 融合了 3 种开发语言，即 C#、VB.NET 和 VC++.NET，使得各种语言的开发环境使用几乎相同的 IDE 集成环境，并且开发的程序都具有和平台无关的特性。随后，微软在此基础上又推出 Visual Studio 2003、Visual Studio 2005、Visual Studio 2008 等版本。

作为微软跨平台新战略下的开发工具，Visual Studio 2015 支持开发人员编写跨平台应用程序，从 Windows 到 Mac、Linux、甚至是编写 iOS 和 Android 代码。此外，微软还为此发布了比谷歌自家性能更优异的 Android 模拟器。微软进一步扩大了 .NET 框架的可应用范围，开发人员可以利用通用的代码库在 Windows/Mac/Linux 三大操作系统上快速开发自己的应用软件，这无疑是非常好的消息。如果微软能够将 .NET 做到完美跨三大平台，其发展势头将不可估量。

除了桌面操作系统外，移动开发也是微软最看重的一点。Visual Studio 2015 不仅支持 Windows Phone 的开发，还支持 iOS 以及 Android 移动端系统的应用开发。为此，Visual Studio 2015 直接内置了 Android 模拟器——Visual Studio Emulator for Android。而 iOS 开发目前没有提供模拟器，还需要使用 iPhone 真机进行测试。但无论如何，这都是一个非常大的进步。

Visual Studio 2015 包含了名为“Roslyn”的 .NET 编译器平台 (complier platform)，现在不仅可以开发 Windows 应用，还可支持 C#、C++、Python、Visual Basic、Node.js、HTML、JavaScript 等编程语言的开发。

微软为了让 Windows 拥有更加繁荣的生态环境，决定将之前售价高昂的 Visual Studio 开发工具最大限度地免费化。从 Visual Studio 2013 开始便推出了一个全新的版本——社区版。Visual Studio 2015 社区版比以前免费的 Express 版本更高级，但依然免费提供给单个开发人员以及科研、教育和小型专业团队，并且开放源代码项目。

Visual Studio IDE 中编程人员可通过菜单栏访问大多数用来控制开发环境的命令。菜单和命令的工作方式与所有基于 Windows 的程序相同，可以使用鼠标和键盘来访问它们。菜单栏的下方是标准工具栏，这个工具栏中的按钮用于快速执行命令和控制 Visual Studio IDE。在 IDE 中右击工具栏可显示其完整列表，窗口的底部是 Windows 任务栏，如图 1.12 所示。

在 Visual Studio IDE 中，主要工具包括设计器、解决方案资源管理器、属性窗口和工具箱。此外，还会出现“服务器资源管理器”和“对象浏览器”等特殊工具，它们在 IDE 中也会以选项卡形式出现。因为每个开发人员的偏好设置不同，所以界面设置也有所不同。

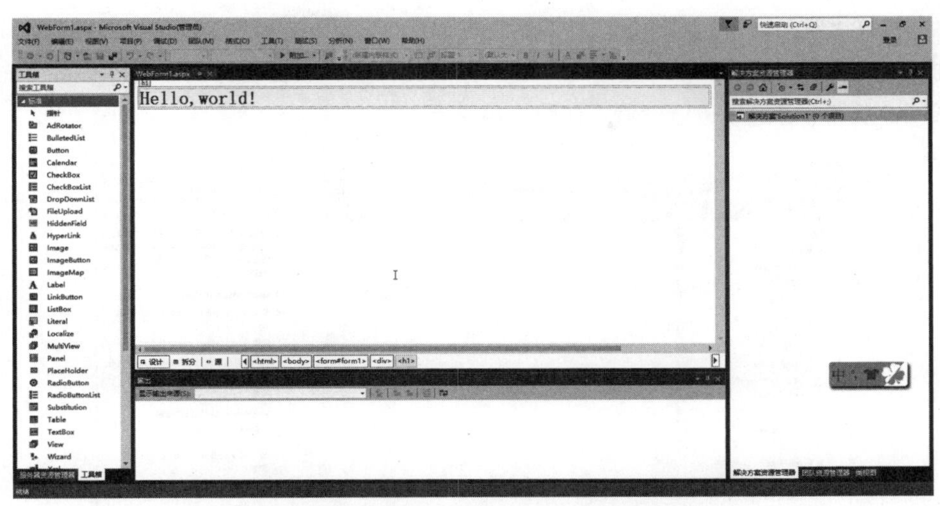

图 1.12 Visual Studio 2015 的开发环境

1.4 第一个 ASP.NET Web 程序

使用 Visual Studio 2015 开发环境可以非常轻松地创建 ASP.NET Web 应用程序。下面通过本书的第一个 ASP.NET Web 应用程序来介绍如何使用 Visual Studio 2015 创建 Web 应用程序。

1.4.1 创建第一个 ASP.NET Web 程序

【例 1.2】 创建第一个 ASP.NET Web 程序。

创建 ASP.NET 程序的操作过程大致如下。

(1) 在 Visual Studio 2015 开发环境中选择菜单“文件”|“新建”|“项目”命令，如图 1.13 所示。

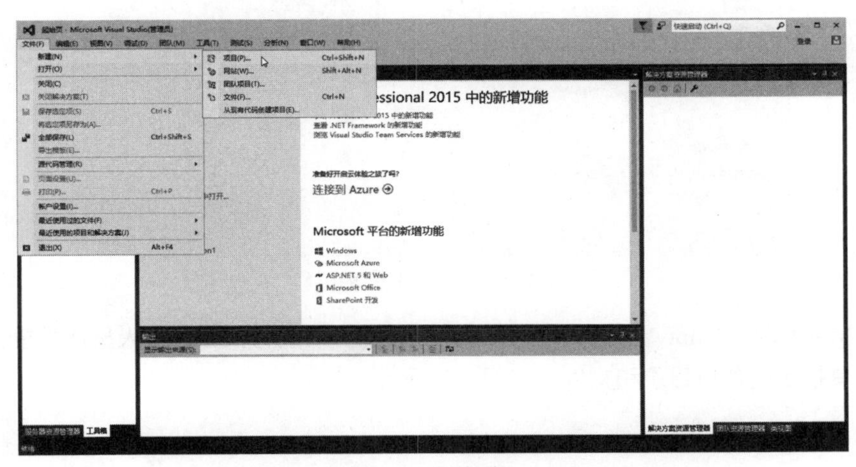

图 1.13 新建项目

(2) 打开“新建项目”对话框，在对话框左边选择“Visual C#”下面的 Web 选项，在窗口模板中选择“ASP.NET Web 应用程序”，再对其位置、项目名称及 .NET Framework(这里选择 4.5 版本) 等选项进行设置，如图 1.14 所示。

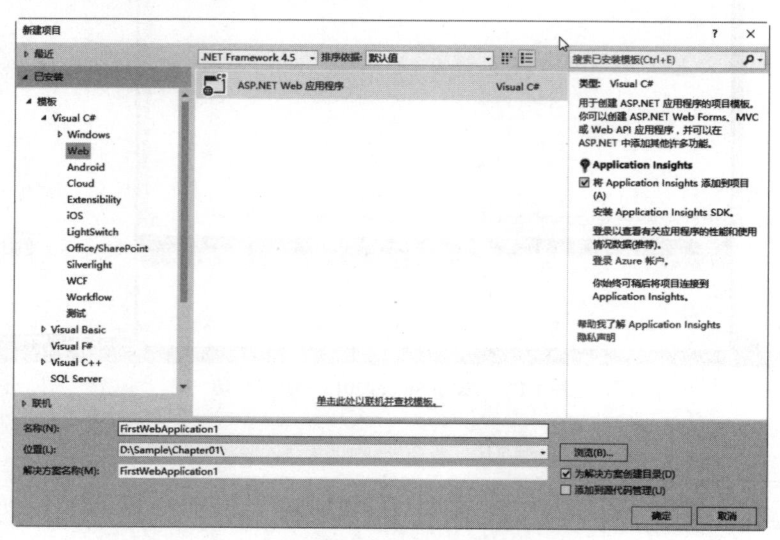

图 1.14　选择新建项目类型

(3) 设置完成后，单击“确定”按钮，进入 ASP.NET“选择模板”界面，如图 1.15 所示。

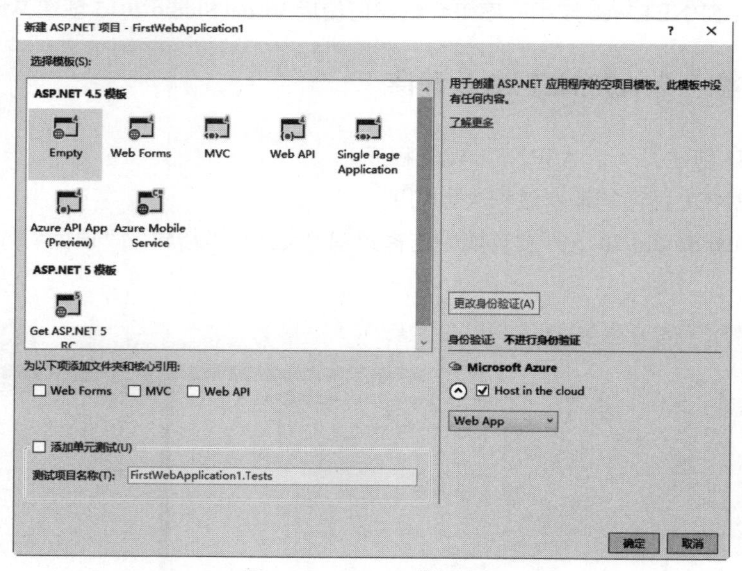

图 1.15　ASP.NET 模板选择

(4) 选择默认的 Empty 选项，单击“确定”按钮，系统将根据编程人员选择模板创建解决方案及其指定的项目目录和文件，如图 1.16 所示。

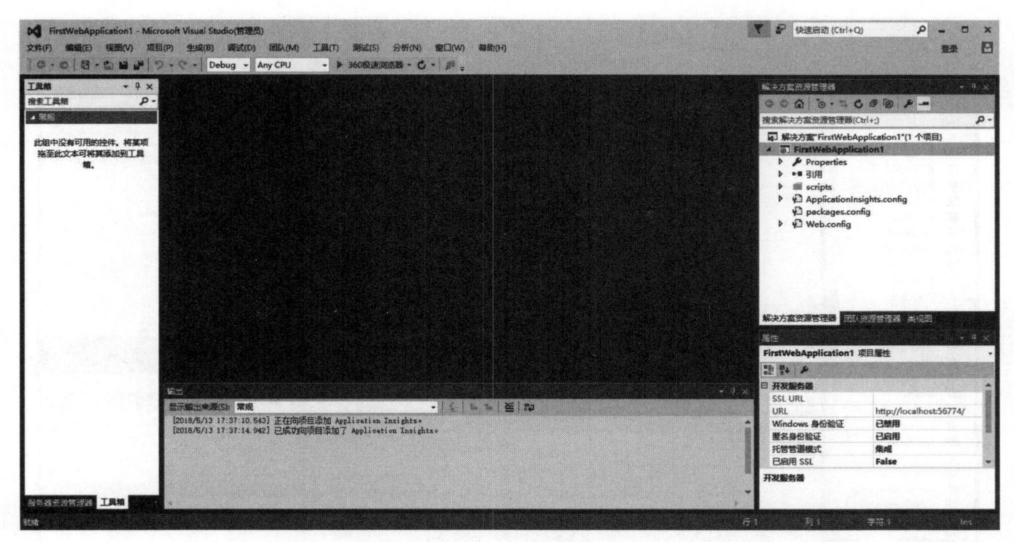

图 1.16　项目生成

在项目中添加网页文件。在菜单栏中选择“项目”|“添加新项”命令，弹出“添加新项”对话框；选择“Web 窗体”选项，在下面窗体“名称”中输入网页文件名称，系统默认为“WebForm1.aspx”，如图 1.17 所示。

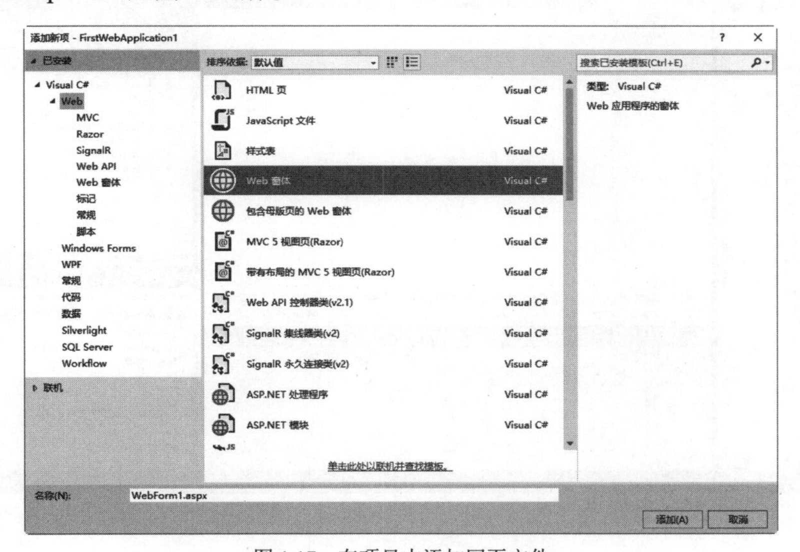

图 1.17　在项目中添加网页文件

单击“添加”按钮，进入程序设计界面，页面设计视图有 3 种，即设计视图、拆分视图、源视图，这里默认打开源视图，如图 1.18 所示。

单击“设计”按钮，进入设计视图。选择菜单“视图”|“工具箱”命令，弹出“工具箱”。从工具箱中分别拖曳一个 Label 控件和一个 Button 控件到页面中，如图 1.19 所示。

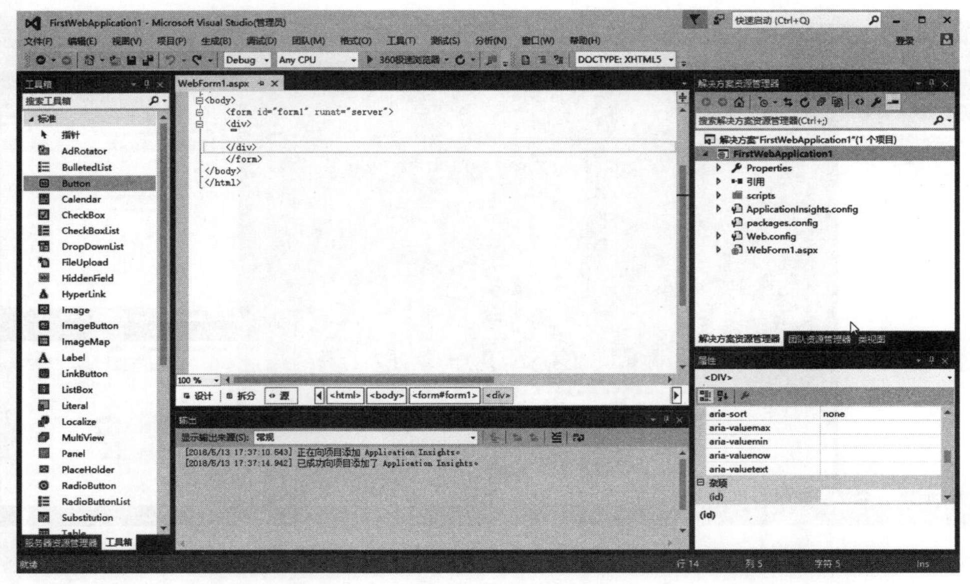

图 1.18　源代码视图

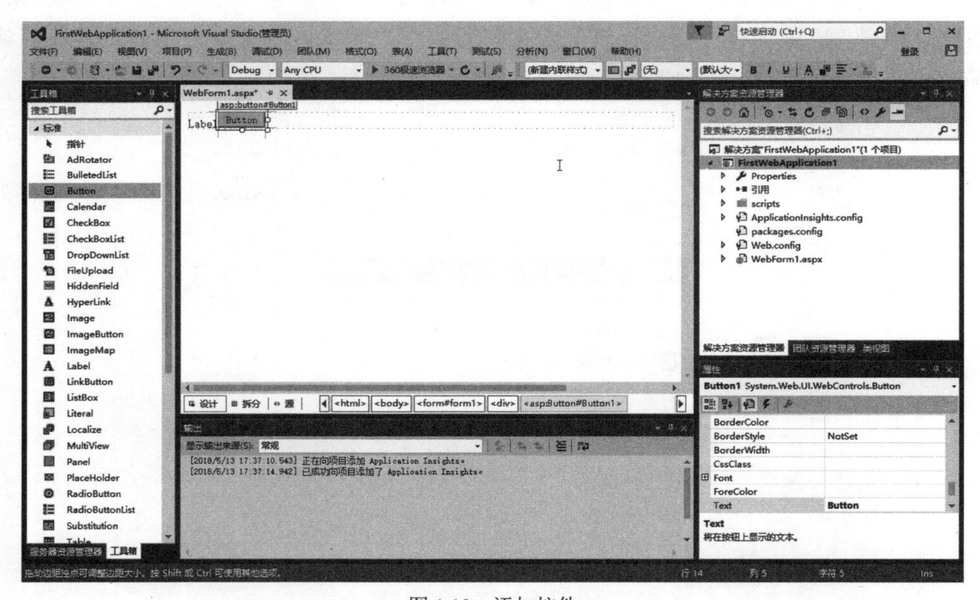

图 1.19　添加控件

设置控件属性。右击 Button 控件，在弹出的快捷菜单中选择“属性”命令，打开“属性”对话框；选择 Text 属性，将其值修改为“单击”，如图 1.20 所示。

添加事件，编写程序。双击 Button 控件，进入编写代码页面，编写 Button1 按钮的 Click 事件代码，如图 1.21 所示。

```
protected void Button1_Click(object sender, EventArgs e)
        {
            Label1.Text = " 第一个 ASP.NET 应用程序！ ";
        }
```

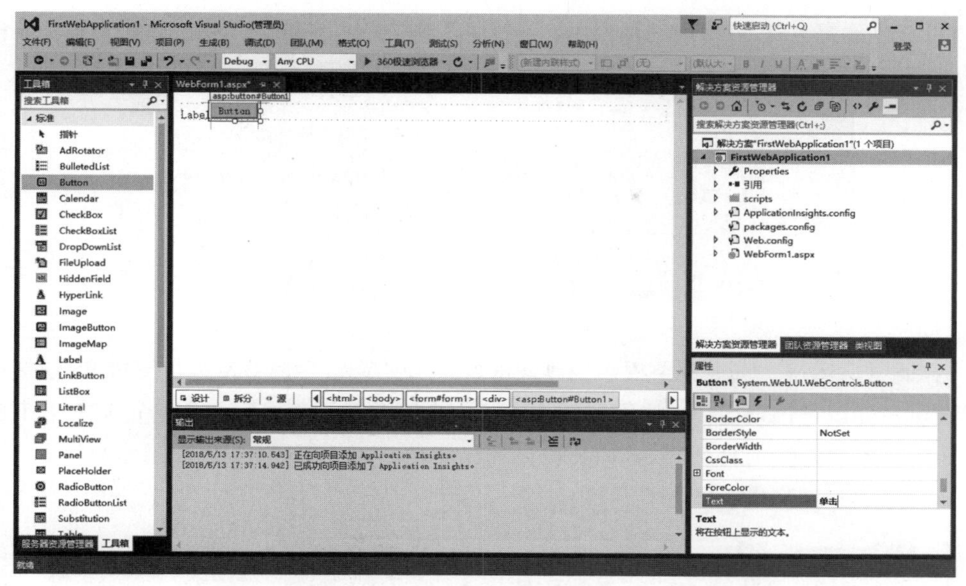

图 1.20　修改控件属性

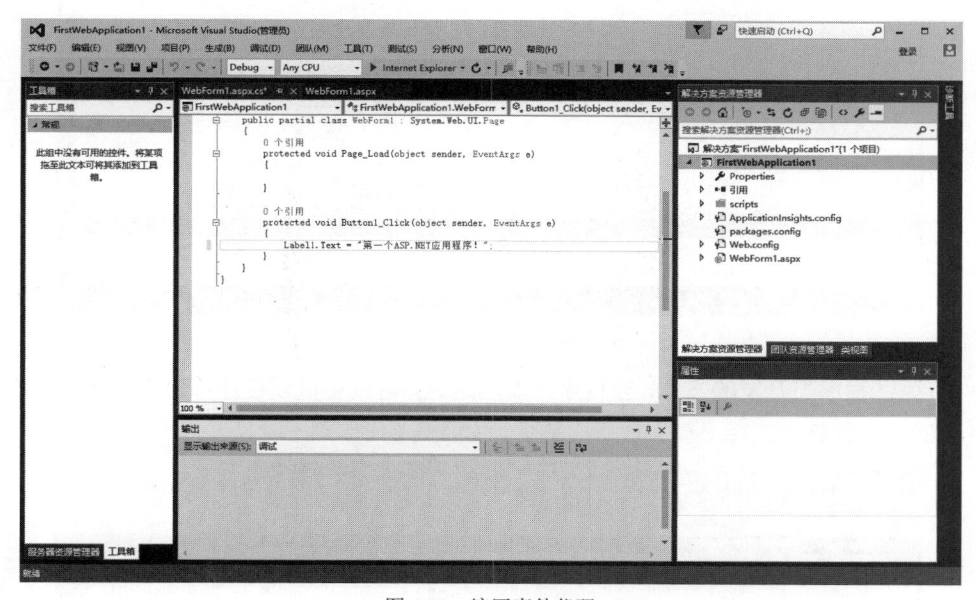

图 1.21　编写事件代码

保存项目。在菜单栏中选择“文件”|“全部保存”命令，这样就可以将所有设计的网页和编辑过的代码全部保存起来。

1.4.2　编译、运行并调试应用程序

编译、运行并调试程序是开发人员检测程序是否有错误的非常重要的功能，这里将通过实例来介绍如何调试 Web 应用程序。

(1) 在创建好 ASP.NET 网站项目后，选择菜单栏中的“生成”|“生成解决方案”命令，在“输出”窗口会显示生成解决方案的结果，如图 1.22 所示。

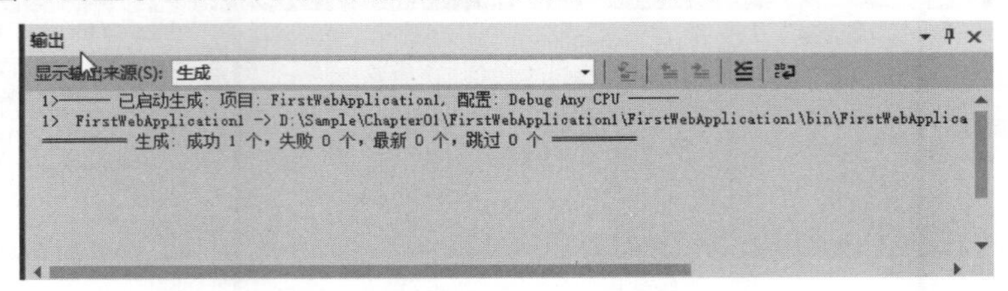

图 1.22　生成解决方案

(2) 调试、运行。选择菜单栏中的“调试”|“开始调试”命令，或直接按 F5 快捷键，即可在浏览器运行该项目；单击浏览器中的“单击”按钮，会显示“第一个 ASP.NET 应用程序！”文本，如图 1.23 所示。

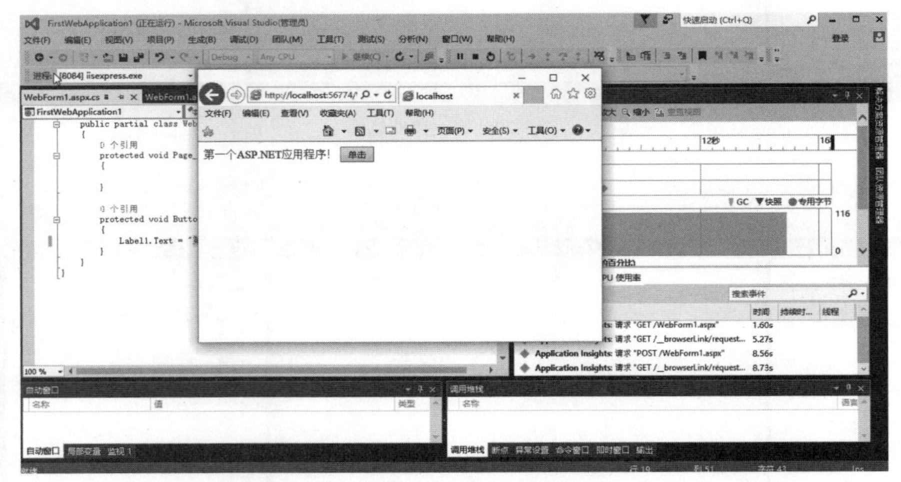

图 1.23　运行效果

(3) 为了程序员开发的方便，当程序出现问题时，可以调试该程序。在 Web 窗体上右击，在弹出的快捷菜单中选择“查看代码”命令，如图 1.24 所示。

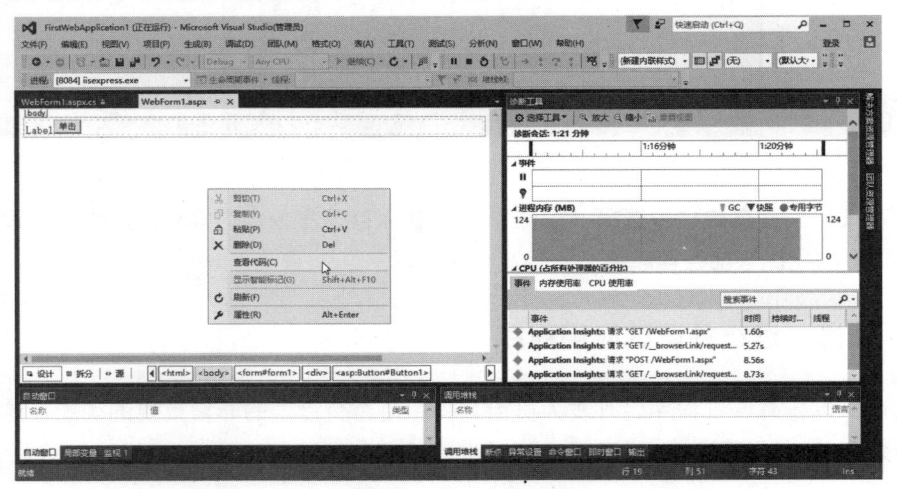

图 1.24　查看代码

(4) 在代码页面中设定一个断点，如图 1.25 所示。

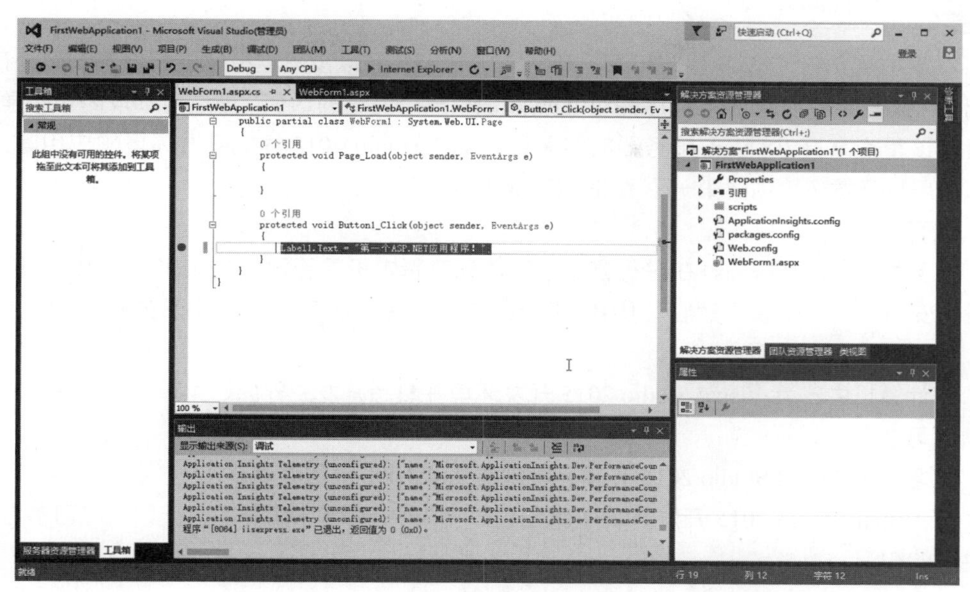

图 1.25　设定断点

(5) 选择菜单栏中的“调试”|“逐语句”或者“逐过程”命令，来调试该 Web 应用程序，如图 1.26 所示。

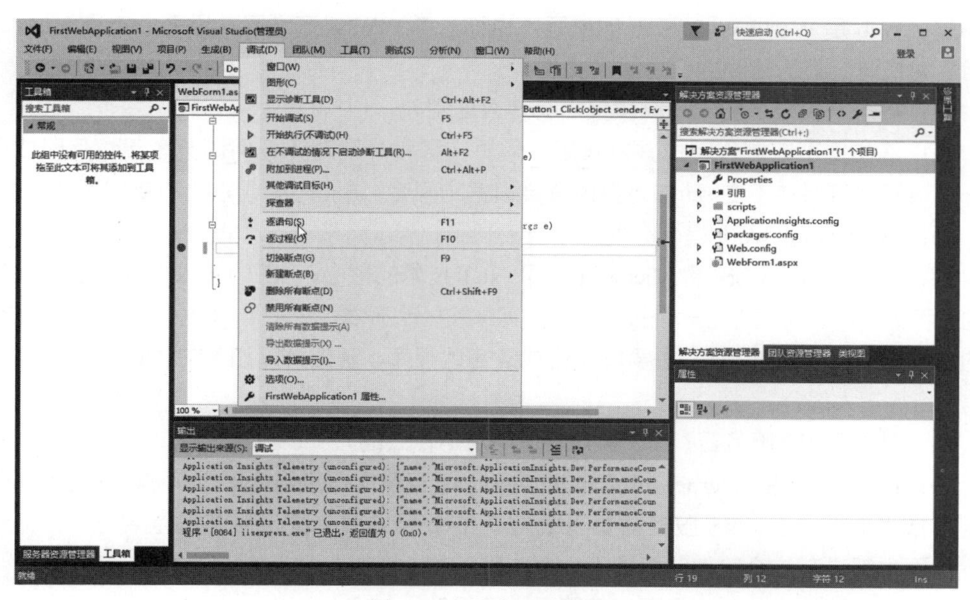

图 1.26　逐语句调试程序

这样就可以随着断点的前进来查看任何一个已经设定好的变量值，从而发现程序出现的问题，实现程序的调试过程。

强化练习

本章主要介绍了 Web 基础知识、ASP.NET 框架体系以及其运行环境配置等知识。在此基础上，读者能够创建 Web 程序并对 Web 知识有一个清晰的认识。通过对本章内容的学习，读者应该重点掌握 IIS Web 服务器的配置和 Visual Studio 2015 集成开发环境的应用等，并能够利用其开发环境创建第一个 ASP.NET Web 应用程序。

练习 1：

练习配置 IIS 服务器。在进行该练习时，先查看本机是否已经安装了 Web 服务器，如果没有安装先自行安装，然后打开 IIS 进行配置。该练习参考 1.3.1 节讲解的知识。

练习 2：

在计算机中安装 Visual Studio 2015 开发环境并熟悉开发主界面、菜单栏的命令。

练习 3：

练习利用 Visual Studio 2015 开发环境创建 ASP.NET 应用程序。

在 Visual Studio 2015 开发环境中新创建一个 Web 项目并编译、运行。该练习参考 1.4 节讲解的知识。

常见疑难解答

问：解释什么是 Web ？

答：Web 是 World Wide Web 的缩写，也称为 WWW 或万维网。目前，它是 Internet 上应用最为广泛、最为重要的信息服务类型。

问：静态网页技术和动态网页技术有什么区别？

答：静态网页在制作完成并发布后，网页内容和外观对于任何浏览者无论何时或以何种方式访问都将保持不变。动态网页内容会根据访问者、访问时间或方式的变化而动态生成。

问：.NET Framework 是什么？

答：.NET Framework 是 Microsoft 公司 .NET 技术的核心。.NET Framework 平台不同于以往的编程语言，它实质上是一个技术框架，即架设一个开发 VB.NET、C#、ASP.NET 等应用程序的总框架。在 .NET 框架中主要包括公共语言运行库、基础类库和 VB.NET、C#、ASP.NET 语言运行库三大部分。

问：什么是 IIS 服务器？ IIS 服务器是用来干什么的？

答：IIS 服务器是 Internet Information Service(互联网信息服务) 的简称。作为 Windows 下网页技术的发布者，IIS 服务器是承载整个 Web 网站对外提供服务的重要程序，所有的 Web 页面也都是在这个软件的管理下为用户服务的。

问：Visual Studio 2015 是否支持跨平台编程？

答：作为 Microsoft 跨平台新战略下的开发工具，Visual Studio 2015 支持开发人员编写跨平台应用程序，从 Windows 到 Mac、Linux 甚至是编写 iOS 和 Android 代码。

问：ASP.NET 的优越性有哪些？

答：ASP.NET 有简易性、安全性、自定义性和可扩展性、强大工具支持、多种性能优良的功能、可管理性等优点。

第2章 ASP.NET程序设计基础

内容导读

C#(读作 C sharp) 是 Microsoft 推出的基于 .NET 平台的一种全新的、面向对象的高级程序设计语言。

本章将介绍 Microsoft 为 .NET Framework 设计的 C# 语言，C# 是一种功能强大的面向对象和类型安全的编程语言，支持类、接口、封装、抽象等功能。开发人员可以使用 C# 语言创建任何一种 .NET 应用程序。通过对本章内容的学习，读者应重点掌握 C# 数据类型、常量、变量、循环语句、选择语句等内容。在学习过程中，建议读者通过编程实例解决实际问题的方式来进行学习 (如百钱百鸡、九九乘法表等)。本章难点是类的声明、对象的定义、C# 类的继承与多态、C# 的重载与接口等内容。

学习目标

- 了解 C# 语言特点
- 熟悉 C# 数据类型、运算符、控制语句
- 熟悉面向对象程序设计的基础知识
- 了解面向对象程序设计的高级进阶知识

课时安排

- 理论学习 6 课时
- 上机操作 6 课时

2.1 C# 语言简介

C# 语言是一种高级程序设计语言，既具有高级程序设计语言的共有特点，又具有自我独特的特性。C# 是微软公司专门为 .NET 量身定做的语言，它与 .NET 有着密不可分的关系。C# 的类型就是 .NET Framework 所提供的类型，其本身并无类库，而是直接使用 .NET Framework 所提供的类库。类型安全检查、结构化异常处理也都是交给公共语言运行库处理的。因此，C# 是最适合开发 .NET 应用的编程语言。

2.1.1 C# 语言特点

作为一种后推出的面向对象设计语言，C# 与 Java 和 C++ 既有很多相似的地方，又在 Java 和 C++ 的基础上做了大量的改进 (C# 语言的推出时间晚于 Java 和 C++)。C# 语言的特点主要包括以下几个方面。

1. 语法简洁

在默认情况下，C# 的代码在 .NET Framework 托管机制下工作，不允许直接进行内存操作。它所带来的最大特色是没有了指针。在 C# 中使用类或对象操作属性或方法时，仅仅使用一个操作符“.”就可以实现，摒弃了 C++ 开发中操作符的复杂性，使程序开发方便、快捷。

2. 面向对象设计

C# 具有面向对象语言所应有的一切特性，即封装、继承与多态性。在 C# 语言中所有变量、函数都被封装在类中，开发人员不必再注重像 C++ 语言里面的全局函数、局部变量等概念。在 C# 的类型系统中，每种类型都可以看作一个对象。C# 提供了一个叫作装箱与拆箱的机制来完成这种操作。

3. 与 Web 的紧密结合

互联网的发展要求应用程序的解决方案与 Web 标准相统一，现存的一些开发工具不能与 Web 紧密地结合。C# 使用 SOAP(Simple Object Access Protocol，简单对象访问协议) 技术克服了这一缺陷，大规模深层次的分布式开发成为可能。借助 Web 服务框架，程序员可以把网络服务看作 C# 的本地对象。程序员利用它们已有的面向对象的知识与技巧开发 Web 服务，可以方便地被调用。这使得利用 C# 开发企业级分布式应用系统变得轻而易举。

4. 灵活性和兼容性

使用 C# 语言时，在特殊情况下需要使用指针、结构等特性来访问内存中的数据。这时就可以在类中灵活地定义一些非安全的类型，从而提高程序的灵活性。当然，这些非安全类型也是受 C# 内部封装的管理代码所管理的，这样既保证了程序开发的安全性，也使开发语言灵活地适用于实际开发的不同情况。C# 允许使用最先进的 NGWS(Next Generation Windows Service，下一代视窗服务) 的通用语言规定 (CLS) 访问不同的 API。为了加强 CLS 的编译，C# 编译器检测所有的公共出口编译，并在通不过时列出错误。

5. 与 XML 的高度融合

Java 和 C++ 虽然也支持 XML(Extensible Markup Language，可扩展标记语言)，不过 XML 技术真正融入到 .NET 和 C# 之中。相比其他语言编程者，使用 C# 的程序员可以轻松地用 C# 内含的类使用 XML 技术，C# 为程序员提供了更多的自由和更好的性能来使用 XML。

6. 支持跨平台

与 Java 技术类似，C# 语言支持跨平台，但 C++ 不具有这样的特性。目前网络系统非常复杂，用户使用的硬件设备和软件系统类型又千差万别，对于开发人员而言非常头痛。C# 编写的程序会被编译成一种中间语言 (Intermediate Language，IL)，凭借 .NET Framework 的公共语言运行库将 IL 代码加载到内存中，然后通过即时编译的方法将其编译成所在机器能够识别并执行的机器代码。这一点和 Java 十分相似，但在底层实现有本质区别。Java 代码变异后形成的字节代码需要在 JRE(Java Runtime Environment) 下提供的 Java 虚拟机 (JVM) 上运行。

2.1.2 关键字和标识符

1. 标识符关键字

关键字是系统预定义的保留字，也是一种特殊的标识符。通常关键字不能被用来定义各种类型的名称，但 C# 语言允许使用关键字前面加符号 @ 来作为自定义的名称。C# 语言的关键字如下。

abstract	enum	long	stackalloc	as
event	namespace	static	base	explicit
new	string	bool	extern	null
struct	break	false	object	switch
byte	finally	operator	this	case
fixed	out	throw	catch	for
params	try	checked	foreach	private
typeof	class	goto	protected	uint
const	if	public	ulong	ontime
implicit	readonly	unchecked	decimal	in
ref	unsafe	default	int	return
ushort	delegate	interface	sbyte	using
do	internal	sealed	virtual	double
is	short	void	else	lock
sizeof	while			

2. 标识符

程序设计中，标识符 (identifier) 一般用于定义变量名、常量名、类名、函数名等，主要起命名的作用。但不是任意字符串都能成为标识符。在C#语言中，标识符的命名规则如下。

① 标识符不能与 C# 语言中的关键字同名。

② 标识符只能由字母、数字、下划线组成。

③ 标识符必须以字母开头或 @ 符号开始。

④ 标识符不能与 C# 语言中的库函数同名。

⑤ 标识符中不能包含空格、斜杠、运算符及标点符号等特殊符号。

注意：C# 中标识符对字母的大小写有严格区别，也就是说对大小写敏感。

2.1.3 变量和常量

1. 变量

在 C# 中，变量指在程序的运行过程中存放数据的存储单元，而在程序的运行中变量的值是可以改变的。变量的类型可以是 C# 的任何一种数据类型。变量定义的格式为：

```
变量数据类型 变量名;
```

变量名要符合 C# 标识符命名规则，最好使用具有一定意义的英文单词进行组合。

变量实际上只是一个能存储某种类型数据的内存单元，对程序而言，可用变量名来访问这个内存单元。变量的赋值过程就是将数据保存到变量中的过程。

C# 中变量赋值的格式为：

```
变量名 = 表达式;
```

注意：在变量赋值时，表达式值的类型必须和变量的类型相同。

在定义变量的同时，也可以对变量进行赋值，称为变量的初始化。C# 中变量初始化的格式为：

```
变量数据类型 变量名 = 表达式;
```

2. 常量

在 C# 中，常量指在程序的运行过程中其值不能被改变的量，常量的类型也可以是 C# 的任何一种数据类型。

常量的定义格式为：

```
const 常量数据类型 常量名 = 常量值;
```

其中，const 关键字表示声明一个常量。常量名也要符合 C# 标识符命名规则，常量值的数据类型也要和常量数据类型一致，否则将发生错误。

3. 命名空间

C#程序可以由一个或多个文件组成，每个文件一般包含一个或多个命名空间。在C#中，命名空间是一个非常重要的概念，它提供了分层的方式来组织 C# 程序和库。

命名空间的声明由关键字 namespace 来实现，格式如下：

```
namespace 命名空间名
{
    命名空间成员;
}
```

命名空间成员通常是类，还可以是结构体、接口、枚举、委托等，也可以是其他命名空间。命名空间可以嵌套定义，但同一命名空间中命名空间成员不能重名，不同命名空间中命名空间成员可以重名。这样，命名空间的出现有效减少了成员名的重名带来的麻烦，编程人员只需检查自己编写的命名空间中代码的有效性以避免重名，无须考虑其他命名空间中成员的命名问题，使得编程人员可以更多地集中精力于应该注意的问题上。

编程人员可用关键字 using 来导入命名空间，格式如下：

```
using 命名空间名 ;
```

导入命名空间一般在文件的开头处，例如：

```
using System;
using System.Collections.Generic;
using System.Linq;
using System.Text;
```

2.2 C# 的数据类型

C# 中的数据类型可以分为值类型和引用类型。值类型又可以称为数值类型，其中包含简单类型 (Simple Type)、枚举类型 (Enum Type) 和结构类型 (Struct Type) ；引用类型包含类类型 (Class Type)、对象类型 (Object Type)、字符串类型 (String Type)、数组类型 (Array Type)、接口类型 (Interface Type) 和代理类型 (Delegate Type) 等。

2.2.1 简单类型概述

简单类型是数值类型的一种，是组成应用程序的基本组成部件。它既可以单独使用，又可以组成比较复杂的类型。简单类型包括整数类型、布尔类型、浮点类型、字符类型、结构类型和枚举类型等。实际上，所有这些类型都是 .NET Framework 中定义的标准类的别名，都隐式地从类 object 继承而来。object 类是系统提供的基类型，是所有类的基类。所有类型都隐含地声明了一个公共的无参数的构造函数，称为默认构造函数，该函数返回一个初始值为零的实例。

1. 整数类型

整数类型变量的值为整数。整数类型又可分为无符号类型和有符号类型。由于计算机的存储单元是有限的，所以计算机语言提供的整数类型的值总是在一定的范围之内。C# 支持 8 种预定义整数类型，如表 2.1 所示。

表 2.1 C# 中的预定义整数类型

名　称	CTS 类型	说　明	范　围
sbyte	System.SByte	8 位有符号的整数	$-2^7\sim2^7-1$
short	System.Int16	16 位有符号的整数	$-2^{15}\sim2^{15}-1$
int	System.Int32	32 位有符号的整数	$-2^{31}\sim2^{31}-1$
long	System.Int64	64 位有符号的整数	$-2^{63}\sim2^{63}-1$
byte	System.Byte	8 位无符号的整数	$0\sim2^8-1$
ushort	System.Uint16	16 位无符号的整数	$0\sim2^{16}-1$
uint	System.Uint32	32 位无符号的整数	$0\sim2^{32}-1$
ulong	System.Uint64	64 位无符号的整数	$0\sim2^{64}-1$

2. 布尔类型

布尔类型 (bool) 用来表示“真”和“假”。对应于 .NET Framework 中定义 System .Boolean 类。在 C# 中，布尔类型表示的逻辑变量只有两种取值，分别采用 true 和 false 两个布尔值。

通过设置或读取布尔类型数据的方式，程序员可以控制程序的执行方向。

3. 浮点类型

在 C# 中有两种浮点类型，即单精度浮点 (float) 类型和双精度浮点 (double) 类型。

单精度浮点类型对应于 .NET Framework 中定义 System . Single 类，其大小为 4 个字节，取值范围为 $1.5\times10^{-45}\sim3.4\times10^{38}$，有 7 位数字位精度。

双精度浮点类型对应于 .NET Framework 中定义 System . Double 类，其大小为 8 个字节，取值范围为 $5.0\times10^{-324}\sim3.4\times10^{308}$，有 15 ～ 16 位数字位精度。

C# 还专门定义了一种十进制类型 (decimal)，主要用于做金融和货币方面的计算。在现代的企业应用程序中，不可避免地要进行大量的这方面的计算和处理。十进制类型是一种高精度、128 位数据类型，它所表示的范围在 1.0×10^{-28} ～ 7.9×10^{28} 之间的 28 ～ 29 位的有效数字。当定义一个变量并赋值给它时，使用后缀 m 来表明它是一个 decimal 型。例如：

```
Decimal cur= 100.0m
```

若省略了 m，则变量被赋值之前将被编译器认定为 double 型。

4. 字符类型

字符类型用于表示单个的 Unicode 字符，包括数字字符、英文字母和表达符号等，它可以表示世界上大多数语言中的字符。char 类型对应于 .NET Framework 中定义的 System .Char 类。单个 Unicode 字符为 16 位长，因此字符型的长度也是 16 位长 (两个字节)。给一个变量赋值的语法如下：

```
Char   mychar= “M”;
```

也可以通过十六进制转义符 (前缀 \x) 或 Unicode 表示法给变量赋值 (前缀 \u)：

```
char chSomeChar = \x0065;
char chSomeChar = \u0039;
```

C# 中存在的转义符用于在程序中代替特殊字符，如表 2.2 所示。

表 2.2　转义符

转义符	字符名	转义符	字符名
\	单引号	\f	换页
\"	双引号	\n	新行
\\	反斜杠	\r	回车
\0	空字符	\t	水平 tab
\a	感叹号 (Alert)	\v	垂直 tab
\b	退格		

5. 结构类型

结构类型是由一组相关的信息组合而成的单一实体。其中的每个信息称为它的一个成员。结构类型可以用来声明构造函数、常数、字段、方法、属性、索引、操作符和嵌套类型。因为结构类型不像类对象那样需要大量的额外引用，所以使用结构类型所占用的内存比使用类所占用的内存要少。结构类型采用 struct 来声明。

【例 2.1】通过示例来介绍如何在 VS 2015 中建立控制台应用程序。

(1) 选择“文件”|“新建”|“项目”菜单命令，弹出如图 2.1 所示的“新建项目”对话框。

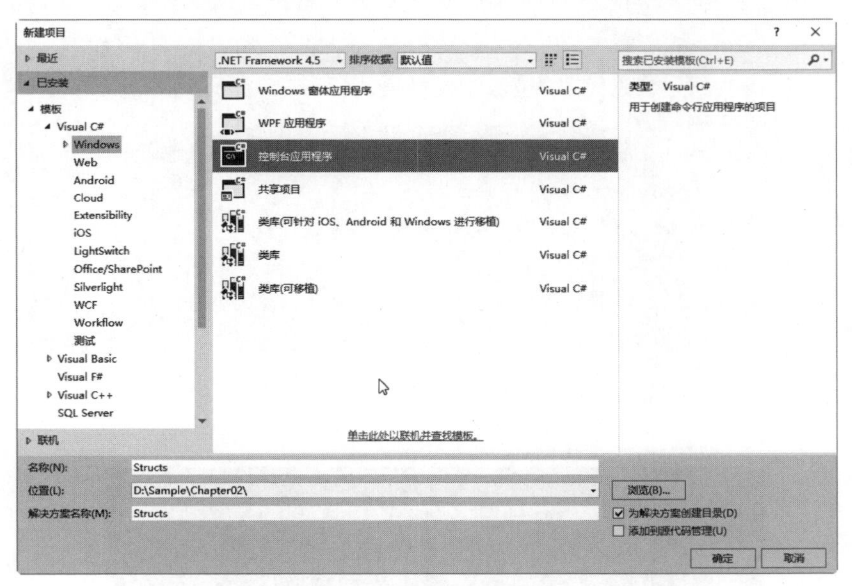

图 2.1　“新建项目”对话框

(2) 在“新建项目”对话框中，选择“控制台应用程序”选项，在“名称”文本框中输入要建立的项目名称，这里输入“Structs”，单击“确定”按钮即可创建一个控制台应用程序。

(3) 在创建好的项目中，默认会生成一个名为 Program.cs 的文件，在该文件中会建立一个名为 Main() 的函数。该函数是所有控制台应用程序的入口，读者可以在这个函数里面输入指定的代码，然后按 F5 快捷键运行程序。

在 Main() 函数中编写结构类型的使用方法，其代码如下：

```
using System;
using System.Collections.Generic;
using System.Linq;
using System.Text;
struct Teacher       // 定义结构类型 Teacher
{
    public string Name;    // 教师姓名
    public uint Age;       // 教师年龄
    public string Phone;    // 教师电话
    public string Address;   // 教师通讯地址
}
namespace Structs
{
    class Program
    {                                  // 在 C# 中，程序的执行总是从 Main() 方法开始
        public static void Main()    //Main() 方法必须且只能包含在一个类中
        {
            Teacher t;    // 声明结构类型 Teacher 的变量 t
            t.Name = " 小明 ";
            t.Age = 28;
            t.Phone = "18888888888";
            t.Address = " 清华大学 ";
            Console.WriteLine(" 该教师姓名 ={0}, 年龄 ={1}, 电话 ={2}, 通讯地址 ={3}",
                    t.Name, t.Age, t.Phone, t.Address);
Console.ReadKey();   // 让程序在输出结果后暂停，以便查看输出结果
        }
    }
}
```

上述代码运行后，其输出结果如图 2.2 所示。

图 2.2　结构类型示例的运行结果

6. 枚举类型

枚举 (enum) 类型是由一组特定的常量构成一种数据结构。系统把相同类型、表达固定含义的一组数据作为一个集合放到一起形成新的数据类型，如一个星期的七天可以放到一起作为新的数据类型来描述。枚举类型采用 enum 来声明。

【例 2.2】在 VS 2015 中建立一个名为 enums 的控制台应用程序，在 Program 类中输入以下代码：

```
using System;
using System.Collections.Generic;
using System.Linq;
using System.Text;
namespace enums                          // enums 命名空间
{
    enum WeekDay { Sunday, Monday, Tuesday, Wednesday, Thursday, Friday, Saturday };
    class Program
    {
        static void Main(string[] args)
        {
            WeekDay day;       // 声明 WeekDay 的实例 day;
            day=WeekDay.Sunday;
            Console.WriteLine("day 的值是 {0}",day); // 利用 Console 类的 WriteLine 方法实现屏幕输出
            Console.ReadKey();   // 让程序在输出结果后暂停，以便查看输出结果
        }
    }
}
```

上述代码运行后，其输出结果如图 2.3 所示。

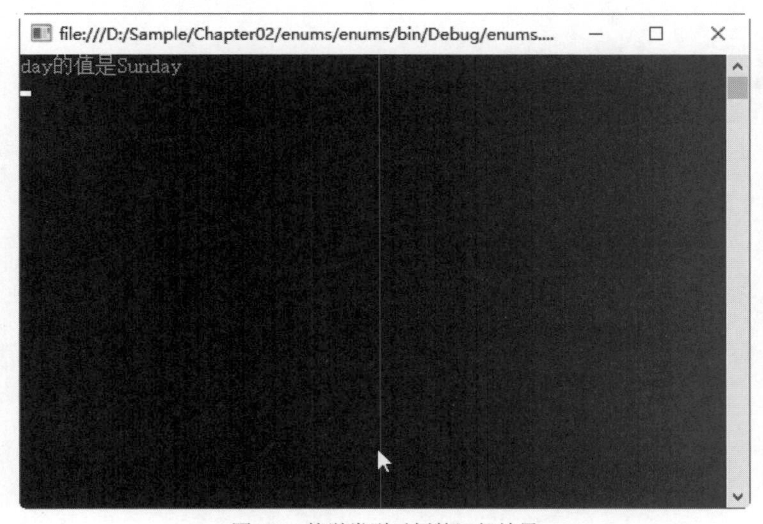

图 2.3　枚举类型示例的运行结果

2.2.2 引用类型

在 C# 引用类型中，“引用”即指该类型的变量不直接存储所包含的值，而是存储所要存储值的内存地址。C# 中的引用类型包含类、数组、委托和接口等。

1. 类

类是面向对象编程 (Object-Oriented Programming，OOP) 的基本单位，是一种包含数据成员、函数成员的数据结构。类的数据成员有变量、域和事件。函数成员包括方法、属性、构造函数和析构函数等。类和结构同样都包含了自己的成员，但它们之间最主要的区别在于：类是引用类型，而结构是值类型。类支持继承机制，通过继承派生可以扩展类的数据成员和函数方法，进而达到代码重用和设计重用的目的。当需要使用某个类时，只需定义该类的变量即可，这个变量称为对象 (Object)。

C# 中两个经常用到的类分别是 object 类和 string 类。object 类是所有其他类型的基类，C# 中所有类型都直接或间接地从 object 类中继承。因此，对一个 object 的变量可以赋予任何类型的值。string 类是 C# 定义的一个基本类，专门用于处理字符串。字符串在实际中应用非常广泛，在类的定义中封装了许多内部的操作，也就是包含许多字符串的处理函数。

2. 数组

在批量处理数据时，要用到数组。数组是一组类型相同的有序数据。当访问数组中的数据时，可以通过下标来表明。要得到该数组中元素的个数可以通过数组名加“.Length”来获得。C# 中数组元素的下标从 0 开始，换句话说，第一个元素对应的下标为 0，以后递增。

【例 2.3】在 VS 2015 中建立一个名为 Arrays 的控制台应用程序，在 Program 类中输入以下代码：

```
using System;
using System.Collections.Generic;
using System.Linq;
using System.Text;
namespace Arrays
{     class Program
      {          static void Main(string[] args)
           {   int[] arr1 = new int[2];                       // 定义一维整型数组
               int[] arr2 = new int[] { 1, 2, 3 };        // 定义一维整型数组，并初始化该数组
               string[] arr3 = { "six", " is ", "me" };   // 定义一维字符串整型数组，并初始化该数组
               int[,] arr4 = { { 1, 2 }, { 3, 4 } };       // 定义二维整型数组，并初始化该数组
               int[,] arr5 = new int[3, 4];
               for (int i = 0; i < arr1.Length; i++)    // 遍历一维数组
               {    arr1[i] = i * i * i;
                    Console.WriteLine("arr1[{0}]={1}", i, arr1[i]); }
               for (int i = 0; i < 4; i++)                  // 遍历二维数组
               {
```

```
                for (int j = 0; j < 3; j++)
                {   arr5[j, i] = i * j;
                    Console.WriteLine("arr5[{0},{1}]={2}", j, i, arr5[j, i]); }
            }
Console.ReadKey();   //让程序在输出结果后暂停，以便查看输出结果
        }
}
```

程序中定义了一个一维数组和一个二维数组，赋值以后再将值输出到控制台上。上述代码运行后，其输出结果如图 2.4 所示。注意 C# 中数组的引用方式。例如，在 C 语言中定义一个 4×3 的数组应该是“int a [3][2]”，而在 C# 中是“int a [3,2]”。

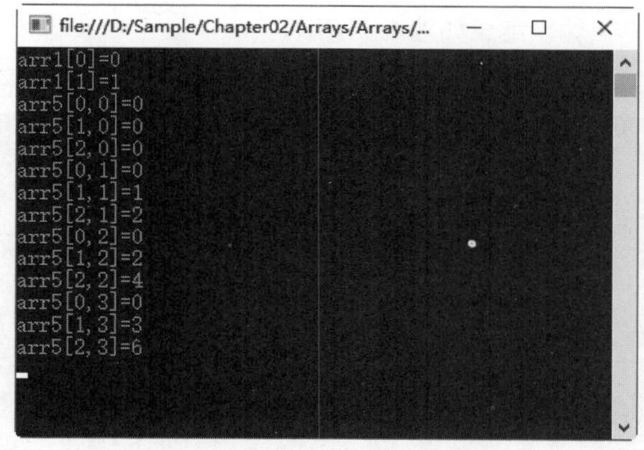

图 2.4　数组类型示例的运行结果

3. 委托

委托，又称为代理，是指定义一种变量来指代一个函数或者一个方法。它与 C 和 C++ 函数指针类似，是一种安全封装方法的类型。不过，委托是类型安全的、面向对象的和保险的。委托的类型由委托的名称定义。

【例 2.4】在 VS 2015 中建立一个名为 Delegates 的控制台应用程序，在 Program.cs 文件中输入以下代码：

```
using System;
using System.Collections.Generic;
using System.Linq;
using System.Text;
namespace Delegates
{
    delegate int mydelegate();
    class myclass     {
        public int InstMethod()
        {   Console.WriteLine("Call the InstMethod.");
```

```
                return 0;          }
            }
        class Program
        {
            static void Main(string[] args)
            {   myclass p = new myclass();
                mydelegate d = new mydelegate(p.InstMethod);
                d(); // 指代 p.InstMethod
                Console.ReadKey();   // 让程序在输出结果后暂停，以便查看输出结果
            }
    }
```

上述代码运行后，其输出结果如图 2.5 所示。

图 2.5　代理用法示例的运行结果

4. 接口

接口 (interface) 描述了组件对外提供的服务。在组件与组件之间、组件与客户之间都通过接口进行交互。因此，组件一旦发布，它只能通过预先定义的接口来处理合理的、一致的服务。

从技术上讲，接口是一组包含了函数型方法的数据结构。通过这组数据结构，客户代码可以调用组件对象的功能。接口可以含有属性 (property)。

【例 2.5】在 VS 2015 中建立一个名为 Interfaces 的控制台应用程序，在 Program.cs 文件中输入以下代码：

```
using System;
using System.Collections.Generic;
using System.Linq;
using System.Text;
```

```
namespace Interfaces
{
    interface IPoint
    {
        int x   {get; set; }
        int y   {get; set; }
    }
    class MyPoint : IPoint
    {
        private int myX;            private int myY;
        public MyPoint(int x, int y)   { myX = x; myY = y; }
        public int x {get { return myX; }set { myX = value; }   }
        public int y   {get { return myY; }set { myY = value; } }
    }
    class Program
    {
        static void Main(string[] args)
        {   MyPoint p = new MyPoint(2, 3);
            Console.Write("My Point: ");
            PrintPoint(p);
            Console.ReadKey();   // 让程序在输出结果后暂停，以便查看输出结果
}
        private static void PrintPoint(IPoint p)
        {Console.WriteLine("x={0}, y={1}", p.x, p.y); }
    }
}
```

上述代码运行后，其输出结果如图 2.6 所示。

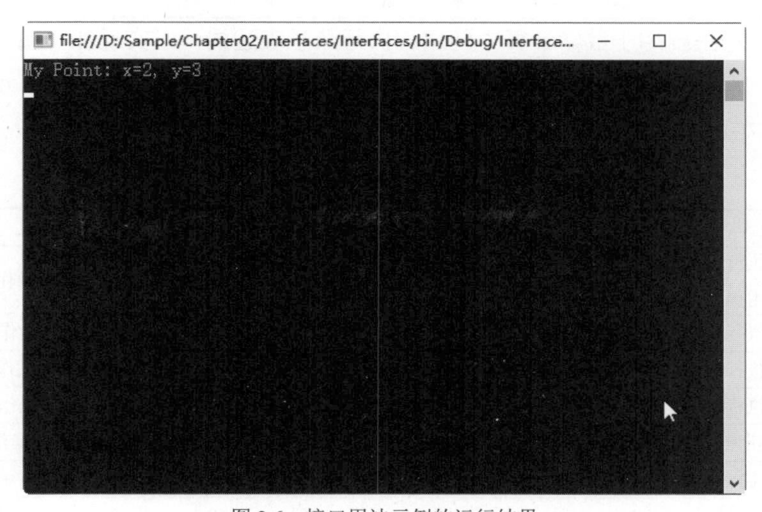

图 2.6　接口用法示例的运行结果

2.3 运算符

运算符是表示各种不同运算的符号。在 C# 语言中，和其他编程语言一样，具有多种运算符。在 C# 语言中，运算符大体分为 6 种，即算术运算符、条件运算符、逻辑运算符、关系运算符、赋值运算符和成员访问运算符。

从运算符操作数的个数上划分，运算符大致可分为以下三类。

◎ 一元运算符：操作数个数为 1，此类运算符不多。

◎ 二元运算符：操作数个数为 2，大多数运算符都为此类运算符。

◎ 三元运算符：操作数个数为 3，此类运算符只有 1 个。

赋值运算符用于将一个数据赋予一个变量、属性或者引用，数据可以是常量，也可以是表达式，赋值结果是将新的数据存放在变量、属性或引用所指示的内存空间中。常用赋值运算符的简要说明及表达式如表 2.3 所示。

表 2.3 赋值运算符

运算符	说明	表达式
=	简单赋值运算符	操作数 1 = 操作数 2
+=	操作数 1 += 操作数 2 等效于 操作数 1 = 操作数 1 + 操作数 2	操作数 1 += 操作数 2
-=	操作数 1 -= 操作数 2 等效于 操作数 1 = 操作数 1 - 操作数 2	操作数 1 -= 操作数 2
*=	操作数 1 *= 操作数 2 等效于 操作数 1 = 操作数 1 * 操作数 2	操作数 1 *= 操作数 2
/=	操作数 1 /= 操作数 2 等效于 操作数 1 = 操作数 1/ 操作数 2	操作数 1 /= 操作数 2
%=	操作数 1% = 操作数 2 等效于 操作数 1 = 操作数 1% 操作数 2	操作数 1 % = 操作数 2

算术运算符主要用于数学计算中创建和执行数学表达式，以实现加、减、乘、除等基本操作。加、减、乘、除、求余都是二元运算符，自加 (++)、自减 (--) 是一元运算符。具体如表 2.4 所示。

表 2.4 算术运算符

运算符	说明	表达式
+	执行加法运算 (如果两个操作数是字符串，则该运算符用作字符串连接运算符)	操作数 1 + 操作数 2
-	执行减法运算	操作数 1 - 操作数 2
*	执行乘法运算	操作数 1 * 操作数 2
/	执行除法运算	操作数 1 / 操作数 2
%	获得进行除法运算后的余数	操作数 1 % 操作数 2
++	将操作数加 1	操作数 ++ 或 ++ 操作数
--	将操作数减 1	操作数 -- 或 -- 操作数

关系运算符用于创建一个表达式，该表达式用来比较两个对象，关系运算符的结果只有两种 (true 或 false)，因此关系运算符返回的是布尔值。常用的关系运算符如表 2.5 所示。

表 2.5　关系运算符

运算符	说　明	表达式
>	检查一个数是否大于另一个数	操作数 1 > 操作数 2
<	检查一个数是否小于另一个数	操作数 1 < 操作数 2
>=	检查一个数是否大于或等于另一个数	操作数 1 >= 操作数 2
<=	检查一个数是否小于或等于另一个数	操作数 1 <= 操作数 2
==	检查两个值是否相等	操作数 1 == 操作数 2
!=	检查两个值是否不相等	操作数 1 != 操作数 2

逻辑运算符主要用于逻辑判断，由逻辑运算符组成的表达式是逻辑表达式，其值只可能有两种，即 true 或 false。常用的逻辑运算符如表 2.6 所示。

表 2.6　逻辑运算符

运算符	说明	表达式
&&	对两个表达式执行逻辑“与”运算	操作数 1 && 操作数 2
||	对两个表达式执行逻辑“或”运算	操作数 1 || 操作数 2
!	对两个表达式执行逻辑“非”运算	! 操作数

其他运算符如表 2.7 所示。

表 2.7　其他运算符

类　别	运算符	说　明	表达式
成员访问运算符	.	用于访问数据结构的成员	数据结构 . 成员
条件运算符	?:	检查给出的第一个表达式是否为真。如果为真，则计算操作数 1；否则计算操作数 2	表达式 ? 操作数 1: 操作数 2

上面已经介绍了很多运算符，那么把这些运算符放在一起执行时，应该先执行哪个后执行哪个呢？下面将介绍这些运算符的优先级。

在 C# 中为这些运算符定义了不同的优先级，相同优先级的运算符按照从左至右的顺序执行。括号是优先级最高的，可以任意地改变符号的计算顺序。在 C# 中运算符的优先级定义如表 2.8 所示。其中，1 级表示最高优先级，8 级表示最低优先级。

表 2.8　运算符的优先级

级别	运算符类型	运算符
1	元运算符	X.y,f(x),a[x],x + +,x - -,new,typeof,checked,unchecked
2	一元运算符	+,-,!,~,++x,--x,(T)x
3	算术运算符	*,/,%
4	位运算符	<<,>>,&,|, ^ ,~
5	关系运算符	<,>,<=,>=,is,as

续表

级别	运算符类型	运算符
6	逻辑运算符	& &,| |,!
7	条件运算符	?:
8	赋值运算符	=,+ =,- =,* =,/ =,< < =,> > =,& =, ^ =,| =

2.4 控制语句

在使用 C# 语言进行开发时，与其他语言一样，程序设计过程也是由语句构成的。语句是 C# 程序完成某项特定操作的基本单位。在 C# 语言中，包括顺序语句、选择语句、循环语句、跳转语句、表达式语句等。

2.4.1 顺序语句

顺序结构语句是最简单的结构语句，是指语句按程序语句的编写顺序依次执行。

【例 2.6】在 VS2015 中建立一个名为 Sequence 的控制台应用程序，在 Program 类中输入以下代码：

```
using System;
using System.Collections.Generic;
using System.Linq;
using System.Text;
using System.Threading.Tasks;
namespace Sequence
{
    class Program
    {
        static void Main(string[] args)
        {
            const double PI = 3.14;
            double R, S;
            Console.Write(" 请输入圆的半径： ");
            R = double.Parse(Console.ReadLine());// 从控制台中读入字符串，并转换为 double 类型
            S = PI * R * R;
            Console.WriteLine(" 圆的面积为：{0}",S);
            Console.ReadKey(); // 让程序在输出结果后暂停，以便查看输出结果
        }
    }
}
```

这是一个典型的顺序结构程序。在本程序中，已经按语句出现的顺序依次执行程序。先输入圆的半径，然后依据公式计算出圆的面积，最后将面积值输出到屏幕上。上述代码运行后，其输出结果如图 2.7 所示。

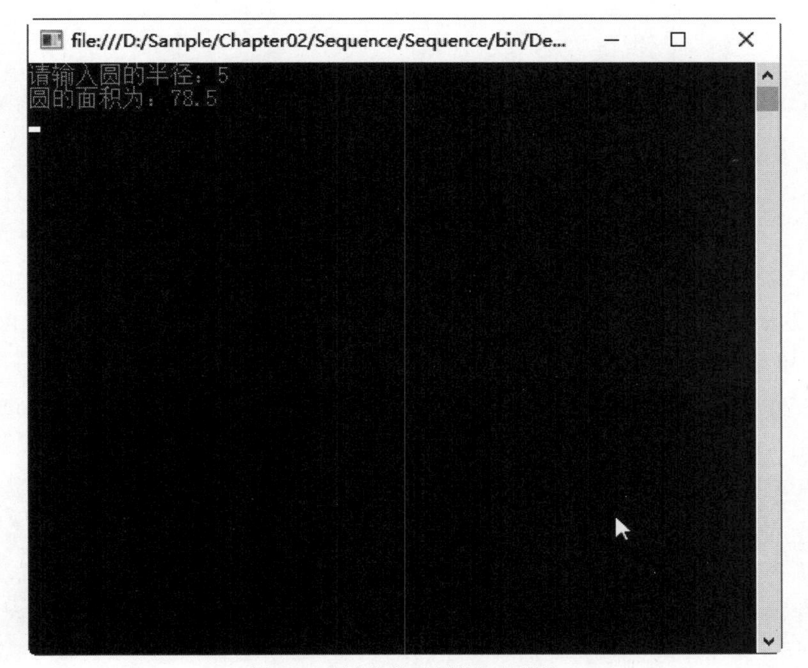

图 2.7 顺序结构示例的运行结果

2.4.2 选择语句

在选择语句中，程序会根据条件表达式的值来判断程序将要执行的代码块，常用的条件语句有 if 语句和 switch 语句等。

1. if 语句

if 语句的语法格式一：

```
if( 表达式 )
程序语句块 1
```

当表达式为 true(真) 时，将会执行程序语句块 1；否则将不执行程序语句块 1。

if 语句的语法格式二：

```
if( 表达式 )
{    程序语句块 1                    }
else
{    程序语句块 2                    }
```

当表达式的值为 true(真) 时，将执行程序语句块 1；当表达式的值为 false 时，将执行程序语句块 2。

if 语句的语法格式三：

```
if( 表达式 1)
{    程序语句块 1                    }
else   if( 表达式 2)
{    程序语句块 2                    }
else
{    程序语句块 3                    }
```

当表达式 1 的值为 true(真) 时，将执行程序语句块 1；当表达式 1 的值为 false(假) 并且表达式 2 的值为 true(真) 时，将执行程序语句块 2；当表达式 1 和表达式 2 都为 false(假) 时，将执行程序语句块 3。

【例 2.7】在 VS 2015 中建立一个名为 If Else If 的控制台应用程序，在 Program 类中输入以下代码：

```
using System;
using System.Collections.Generic;
using System.Linq;
using System.Text;
namespace IfElseIf
{
    class Program
    {
        static void Main(string[] args)
        {
            Console.Write(" 输入字符按下回车键 :");
            char c = (char)Console.Read();        // 定义一个 char 类型的变量
            if (Char.IsUpper(c))                  // 判断变量 c 是否是大写字母
            {       Console.WriteLine(" 大写字母 ");        }
            else if (Char.IsLower(c))             // 判断变量 c 是否是小写字母
            {       Console.WriteLine(" 小写字母 ");        }
            else if (Char.IsDigit(c))             // 判断变量 c 是否是数字
            {       Console.WriteLine(" 数字 ");            }
            else
            {       Console.WriteLine(" 其他字符 ");        }
Console.ReadKey(); // 让程序在输出结果后暂停，以便查看输出结果
        }
    }
}
```

上述代码运行后，其输出结果如图 2.8 所示。

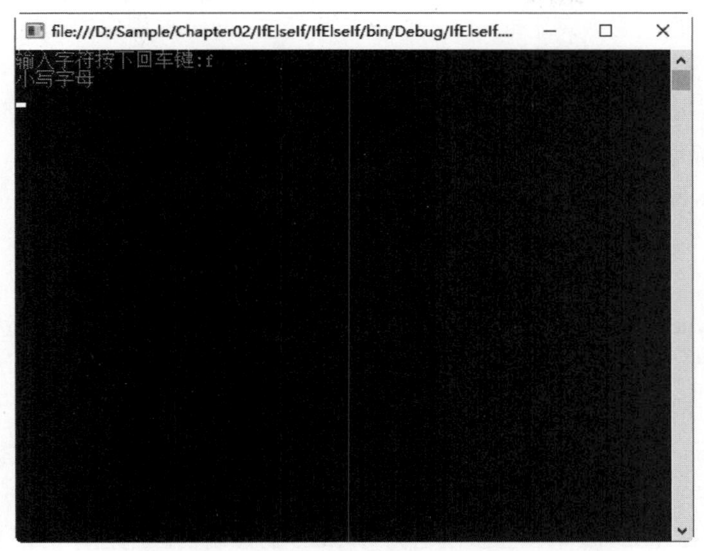

图 2.8　if 语句用法示例的运行结果

2. switch 语句

switch 语句类似 if 语句，是根据某个传递的参数值来选择执行代码的。if 语句属于“单判断双分支”选择语句。if 语句只能测试单个条件，如果需要测试多个条件，就需要书写冗长的嵌套代码。而 switch 语句是“单判断多分支”选择语句，switch 语句能有效避免冗长的代码，并能测试多个条件，可以使代码的执行效率更高。switch 语句的语法格式如下：

```
switch( 表达式 )
{
case　表达式 1:
程序语句块 1;
break;
case　表达式 2:
程序语句块 2;
break;
…
case　表达式 n-1:
程序语句块 n-1;
break;
default:
程序语句块 n;
break
}
```

每个 switch 语句最多只能有一个 default 标号分支。switch 语句的执行方式如下。

(1) 首先计算出 switch 表达式的值。

(2) 如果 switch 表达式的值等于某个 switch 分支的常量表达式的值，那么程序控制跳转到这个 case 标号后的语句列表中。

(3) 如果 switch 表达式的值无法与 switch 语句中任何一个 case 常量表达式的值匹配，而且 switch 语句中有 default 分支，程序控制会跳转到 default 标号后的语句列表中。

(4) 如果 switch 表达式的值无法与 switch 语句中任何一个 case 常量表达式的值匹配而且 switch 语句中没有 default 分支，程序控制会跳转到 switch 语句的结尾。

(5) 如果程序执行遇到 break 语句，则自动跳出 switch 语句。

(6) 在 switch 语句中可以把多个 case 语句放在一起，相当于依次检查多个条件。如果满足这些条件中的任何一个，就会执行 case 语句中的代码。

【例 2.8】在 VS2015 中建立一个名为 Switchs 的控制台应用程序，在 Program 类中输入以下代码：

```
using System;
using System.Collections.Generic;
using System.Linq;
using System.Text;
namespace Switchs
{
    class Program
    {
        static void Main(string[] args)
        {                   int x = 1;
            switch (x) {
                case 0: Console.WriteLine(" 变量 x 的值为 0 ！ "); break; //x=0 时执行
                case 1:    //x=1 时执行
                case 2: Console.WriteLine(" 变量 x 的值为 2 ！ "); break; //x=2 时执行
                default: Console.WriteLine(" 变量 x 没有值！ "); break;    // 都不满足时执行
}
Console.ReadKey(); // 让程序在输出结果后暂停，以便查看输出结果
                }
}
```

上述代码运行后，其输出结果如图 2.9 所示。

图 2.9 switch 语句用法示例的运行结果

2.4.3 循环语句

循环用于重复执行一组语句。循环可分为三类：第一类是在条件变为 False 之前重复执行语句；第二类是在条件变为 True 之前重复执行语句；第三类是按照指定的次数重复执行语句。在 C# 中可使用的循环语句有以下 4 种格式。

(1) do…while：当 (或直到) 条件为 True 时循环。

(2) while：当条件为 True 时循环。

(3) for：指定循环次数，使用计数器重复运行语句。

(4) for each：对于集合中的每项或数组中的每个元素，重复执行。

1. do … while

循环可以多次 (次数不定) 使用 do…while 语句运行语句块。当条件为假时，重复执行语句块，直到条件为真。这种语句先执行循环体内部的内容，然后再判断 while 后面的循环是否成立。

【例 2.9】在 VS2015 中建立一个名为 DoWhiles 的控制台应用程序，在 Program 类中输入以下代码：

```
using System;
using System.Collections.Generic;
using System.Linq;
using System.Text;
namespace DoWhiles
{
    class Program
    {
        static void Main(string[] args)
```

```
            {    int sum = 0;          // 初始值设置为
                 int i = 1;            // 加数初始值为
            do { sum += i;   i++;
                 } while (i <= 100);
            Console.WriteLine(" 从 1 到 100 的和是 {0}", sum);
            Console.ReadKey(); // 让程序在输出结果后暂停，以便查看输出结果
}
        }
    }
```

程序一直执行循环体的语句，直到 while 后面的条件不成立为止。当 i 等于 101 时，条件不成立，自动退出循环。上述代码运行后，其输出结果如图 2.10 所示。

图 2.10　do...while 语句用法示例的运行结果

2. while 循环

while 控制的循环和 do…while 控制的循环基本相同。不同的是：while 语句的条件写在循环体的前面，而 do…while 的条件在后面；无论条件成立与否，do…while 循环至少执行循环体一次，而 while 循环可能一次都不执行。

【例 2.10】在 VS2015 中建立一个名为 Whiles 的控制台应用程序，在 Program 类中输入以下代码：

```
using System;
using System.Collections.Generic;
using System.Linq;
using System.Text;
namespace Whiles
{
    class Program
    {        static void Main(string[] args)
        {    int sum = 0;
              int i = 1;
```

```
                while (i <= 100)
                {    sum += i;
 i++;    }
                Console.WriteLine(" 从 1 到 100 的和是 {0}", sum);
Console.ReadKey(); // 让程序在输出结果后暂停，以便查看输出结果
          }
 }
```

程序先判断 while 条件是否成立，如果成立则执行循环体中的语句，每次执行前检查一下 while 语句后面的条件，如果条件不成立就退出循环。上述代码运行后，其输出结果和例 2-9 的 DoWhiles 控制台应用程序输出结果相同，参见图 2.11 所示。

图 2.11　while 语句用法示例的运行结果

3. for 循环

for 循环是循环类型中最复杂的，但也是最为常用的。C# 中 for 语句的基本语法为：

```
for ( 初始化表达式 ; 条件表达式 ; 迭代表达式 )
{   循环语句   }
```

括号中的 3 个部分都是可以省略的，但是两个分号不可以省略。for 循环在执行过程中会根据初始表达式的值进行条件表达式的判断，如果满足条件，则执行下面的循环语句块。迭代表达式会修改初始表达式的值，然后再进行条件表达式判断，直到初始表达式的值不再满足条件表达式为止才停止循环。它们的总体执行顺序如下。

(1) 在 for 循环开始时，首先运行初始化表达式。

(2) 初始化表达式初始化后，则判断表达式条件。

(3) 若表达式条件成立，则执行循环语句。

(4) 循环语句执行完毕后，执行迭代表达式。

(5) 迭代表达式执行完毕后，再判断表达式条件并循环。

【例 2.11】在 VS2015 中建立一个名为 Fors 的控制台应用程序，在 Program 类中输入以下代码：

```
using System;
using System.Collections.Generic;
using System.Linq;
using System.Text;
namespace Fors
{
    class Program
    {
        static void Main(string[] args)
        {
            int sum = 0;
            for (int i = 1; i <= 100; i++)
            {       sum += i;       }
            Console.WriteLine(" 从 0 到 100 的和是 {0}\n", sum);
            sum = 0;
            int j = 1;
            for (; ; )
            {
                if (j > 100) break;
                sum += j;       j++;
            }
            Console.WriteLine(" 从 0 到 100 的和是 {0}", sum);
Console.ReadKey(); // 让程序在输出结果后暂停，以便查看输出结果
        }
    }
}
```

上述代码运行后，其输出结果如图 2.12 所示。

图 2.12　for 语句用法示例的运行结果

【例 2.12】九九乘法表。

在 VS2015 中建立一个名为 Multiplication 的控制台应用程序，在 Program 类中输入以下代码：

```
using System;
using System.Collections.Generic;
using System.Linq;
using System.Text;
using System.Threading.Tasks;

namespace Multiplication
{
    class Program
    {
        static void Main(string[] args)
        {
            Console.WriteLine(" 九九乘法表 ");
            Console.WriteLine("");
            for (int i = 1; i < 10; i++)
            {
                for (int s = 1; s <= i; s++)
                {
                    Console.Write(s + "*" + i + "=" + i * s + " ");
                    if (i == s)
                    {
                        Console.Write("\n");
                    }
                }
            }
            Console.ReadKey(); // 让程序在输出结果后暂停，以便查看输出结果
        }
    }
}
```

上述代码运行后，其输出结果如图 2.13 所示。

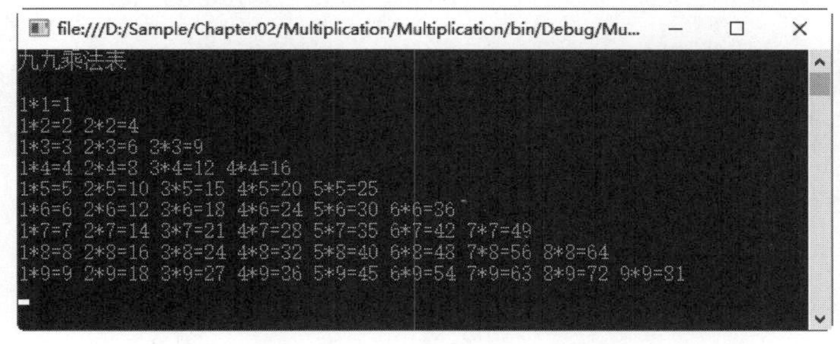

图 2.13　九九乘法表示例的运行结果

【例 2.13】百钱百鸡。

百钱百鸡是我国古代数学家张丘建在《算经》一书中提出的数学问题：鸡翁一值钱五，鸡母一值钱三，鸡雏三值钱一。百钱买百鸡，问鸡翁、鸡母、鸡雏各几何？

翻译后是：公鸡每只值 5 文钱，母鸡每只值 3 文钱，而 3 只小鸡值 1 文钱。现在用 100 文钱买 100 只鸡，问：这 100 只鸡中，公鸡、母鸡和小鸡各有多少只？

下面编写一个 C# 控制台应用程序，求解百钱百鸡所有的解值并输出。

在 VS2015 中建立一个名为 HundredChick 的控制台应用程序，在 Program 类中输入以下代码：

```
using System;
using System.Collections.Generic;
using System.Linq;
using System.Text;
using System.Threading.Tasks;

namespace HundredChick
{
    class Program
    {
        static void Main(string[] args)
        {
            int i, j;
            for (i = 0; i < 20; i++)        // 公鸡最多只能有 19 只，如买公鸡 20 只，就不能买母鸡和小鸡了
            {
                for ( j = 0; j < 33; j++)   // 母鸡最多有 32 只
                {
                    if (((100 - i - j) % 3 == 0) &&( i * 5 + j * 3 + (100 - i - j) / 3 == 100))
                    // 如果满足花百钱，鸡只数值输出
                    {
                        Console.WriteLine(" 公鸡有 {0}, 母鸡有 {1}, 小鸡有 {2}", i, j, 100 - i - j);
                    }
                }
            }
            Console.ReadKey(); // 让程序在输出结果后暂停，以便查看输出结果
        }
    }
}
```

上述代码运行后，其输出结果如图 2.14 所示。

```
file:///D:/Sample/Chapter02/HundredChic...
公鸡有0,母鸡有25,小鸡有75
公鸡有4,母鸡有18,小鸡有78
公鸡有8,母鸡有11,小鸡有81
公鸡有12,母鸡有4,小鸡有84
```

图 2.14　百钱百鸡示例的运行结果

注： 如买公鸡 20 只，则钱用完而鸡的只数不够 100 只，公鸡最多只能有 19 只；母鸡只数最多 32 只同理。

4. foreach 语句

foreach 循环是 for 循环的一种特殊表现形式，如果想重复集合或者数组中的所有条目，使用 foreach 是很好的解决方案。foreach 语句的语法格式如下：

```
foreach （局部变量 in 集合）
{ 循环变量 }
```

其表述的意义是：当局部变量的值是集合中的一部分时，执行循环语句；当局部变量的值超出集合范围时，停止循环。

【例 2.14】在 VS2015 中建立一个名为 Foreach 的控制台应用程序，在 Program 类中输入以下代码：

```
using System;
using System.Collections.Generic;
using System.Linq;
using System.Text;
namespace Foreachs
{
    class Program
    {
        static void Main(string[] args)
        {
            int[] num = { 1, 2, 3, 4, 5, 6, 7, 8, 9, 10 };
            foreach (int i in num)
            {   Console.WriteLine(i);      }
            Console.ReadKey(); // 让程序在输出结果后暂停，以便查看输出结果
        }
    }
}
```

上述代码运行后，其输出结果如图 2.15 所示。

图 2.15 foreach 语句用法示例的运行结果

2.4.4 跳转语句

跳转语句用于进行无条件跳转。常用的跳转语句有：break 语句和 continue 语句。

1. break 语句

break 语句跳出包含它的 switch、while、do…while、for 或 foreach 语句。假如 break 不是在 switch、while、do…while、for 或 foreach 语句的块中，将会发生编译错误。当有 switch、while、do…while、for 或 foreach 语句相互嵌套时，break 语句只是跳出直接包含它的那个语句块。如果要在多处嵌套语句中完成转移，必须使用 goto 语句。

【例 2.15】在 VS2015 中建立一个名为 Breaks 的控制台应用程序，在 Program 类中输入以下代码：

```
using System;
using System.Collections.Generic;
using System.Linq;
using System.Text;
namespace Breaks{
    class Program    {
        static void Main(string[] args)
        {
            int sum = 0;     int i = 1;
            while (true)
            {   sum += i;        i++;
                if (i > 100) break; } // 如果 i 大于 100, 则退出循环
                Console.WriteLine(" 从 1 到 100 的和是 {0}", sum);
Console.ReadKey(); // 让程序在输出结果后暂停，以便查看输出结果
 }
```

```
        }
    }
```

程序中利用 if 和 break 语句来控制结束循环，当条件成立时，执行 break 语句，自动结束循环。上述代码运行后，其输出结果和前面示例的 DoWhiles 控制台应用程序相同，如图 2.16 所示。

图 2.16　break 语句用法示例的运行结果

2. continue 语句

continue 语句用于结束本次循环，继续下一次循环，但是并不退出循环体。

【例 2.16】在 VS2015 中建立一个名为 Continues 的控制台应用程序，在 Program 类中输入以下代码：

```
using System;
using System.Collections.Generic;
using System.Linq;
using System.Text;
namespace Continues{
    class Program    {
        static void Main(string[] args)
        {
            for (int n = 100; n <= 200; n++)
            {   if (n % 5 != 0)     continue; //
                Console.WriteLine(" 从 100 到 200 的能被 5 整除的数是 {0}", n);
            }
        Console.ReadKey(); // 让程序在输出结果后暂停，以便查看输出结果
        }
    }
}
```

上述代码运行后，其输出结果如图 2.17 所示。

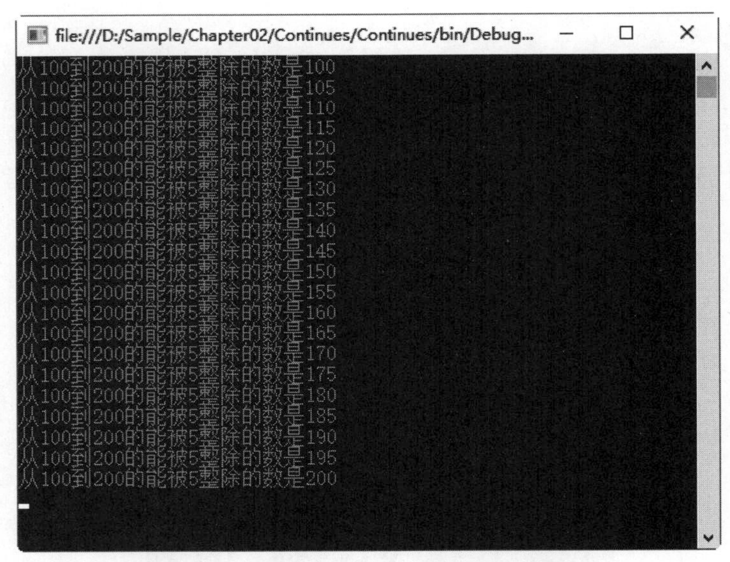

图 2.17　continue 语句用法示例的运行结果

2.4.5　异常处理

C# 的异常可能由两种方式导致。

(1) throw 语句无条件抛出异常。

(2) C# 的语句和表达式执行过程中激发了某个异常的条件，使得操作无法正常结束，从而引发异常，如整数除法操作分母为零时将抛出一个异常。

异常由 try 语句来处理，try 语句提供了一种机制来捕捉执行过程中发生的异常。try 语句有 3 种基本格式：try…catch、try…finally 和 try…catch…finally。

1. try…catch 结构

try 子句后面可以跟一个或者多个 catch 子句。如果执行 try 子句中的语句发生了异常，那么程序将按顺序查找第一个能处理该异常的 catch 子句，并将控制权转移到 catch 子句执行。

【例 2.17】在 VS2015 中建立一个名为 Trycatch 的控制台应用程序，在 Program 类中输入以下代码：

```
using System;
using System.Collections.Generic;
using System.Linq;
using System.Text;
namespace Trycatch{
    class Program{
        static void Main(string[] args)
    {
```

```
            long a= 1;
            long num = 100;
            try
            {
                a = 1 / (num-100);
            }
            catch (DivideByZeroException e)
            {
                Console.WriteLine(" 出现异常原因 :{0}", e.Message);
            }
            Console.ReadKey(); // 让程序在输出结果后暂停，以便查看输出结果
        }
    }
}
```

因为长整型的数超过范围时会溢出但是不出现异常，程序中的关键字 checked 的功能是不让其溢出而报出异常。上述代码运行后，其输出结果如图 2.18 所示。

图 2.18　try...catch 语句用法示例的运行结果

2. try…finally 结构

try 语句的第二种结构是 try…finally。不管 try 子句是如何退出的，程序的控制权最后都会转移到 finally 子句执行。

【例 2.18】在 VS2015 中建立一个名为 Tryfinallys 的控制台应用程序，在 Program 类中输入以下代码：

```
using System;
using System.Collections.Generic;
using System.Linq;
```

```
using System.Text;
namespace Tryfinallys{
    class Program    {
        static void Main(string[] args)
        {
            try { Console.WriteLine(" 执行 try 子句 !"); goto leave; } // 跳转到 leave 标签
            finally
            { Console.WriteLine(" 执行 finally 子句 !"); }
            leave:
            Console.WriteLine(" 执行 leave 标签 !");
            Console.ReadKey(); // 让程序在输出结果后暂停，以便查看输出结果
        }
    }
}
```

上述代码运行后，其输出结果如图 2.19 所示。

图 2.19　try...finally 语句用法示例的运行结果

3. try … catch … finally 结构

try 语句的第三种结构是 try…catch…finally，即 try 子句后面跟一个或者多个 catch 子句及一个 finally 子句。

【例 2.19】在 VS2015 中建立一个名为 Trycatchfinallys 的控制台应用程序，在 Program 类中输入以下代码：

```
using System;
using System.Collections.Generic;
using System.Linq;
using System.Text;
namespace Trycatchfinallys
{
    class Program
```

```
    {
        static void Main(string[] args)
        {
            try
            {       throw (new ArgumentNullException()); } // 引发异常
            catch (ArgumentNullException e)
            {       Console.WriteLine(«Exception:{0}», e.Message);    }
            finally
            {       Console.WriteLine(" 执行 finally 子句 ");       }
            Console.ReadKey(); // 让程序在输出结果后暂停，以便查看输出结果
        }
    }
}
```

上述代码运行后，其输出结果如图 2.20 所示。

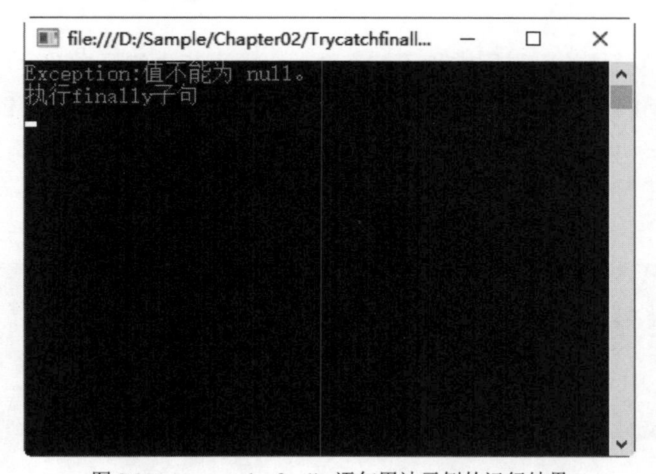

图 2.20　try...catch...finally 语句用法示例的运行结果

2.5　面向对象程序设计基础

面向对象编程 (OOP) 的主要思想是将数据 (数据成员) 及处理这些数据的相应函数 (函数成员) 封装到类中，使用类的变量则称为对象。在对象内，只有属于该对象的函数成员才可以存取该对象的数据成员。这样，其他的函数就不会无意中破坏其内容，从而达到保护和隐藏数据的效果。

与传统的面向过程的编程方法相比，面向对象编程方法有以下 3 个优点。

(1) 程序的可维护性好。

(2) 程序容易修改。

(3) 对象可以使用多次，可重用性好。

2.5.1 类声明

C# 是基于面向对象的编程语言。如果使用新的类，则必须在使用之前声明它。当类被成功地声明后，就可以当作一种新的类型来使用，这些新声明的类都属于引用类型。在 C# 中使用关键字 class 来声明类，使用 new 关键字可以建立类的一个实例，代码如下：

```
Class A{   }
Class B{
Void f(){
A a=new A();
}
}
```

以上代码在类 B 的方法 f 中创建了一个类 A 的实例。

2.5.2 继承

为了提高软件模块的可重用性和可扩充性，以提高软件的开发效率，因此希望能够利用前人或自己以前的开发成果。为此，任何面向对象的程序设计语言都能够提供两个重要的特性，即继承性 (inheritance) 和多态性 (polymorphism)。

【例 2.20】在 VS2015 中建立一个名为 Derived 的控制台应用程序，在 Program.cs 文件中输入以下代码：

```
using System;
using System.Collections.Generic;
using System.Linq;
using System.Text;
namespace Derived{
    class BaseA      {
        public void FuncA()        {          System.Console.WriteLine("Funciton A");          }
                    }
    class DerivedA : BaseA      {  // 从 BaseA 类继承
        public void FuncB()          {      System.Console.WriteLine("Function B");        }
                    }
    class Program
    {
        static void Main(string[] args)
        {   DerivedA aDerived = new DerivedA();
            aDerived.FuncA();
            aDerived.FuncB();
            Console.ReadKey(); // 让程序在输出结果后暂停，以便查看输出结果
        }
    }
}
```

程序中，类 DerivedA 继承了 BaseA，这样 DerivedA 就包含了 BaseA 的方法。上述代码运行后，其输出结果如图 2.21 所示。

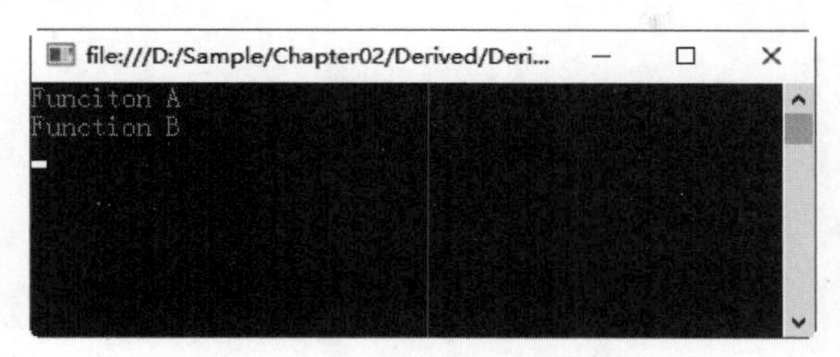

图 2.21　类继承示例的运行结果

2.5.3　类的访问修饰符

类的成员分为两大类，即本身声明的成员和继承来的成员。类的成员使用不同的访问修饰符定义成员的访问级别。从级别来划分，类的成员可以为公有成员 (public)、私有成员 (private)、保护成员 (protected) 和内部成员 (internal)。公有成员提供了类的外部接口，允许类的使用者从外部进行访问；私有成员只有该类的成员可以访问，类外部的成员是不能访问的。保护成员允许派生类访问，但对外部成员是隐藏的。内部成员是一种特殊的成员，这种成员对同一包中的应用程序或库是可以访问的，包之外不能访问。

【例 2.21】在 VS2015 中建立一个名为 AccessControl 的控制台应用程序，在 Program.cs 文件中输入以下代码：

```
using System;
using System.Collections.Generic;
using System.Linq;
using System.Text;
namespace AccessControl{
    class Class1       {
        public string s;                // 公有成员
        protected int i;                // 保护成员
        private double d;               // 私有成员
        public void F1()            {
            s = "Welcome six!";   // 正确，允许访问自身成员
            i = 100;              // 正确，允许访问自身成员
            d = 18.68; }          // 正确，允许访问自身成员
        public static void Main()
        { Class1 a = new Class1();
            a.s = "six";
            Console.WriteLine("{0}", a.s);
            Console.ReadKey(); // 让程序在输出结果后暂停，以便查看输出结果
}
    }
```

```
        class Class2 : Class1
        {   // 从 Class1 派生类 Class2
            int x;   // 私有成员
            public void F2()
            {   x = 100;                    // 正确，允许访问自身成员
                s = "Hello liu";            // 正确，允许访问类 Class1 的公有成员
                //d=188.88;                 // 错误，不能访问类 Class1 的私有成员
                i = 250; }                  // 正确，允许访问类 Class1 的保护成员
          }
        class Class3   {
            public void F3()
            { Class1 c = new Class1();   // 声明类 Class1 的实例 C
                c.s = "sixAge";             // 正确，允许访问类 Class1 的公有成员
                //c.d=108.55;               // 错误，不能访问类 Class1 的保护成员
                //c.i=300;                  // 错误，不能访问类 Class1 的私有成员
            }
        }
    }
```

程序在编译的过程中，会有两个警告提示。虽然有两个成员变量没有使用，但是依然生成可执行文件。上述代码运行后，其输出结果如图 2.22 所示。

图 2.22　类成员访问权限示例的运行结果

2.5.4　构造函数和析构函数

构造函数用于执行类实例的初始化。每个类都有构造函数，即使没有声明它，编译器也会自动提供一个默认的构造函数。在访问一个类时，系统将最先执行构造函数中的语句。构造函数有以下特性。

① 一个类的构造函数通常与类名相同。

② 构造函数不声明返回类型。

③ 构造函数总是 public 类型的。

构造函数在这个类被创建时被调用，也就是当执行 new 语句时调用；析构函数在销毁这个类时调用。构造函数一般用来初始化一些变量；析构函数用来释放创建类时所占有的资源。

【例 2.22】在 VS2015 中建立一个名为 Constructor 的控制台应用程序，在 Program.cs 文件中输入以下代码：

```
using System;
using System.Collections.Generic;
using System.Linq;
using System.Text;
namespace Constructor{
    class Desk
    {
        public Desk()   // 构造函数和类名一样
{
Console.WriteLine("Constructing Desk");
            weight = 6;
            high = 3;
            width = 7;
            length = 10;
            Console.WriteLine("{0},{1},{2},{3}", weight, high, width, length); }
        ~Desk()     // 析构函数为类名前面加 ~
{   Console.WriteLine("Destructing Desk");
                Console.ReadKey(); // 让程序在输出结果后暂停，以便查看输出结果
        }
        protected int weight;
        protected int high;
        protected int width;
        protected int length;
        public static void Main()
        {           Desk aa = new Desk();
            Console.WriteLine("back in main()");
        }
    };
}
```

构造函数和析构函数是类的两个特殊函数，都是系统自动调用的。当创建一个对象时，自动调用构造函数 Desk( )，执行其中语句。当程序执行完毕时，系统自动调用析构函数 ~Desk()。上述代码运行后，其输出结果如图 2.23 所示。

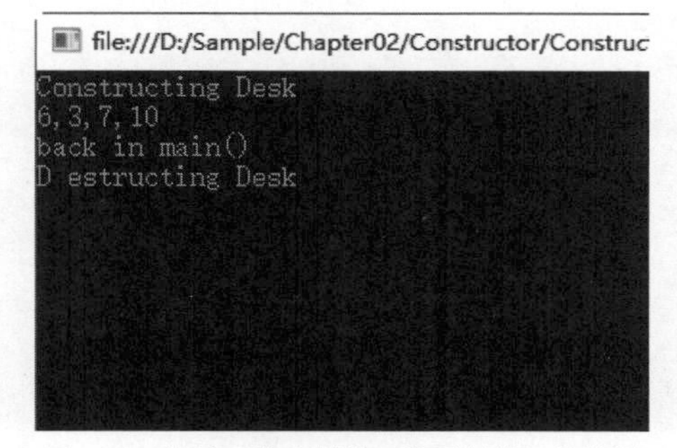

图 2.23　构造函数和析构函数示例的运行结果

2.5.5 this 关键字

this 关键字仅局限在构造函数、类的方法和类的实例中使用。在类的函数中出现的 this 作为一个值类型时，表示正在构造的对象本身的引用。在类的方法中出现的 this 作为一个值类型时，它表示对引用该方法的对象的引用。在结构的构造函数中出现的 this 作为一个变量类型时，它表示对正在构造的结构的引用。在结构的方法中出现 this 作为一个变量类型时，它表示对调用该方法的结构的引用。此外，在其他的地方使用 this 关键字都是非法的。

【例 2.23】在 VS2015 中建立一个名为 thiss 的控制台应用程序，在 Program.cs 文件中输入以下代码：

```
using System;
using System.Collections.Generic;
using System.Linq;
using System.Text;
namespace thiss{
    public class Employee       {
        public string name;       // 员工姓名
        public decimal salary;   // 员工薪水
            public Employee(string name, decimal salary)       // 构造函数
        {// 用 this 关键字给正在构造的对象的 name 和 salary 赋值
            this.name = name;
            this.salary = salary; }
        // 显示员工姓名及薪水
        public void DiaplayEmployee()
        {   Console.WriteLine(" 姓名 :{0}", name);
            Console.WriteLine(" 薪水 :{0} 元 ", salary);
            // 用 this 方法将当前对象传给 Tax.CalcTax() 方法
            Console.WriteLine(" 个人所得税 :{0} 元 ", Tax.CalcTax(this)); }
        }
    public class Tax {
        public static decimal CalcTax(Employee E)
        {               return (0.14m * (E.salary - 800.0m));             }
    }
    public class Sample
    {           public static void Main()
        {           // 声明类 Employee 的实例 e
            Employee e = new Employee(" 小明 ", 8888.8m);
            e.DiaplayEmployee();   // 显示员工姓名和薪水
            Console.ReadKey(); // 让程序在输出结果后暂停，以便查看输出结果 }
    }
}
```

上述代码运行后，其输出结果如图 2.24 所示。

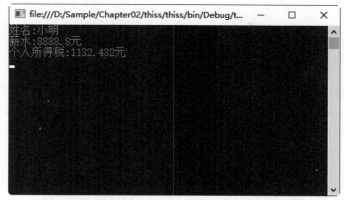

图 2.24　this 关键字用法示例的运行结果

2.5.6　static 关键字

在类中声明属性和方法时，可使用关键字 static 作为修饰符。static 标记的变量或方法由整个类共享，如访问控制权限允许，可不必创建该类对象而直接用类名加“.”调用。

【例 2.24】在 VS2015 中建立一个名为 statics 的控制台应用程序，在 Program.cs 文件中输入以下代码：

```
using System;
using System.Collections.Generic;
using System.Linq;
using System.Text;

namespace statics
{
    public class Person
    {
        private int id;
        public static int total = 0;     // static 成员变量
        public Person()
        { total++; id = total; }
    }
    public class OtherClass
    {
        public static void Main()
        {
            Person.total = 100;
            Console.WriteLine(Person.total);
            Person c = new Person();
```

```
                Console.WriteLine(Person.total);
                Console.ReadKey(); // 让程序在输出结果后暂停，以便查看输出结果
            }
        }
    }
```

在以上代码的 Person 类中定义了 id 和 total 两个属性，其中 total 被声明为 static 的，因而它不依赖于 Person 类的对象而存在。而且，即使创建 Person 类的一个或多个对象，它们各自都只携带属于自己的属性 id，而共用同一个类属性 total。上述代码运行后，其输出结果如图 2.25 所示。

图 2.25　使用 static 属性示例的运行结果

static 方法中可以直接调用同一个类中定义的其他 static 方法。构造方法不允许声明为 static 方法。

【例 2.25】在 VS2015 中建立一个名为 staticmethod 的控制台应用程序，在 Program.cs 文件中输入以下代码：

```
using System;
using System.Collections.Generic;
using System.Linq;
using System.Text;
namespace staticmethod{
    public class Person     {
        private int id;
        private static int total = 0;
        public static int getTotalPerson()       //static 方法
        {           return total;           }
        public Person()
        {           total++;    id = total; }
    }
    public class TestPerson      {
        public static void Main()           {
            Console.WriteLine(Person.getTotalPerson());
            Person p1 = new Person();
```

```
                Console.WriteLine(Person.getTotalPerson());
                Console.ReadKey(); // 让程序在输出结果后暂停，以便查看输出结果
        }
    }
}
```

上述代码运行后，其输出结果如图 2.26 所示。

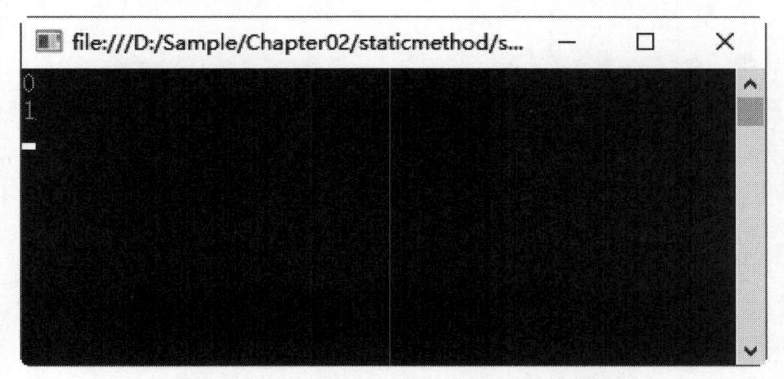

图 2.26　使用 static 方法示例的运行结果

2.6　面向对象高级进阶

和其他的面向对象语言一样，C# 支持多态性、虚方法、函数重载等。此外，C# 还提供一种特殊的数据形态“装箱”。

2.6.1　多态性

在 C# 中，多态性 (polymorphism) 的定义：“同一操作作用于不同的类的实例，不同的类将进行不同的解释，最后产生不同的执行结果”。C# 支持两种类型的多态性：编译时的多态性，编译时的多态是通过重载来实现的，对于非虚的成员来说，系统在编译时，根据传递的参数、返回的类型等信息决定实现何种操作；运行时的多态性，运行时的多态性是直到系统运行时才根据实际情况决定实现何种操作。在 C# 中，运行时的多态性通过虚方法实现。编译时的多态性提供了运行速度快的特点，而运行时的多态性则带来了高度灵活和抽象的特点。

2.6.2　虚方法

类的方法前如果加上 virtual 修饰符，就称为虚方法；反之为非虚方法。使用 virtual 修饰符后，不允许再有 static、abstract 或 override 修饰符。对于非虚方法，无论被其所在类的实例调用，还是被这个类的派生类的实例调用，非虚方法的执行方式不变，而虚方法将发生改变。

【例 2.26】在 VS2015 中建立一个名为 virtuals 的控制台应用程序，在 Program.cs 文件中输入以下代码：

```
using System;
using System.Collections.Generic;
using System.Linq;
using System.Text;
namespace virtuals{
    class Test      {
        static void Main(string[] args)
        {
            Base b = new Base();                    b.Draw();
            Derived d = new Derived();          d.Draw();
            d.Fill();
            Base obj = new Derived();              obj.Fill();
            obj.Draw();
            Console.ReadKey(); // 让程序在输出结果后暂停，以便查看输出结果
        }
    }
    class Base      {
        public void Fill()
        {                   System.Console.WriteLine("Base.Fill");             }
        public virtual void Draw()       // 声明虚方法
        {                   System.Console.WriteLine("Base.Draw");          }
    }
    class Derived : Base
    {
        public override void Draw()
        {                   System.Console.WriteLine("Derived.Draw");          }
        public new void Fill()
        {                   System.Console.WriteLine("Derived.Fill");            }
    }
}
```

基类中定义的普通函数，在派生类中重新定义时需要加 new 关键字，如果在基类中是虚函数，在派生类中使用 override 关键字。上述代码运行后，其输出结果如图 2.27 所示。

图 2.27　虚方法用法示例的运行结果

利用“Base obj=new Derived ()；”定义基类对象 obj 指向派生类的实例，当调用普通方法时，总是调用基类的方法；当调用虚方法时，则调用派生类的方法。如果利用 Base 类继续派生出一些类，那么“obj.Draw ()”语句将会根据所给不同对象的实例去调用不同的方法，从而实现多态性。

2.6.3 抽象类

抽象类使用 abstract 修饰符，它不能直接实例化，只能被其他类继承。在继承的类中必须对抽象类中的抽象方法进行重写；否则该派生类依然是抽象。

【例 2.27】在 VS2015 中建立一个名为 abstracts 的控制台应用程序，在 Program.cs 文件中输入以下代码：

```
using System;
using System.Collections.Generic;
using System.Linq;
using System.Text;
namespace abstracts{
    abstract public class Window        {    // Window 为抽象类
        public Window(int top, int left)
        {                    this.top = top;                    this.left = left;             }
        abstract public void DrawWindow();    // DrawWindow 方法为抽象方法
        protected int top;
        protected int left;       }
    public class ListBox : Window        {
        public ListBox(int top, int left, string contents) : base(top, left)
        {    listBoxContents = contents; } // 调用基类的构造函数
        public override void DrawWindow()
        { Console.WriteLine("Writing string to the listbox: {0}", listBoxContents);    }
        private string listBoxContents;        }
    public class Tester        {
        static void Main() {
            Window[] winArray = new Window[3];
            winArray[0] = new ListBox(1, 2, "First List Box");
            winArray[1] = new ListBox(3, 4, "Second List Box");
            for (int i = 0; i < 2; i++)
            {                        winArray[i].DrawWindow();                        }
            Console.ReadKey(); // 让程序在输出结果后暂停，以便查看输出结果
}
    }
}
```

上述代码运行后，其输出结果如图 2.28 所示。

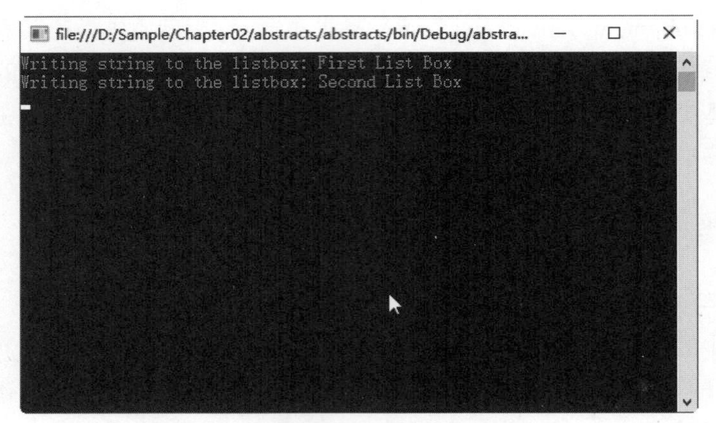

图 2.28　使用抽象类示例的运行结果

2.6.4　函数重载

函数重载的定义是：函数名称一样，但是函数的参数列表类型不一样。参数类型一样，但返回类型不同的函数不构成重载。可以重载普通类的方法，也可以重载构造函数。

【例 2.28】在 VS2015 中建立一个名为 overloads 的控制台应用程序，在 Program.cs 文件中输入以下代码：

```
using System;
using System.Collections.Generic;
using System.Linq;
using System.Text;
namespace overloads{
class Program {
 public void Func()
        {               System.Console.WriteLine("Func()");            }
        public void Func(int x, int y)
        {               System.Console.WriteLine("Func( int x, int y )");            }
        public void Func(long x, long y)
        {               System.Console.WriteLine("Func( long x, long y )");            }
        static void Main(string[] args)           {
            Program myOverload = new Program();
            myOverload.Func();
            myOverload.Func(1, 1);
            myOverload.Func(1L, 1L);
            myOverload.Func(1L, 1);
            Console.ReadKey(); // 让程序在输出结果后暂停，以便查看输出结果
        }
    }
}
```

上述代码运行后，其输出结果如图 2.29 所示。

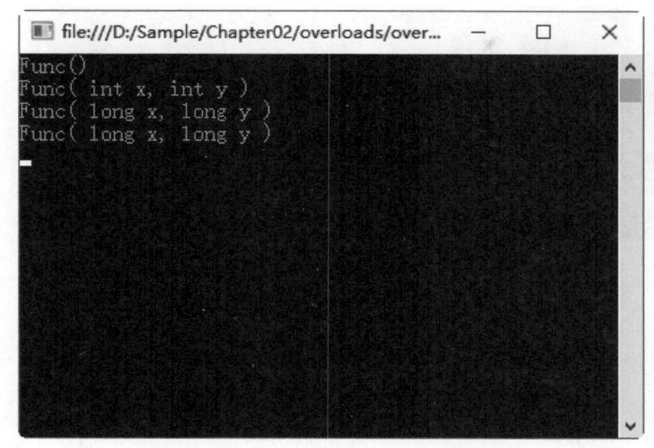

图 2.29　函数重载示例的运行结果

可以看出，根据函数的参数类型，分别调用不同的同名函数。构造函数的重载和普通函数一样，但参数列表不同。

【例 2.29】在 VS2015 中建立一个名为 overloadconstructors 的控制台应用程序，在 Program.cs 文件中输入以下代码：

```
using System;
namespace overloadconstructors
{
    class CtorOverloadDemo
    {
        static void Main(String[] args)
        {
            MyInt i = new MyInt(2);
            System.Console.WriteLine(i.i);
            MyInt j = new MyInt();
            System.Console.WriteLine(j.i);
            Console.ReadKey(); // 让程序在输出结果后暂停，以便查看输出结果
        }
    }
    class MyInt
    {
        public int i;
        public MyInt() { i = 0; }
        public MyInt(int i) { this.i = i; }
    }
}
```

上述代码运行后，其输出结果如图 2.30 所示。

图 2.30　构造函数重载示例的运行结果

2.6.5　装箱

任何对象都是从 Object 对象继承而来的。所以，任何对象都可以给 Object 对象的实例赋值。给 Object 对象赋值的过程称为装箱 (Boxing)；反之为拆箱 (Unboxing)。

【例 2.30】在 VS2015 中建立一个名为 Boxings 的控制台应用程序，在 Program.cs 文件中输入以下代码：

```
using System;
using System.Collections.Generic;
using System.Linq;
using System.Text;
namespace Boxings{
class Program{
        static void Main(string[] args)
          {   int i = 123;
              object o = i;   // 装箱
              int j = (int)o;    // 拆箱，必须是显示转换
              Console.WriteLine("j: {0}", j);
              Console.ReadKey(); // 让程序在输出结果后暂停，以便查看输出结果
          }
      }
}
```

上述代码运行后，其输出结果如图 2.31 所示。

图 2.31　使用装箱示例的运行结果

强化练习

本章简要介绍了 C# 语言的编程基础知识，通过对本章内容的学习，读者应该掌握 C# 的数据结构，熟悉值类型和引用类型的使用方法，掌握操作符和控制语句的使用，着重掌握 C# 的异常处理和 C# 面向对象编程特性。

练习 1：

编写一个 C# 控制台应用程序，要求从键盘输入一个正整数年份 year，判断该年份是否为闰年。该练习参考 2.4.1 节讲解的知识。

练习 2：

编写一个 C# 控制台应用程序，要求从键盘输入一个正整数年份 *n*，计算 1! + 2!+ 3!+ …+ *n*！的值并输出。该练习参考 2.4 节讲解的知识。

练习 3：

百钱百鸡是我国古代数学家张丘建在《算经》一书中提出的数学问题：鸡翁一值钱五，鸡母一值钱三，鸡雏三值钱一。百钱买百鸡，问鸡翁、鸡母、鸡雏各几何？编写一个 C# 控制台应用程序，求解百钱百鸡所有的解值并输出。该练习参考 2.4 节讲解的知识。

练习 4：

使用 C# 编写一个类实现一个矩形，要求从键盘输入矩形的长和宽，计算矩形的面积和周长的值并输出。该练习参考 2.5 节讲解的知识。

常见疑难解答

问：解释什么是变量？

答：变量指在程序的运行过程中存放数据的存储单元，在程序的运行中变量的值是可以改变的。

问：变量和常量有什么区别？

答：在程序的运行中变量的值是可以改变的，而在程序的运行中常量的值是可以不改变的。

问：类和对象是什么？

答：类是面向对象编程 (Object-Oriented Programming，OOP) 的基本单位，是一种包含数据成员、函数成员的数据结构。类的数据成员有变量、域和事件。函数成员包括方法、属性、构造函数和析构函数等。对象是类的实例，类是对对象的抽象。

问：C# 的访问修饰符有哪几种？

答：类的修饰符有 public(公有成员)、private(私有成员)、protected(保护成员) 和 internal(内部成员)。

问：什么是多态性？

答：在 C# 中，多态性 (polymorphism) 的定义是："同一操作作用于不同的类的实例，不同的类将进行不同的解释，最后产生不同的执行结果"。C# 支持两种类型的多态性，即编译时的多态性、运行时的多态性。编译时的多态性是通过重载来实现的。运行时的多态性是直到系统运行时才根据实际情况决定实现何种操作。编译时的多态性提供了运行速度快的特点，而运行时的多态性则带来了高度灵活和抽象的特点。

问：什么是抽象类？抽象类有什么特点？

答：抽象类使用 abstract 修饰符，它不能直接实例化，只能被其他类继承。在继承的类中必须对抽象类中的抽象方法进行重写；否则该派生类依然是抽象。

第3章 ASP.NET的Web页面管理

内容导读

本章简要介绍了 ASP.NET 网页的运行机制，ASP.NET 页面是如何组织和运行的，包括页面的往返与处理机制、页面的生命周期和事件；System .Web .UI .Page 类具有一些共同的属性、事件和方法，ASP.NET 网页代码隐藏模型；ASP.NET 提供了几种基于客户端的状态管理方式；ASP.NET 的配置文件 Machine.config 和 Web.config 的配置方法，

通过本章的学习，可使读者理解 ASPX 网页的基类、页面的生命周期和事件、ASP 网页代码模型、ASP.NET 状态管理方式，能利用配置文件 Machine.config 和 Web.config 进行网站应用程序配置。

学习目标

- ◆ 学习和掌握页面管理
- ◆ 了解 ASP.NET 代码隐藏模型
- ◆ 熟悉状态管理的基础知识
- ◆ 属性 ASP.NET 的配置管理

课时安排

- ◆ 理论学习 4 课时
- ◆ 上机操作 4 课时

3.1 ASP.NET 页面的生命周期

ASP.NET 页面是带 .aspx 文件扩展名的文本文件。当浏览器客户端请求 .aspx 资源时，ASP.NET 运行库分析目标文件并将其编译为一个 .NET 框架类。此类可用于动态处理传入的请求。页面在第一次访问时进行编译，已编译的类型示例可以在多个请求中重用。

3.1.1 ASP.NET 页面代码模式

ASP.NET 是一个完全面向对象的系统，每个 ASP.NET 网页都直接或间接地继承自 System.Web.UI.Page 类。由于在 Page 类中已经定义了网页所需要的基本属性、事件和方法，因此只要新网页一生成，就从它的基类中继承了这些成员，因而也就具备了网页的基本功能。设计者可以在这个基础上再进行开发。

在 Page 类中已经定义了以下成员。

(1)Request 对象。一个与 HTTP 通信的属性，该属性用于获取请求的页的 HttpRequest 对象，通过这个对象可以获取来自 HTTP 请求的数据。

(2)Response 对象。一个与 HTTP 通信的属性，该属性用于获取该 Page 对象关联的 HttpResponse 对象。与 Request 对象的作用正好相反，这个对象允许向浏览器端发送信息。

(3)ViewState、Session、Application 对象。这些对象用来保持网页的各种状态。Page 类的常用属性、事件和方法如表 3.1 所示。

表 3.1 Page 类的常用属性、事件和方法

名 称	功 能
IsPostBack	属性，获取一个值，该值指示该页是否正为响应客户端回发而加载，如果是则为 True，否则为 False
IsValid	属性，获取一个值，该值指示页验证是否成功，如果是则为 True，否则为 False
Load	事件，当启动该页面时激活该事件
DataBind	方法，将数据源绑定到被调用的服务器控件及其所有子控件

【例 3.1】IsPostBack 属性示例。

(1) 打开 VS2015 开发环境，选择“文件”|“新建”|“项目”菜单命令，显示出“新建项目”对话框，在左边的项目类型中选择“Visual C#”|“Web”, 在右边的模板中选择“ASP.NET Web 应用程序”，在“名称”文本框中输入 Ex_IsPostBack，在“位置”编辑框中直接输入文件夹名称，或单击“浏览”按钮选择一个已有的文件夹，单击“确定”按钮。然后在弹出的对话框中选择“Web Forms”, 单击“确定”按钮，创建了一个名为 Ex_IsPostBack 的网站应用程序。默认主页为 Default.aspx，在上面添加一个 TextBox 控件，用于输入姓名，把其 ID 设置为 TB_Name; 一个 Button 控件，用于提交页面，将其 Text 属性设置为“提交”；一个 Label 控件，用于显示提示信息，其 ID 设置为 Lb_Message。

(2) 在 VS2015 开发环境，选择“视图”|“解决方案资源管理器”菜单命令，打开“解

决方案资源管理器”窗口，在该窗口中双击 Default.aspx.cs，在 Page_Load 事件中编写以下代码：

```
public partial class _Default : System.Web.UI.Page
{
    protected void Page_Load(object sender, EventArgs e)
    {
        if (Page.IsPostBack)                Lb_Message .Text = TB_Name.Text + " 您好 ";
        else                                  Lb_Message.Text = " 您还没有提交 ";
    }
}
```

第一次访问该网页时，会显示“您还没有提交”，单击“提交”按钮后，将显示“某某(以上填写的姓名)您好”。在浏览器中的视图如图 3.1 所示。

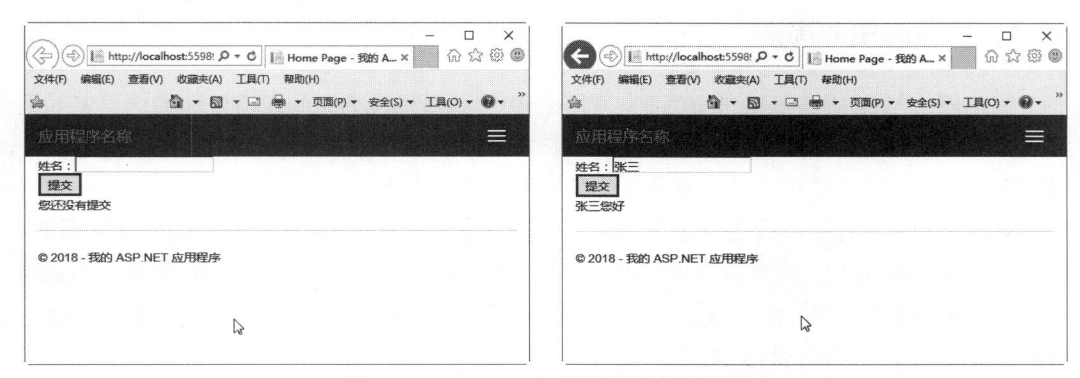

图 3.1　Ex_IsPostBack 属性示例的运行结果

3.1.2　回发和往返行程

在 ASP.NET 中，用户每次单击按钮时，Web 窗体页面都会和服务器进行往返传递，这样 ASP.NET 代码才能处理它。这样对服务器资源消耗比较多，特别是访问用户达到一定数量时，对服务器来讲可以说是一种考验。但是，这大大减轻了客户端的负担，与 Windows 应用程序相比较，客户端在浏览 ASP.NET 网站时会节省许多的资源。

将窗体传递到服务器是所有 Web 处理的固有部分，而不仅仅是 ASP.NET 的一部分。实际上，Web 窗体的一个好处就是它处理了大量的工作，这些是执行和处理每个往返中来回发总的信息所需要做的工作。

用户每次单击按钮时，Web 窗体页面都会和服务器进行往返传递，其过程如下。

(1) 用户通过客户端浏览器请求页面，页面第一次加载。如果程序员通过编程让它执行初步处理，如对页面进行初始化操作等，可以在 Page_load 事件中进行处理。

(2) 页面将标记动态呈现到浏览器，用户看到的网页类似于其他任何网页。

(3) 用户输入信息或从可用选项中进行选择，然后单击按钮。如果用户单击链接而不是

按钮，页面可能仅仅定位到另一页，而第一页不会被进一步处理。

(4) 页面发送到 Web 服务器。更明确地说，页面发送回其自身。例如，如果用户正在使用 Default.aspx 页面，则单击该页上的某个按钮可以将该页发送回服务器，发送的目标则是 Default.aspx。

(5) 在 Web 服务器上，该页再次运行，并且可在页上使用用户输入或选择的信息。

(6) 页面执行通过编程所要进行的操作，服务器将执行操作后的页面以 HTML 标记的形式发送到客户端浏览器。

只要用户在该页面中工作，此循环就会继续。用户每次单击按钮时，页面中的信息会发送到 Web 服务器，然后该页面再次运行。每个循环称为一次“往返行程”。由于页面处理发生在 Web 服务器上，因此页面可以执行的每个操作都需要一次到服务器的往返行程。

3.1.3 页面的生命周期

浏览器从 Web 服务器请求页面时，浏览器和服务器相连的时间仅够处理请求。Web 服务器将页面呈现到浏览器之后，连接即终止。如果浏览器对同一 Web 服务器发出另一个请求，即使是对同一个页面发出的，该请求仍会作为新请求来处理。

Web 这种断开连接的天性决定了 ASP.NET 页面的运行方式。用户请求 ASP.NET 网页时，将创建该页的新实例。该页执行其处理，将标记呈现到浏览器，然后该页被丢弃。如果用户单击按钮以执行回发，将创建该页的新实例；该页执行其处理，然后再次被丢弃。这样，每个回发和往返行程都会导致生成该页的一个新实例。

ASP.NET 页面的生命周期顺序如下。

(1) 开始。在用户访问页面时，页面就进入了开始阶段。在该阶段，页面将确定请求是发回请求还是新的客户端请求，并设置 IsPostBack 属性。

(2) 初始化。在页面开始访问之后，会初始化页面属性以及页面中的服务器控件等内容。

(3) 加载。页面加载控件。

(4) 验证。调用所有的验证程序控件的 Validate 方法，来设置各个验证程序控件和页的属性。

(5) 回发事件。在回发事件中，页面会调用处理事件，对数据进行相应的处理并回发给客户端。

(6) 呈现。获取服务器端回发的数据，呈现在客户端浏览器中，供用户浏览。

(7) 卸载。完全呈现页面后，将页面发送到客户端并准备丢弃时，将调用卸载。

3.1.4 ASP.NET 页面生命周期的事件

在页面生命周期的每个阶段中，将引发相应的处理事件。表 3.2 给出了常用的页面生命周期事件。

表 3.2　页面生命周期的事件

事件名称	使用说明
Page_PreInit	检查 IsPostBack 属性来确定是不是第一次处理该页创建或重新创建动态控件，动态设置主控页，动态设置 Theme 属性，读取或设置配置文件属性值
Page_Init	读取或初始化控件属性
Page_Load	读取和更新控件属性
控件事件	使用这些事件来处理特定控件事件，如 Button 控件的 Click 事件或 TextBox 控件的 TextChanged 事件
Page_PreRender	该事件对页或其控件的内容进行最后更改
Page_Unload	使用该事件来执行最后的清理工作，如关闭打开的文件和数据库连接、完成日志记录或其他请求特定任务

【例 3.2】关于页面的生命周期示例。

(1) 打开 VS2015 开发环境，选择“文件”|“新建”|“项目”菜单命令，显示出“新建项目”对话框，在左边的项目类型中选择“Visual C#”|“Web”，在右边的模板中选择“ASP.NET Web 应用程序”，在“名称”文本框中输入 Ex_Pagelifecycle，单击“确定”按钮。然后在弹出的对话框中选择“Web Forms”，单击“确定”按钮，创建了一个名为 Ex_ Pagelifecycle 的网站应用程序，默认主页为 Default.aspx。在该页面上添加一个 Label 控件，用于显示一些页面生命周期事件，把其 ID 设置为 lbText。

(2) 双击设计视图，或者在解决方案资源管理器中进入 Default.aspx.cs。在其中编写以下代码：

```
public partial class _Default : System.Web.UI.Page
{
protected void Page_Load(object sender, EventArgs e)
        {
            lbText.Text += "Page_Load <hr> ";
        }
        protected void Page_Init(object sender, EventArgs e)
        {
                lbText.Text += "Page_Init <hr>";
        }
        protected void Page_PreLoad(object sender, EventArgs e)
        {
              lbText.Text += "Page_PreLoad <hr>";
        }
        protected void Page_PreRender(object sender, EventArgs e)
        {
              lbText.Text += "Page_PreRender <hr>";
        }
}
```

在浏览器中的视图如图 3.2 所示。

图 3.2　页面生命周期示例的运行结果

3.2　ASP.NET 代码隐藏模型

ASP.NET 网页由两部分组成：一是可视元素，包括标记、服务器控件和静态文本；二是页的编程逻辑，包括事件处理程序和其他代码。

3.2.1　代码隐藏模型

代码隐藏页模型将事件处理代码都存放在单独的 .cs 文件中，当 ASP.NET 网页运行时，ASP.NET 类生成时会先处理 .cs 文件中的代码，再处理 .aspx 页面中的代码。这种过程称为代码分离。

在代码隐藏页模型中，页的标记和服务器端元素 (包括控件声明) 仍位于 .aspx 文件中，而页代码则位于单独的代码隐藏 (Code-Behind) 文件中，该文件的后缀依据使用的程序语言而确定。如果使用 C# 语言，则文件的后缀是“.aspx..cs”。

代码分离的优势在于：首先，在 .aspx 页面中，开发人员可以将页面直接作为样式来设计，即美工人员也可以设计 .aspx 页面，而 .cs 文件则由程序员来完成事件处理。其次，将 ASP.NET 中的页面样式代码和逻辑处理代码分离也能让维护变得简单，使代码看上去也非常优雅。

下面用示例演示了一个包含 Click 事件处理程序的代码隐藏示例。

【例 3.3】代码隐藏示例。

(1) 打开 VS2015 开发环境，选择“文件”|“新建”|“项目”菜单命令，显示出“新建项目”对话框，在左边的项目类型中选择“Visual C#”|“Web”，在右边的模板中选择“ASP.NET Web 应用程序”，在“名称”文本框中输入 Ex_ HiddenFile，单击“确定”按钮。然后在弹出的对话框中选择“Web Forms”，单击“确定”按钮，创建一个名为 Ex_ HiddenFile 的网站应用程序，默认主页为 Default.aspx。在上面添加一个 Label 控件和一个 Button 控件。

(2) 在 Button 控件的 Click 属性下编辑以下代码：

```
protected void Button1_Click(object sender, EventArgs e)
    {           Label1.Text = "Clicked at " + DateTime.Now.ToString();}
```

在 Default.aspx 的源代码中并未出现 Click 事件的内容，这些设置保存在以 .cs 结尾的 Default.aspx.cs 文件中。

Default.aspx 的源代码文件如下：

```
<%@ Page Title="Home Page" Language="C#"MasterPageFile="~/Site.Master" AutoEventWireup="true"CodeBehin
d="Default.aspx.cs" Inherits="Ex__HiddenFile._Default"%>

<asp:Content ID="BodyContent" ContentPlaceHolderID="MainContent" runat="server">

<asp:Button ID="Button1" runat="server" Text="Button" OnClick="Button1_Click" />
<asp:Label ID="Label1" runat="server" Text="Label"></asp:Label>

</asp:Content>
```

在 Default.aspx.cs 文件中，分别可以看到以下代码：

```
using System;
using System.Configuration;
using System.Data;
using System.Linq;
using System.Web;
using System.Web.Security;
using System.Web.UI;
using System.Web.UI.HtmlControls;
using System.Web.UI.WebControls;
using System.Web.UI.WebControls.WebParts;
using System.Xml.Linq;
public partial class _Default : System.Web.UI.Page
{
    protected void Page_Load(object sender, EventArgs e)
    {     }
    protected void Button1_Click(object sender, EventArgs e)
    {           Label1.Text = "Clicked at " + DateTime.Now.ToString();      }
}
```

关于以上代码的说明如下。

(1) 文件前面包含了一系列命名空间的引用，如：

```
using System.Web.UI.WebControls;
```

(2) 下面的语句是对网页类定义的框架：

```
public partial class SamplePage : System.Web.UI.Page
{              …              }
```

在浏览器中的视图如图 3.3 所示。

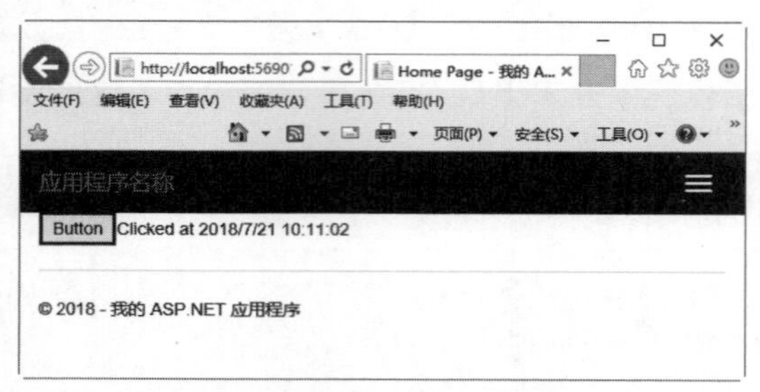

图 3.3　代码隐藏示例

上述声明表明网页是一个类 SamplePage，派生自 System.Web.UI.Page。在类的定义中修饰词“partial class”代替了传统的“class”，这说明网页是一个“分布式类”。那么，什么是分布式类，为什么要使用分布式类呢？有的类具有比较复杂的功能，因而拥有大量的属性、事件和方法。如果将类的定义都写在一起，则文件会很庞大，代码的行数也很多，不便于理解和调试。为了降低文件的复杂性，C# 提供了“分布式类”的概念。在分布式类中，允许将类的定义分散到多个代码片段中，而这些代码片段又可以存放到两个或两个以上的源文件中，每个文件都只包括类定义的一部分。只要各文件使用了相同的命名空间、相同的类名，而且每个类的定义前都加上 partial 修饰符，那么编译时编译器就会自动将这些文件编译到一起，形成一个完整的类。例如：

```
// 第一个文件为 exp1.cs
   using System;
     public partial class partexp {
                    public void SomeMethod ( )
         {          …          }
     }
     //   第二个文件为 exp2.cs
     using System;
     public partial class partexp   {
               public void SomeOtherMethod ( )
         {        …          }
     }
```

上面 exp1.cs 与 exp2.cs 两个文件使用了同一命名空间 System，同一类名 partexp，而且都加上了 partial 修饰符。所以，编译后生成的类将自动把两个方法组合到一起，结果新类中包括了两个方法，即 SomeMethod ( ) 和 SomeOtherMethod ( )。

3.2.2　ASP.NET 页面指令

.aspx 文件中的前几行，一般是＜%@…%＞这样的代码，这叫做页面的指令，用来定义 ASP.NET 页分析器和编译器使用的特定于该页的一些定义。在 .aspx 文件中使用的页

面指令一般有以下几种。

```
<%@Page%>
```

<%@Page%> 指令可定义 ASP.NET 页分析器和编译器使用的属性，一个页面只能有一个这样的指令。示例代码如下：

```
<%@Page  Language="C#" AutoEventWireup="true" CodeBehind="Default.aspx.cs"Inherits="MyWeb._Default" %>;
```

上述代码中，使用了 @Page 页面指令来定义 ASP.NET 页面分析器和编译器使用的特定页的属性。当创建代码隐藏页模型的页面时，系统会自动增加 @Page 页面指令。

```
<%@ Import namespace="value" %>
```

<%@ Import namespace=" value" %> 指令可将命名空间导入到 ASP.NET 应用程序文件中，一个指令只能导入一个命名空间，如果要导入多个命名空间，应使用多个指令来进行。

```
<%@ OutputCache%>
<%@ OutputCache%> 指令可设置页或页中包含的用户控件的输出缓存策略
<%@ Register% >指令用于创建标记前缀和自定义控件之间的关联关系
```

3.2.3 ASP.NET 应用程序文件类型

网站应用程序中可以包含很多文件类型。例如，在 ASP.NET 中经常使用的 ASP.NET Web 窗体页就是以 .aspx 为扩展名的文件。ASP.NET 网页其他扩展名的介绍如表 3.3 所示。

表 3.3 ASP.NET 网页其他扩展名的具体描述

文 件	扩展名	文 件	扩展名
Web 用户控件	.ascx	HTML 页	.htm
XML 页	.xml	母版页	.master
Web 服务	.asmx	全局应用程序类	.asmx
Web 配置文件	.config	网站地图	.sitemap
外观文件	.skin	样式表	.css

3.3 ASP.NET 页面的状态管理

为 Web 页面及其控件保持状态信息是非常有必要的。然而，由于 Web 应用程序创建于 HTTP 协议的顶层，这是一个无状态的协议，因此，保持状态信息则变得非常困难。为了解决这个问题，ASP.NET 技术提供了多种解决方案，如利用 Session、Cookie、视图状态、控件状态、隐藏域、查询字符串、个性化用户配置 (Profile) 等。对于利用 ASP.NET 技术创建服务器控件而言，保持状态信息也是非常重要的，其主要解决途径是利用视图状态和控件状态。

3.3.1 页面状态概述

状态管理是对同一页面或不同页面的多个请求维持状态以及页面信息的过程。由于 HTTP 协议是一个无状态协议，所以服务器每处理完客户端的一个请求就认为任务已经结束，当客户端再次请求时，服务器会将其作为一次新的请求处理，即使是相同的客户端也是如此。此外，到服务器的每一次往返过程都将销毁并重新创建页，因此，如果超出了单个页面的生命周期，页面信息将不复存在。ASP.NET 提供了几种在服务器往返过程中维持状态的方式，分别应用于不同的目的。

◎ 视图状态：用于保存本窗体页的状态。

◎ 控件状态：用于存储控件状态数据。

◎ 隐藏域：呈现为 <input type= "hidden"/> 元素，用于存储一个值。

◎ 应用程序状态：用于保存整个应用程序的状态，状态存储在服务器端。

◎ 会话状态：用于保存单一用户的状态，状态存储在服务器端。

◎ Cookie 状态：用于保存单一用户的状态，状态存储在浏览器端。

3.3.2 视图状态

视图状态就是本窗体的状态，保持视图状态就是在反复访问本窗体页的情况下，能够保持状态的连续性。ASP.NET 的目标之一是尽量使网站的设计与桌面系统一致。ASP.NET 中的事件处理模型是实现本目标的重要措施，该模型是基于服务器处理事件的，当服务器处理完事件后，通常再次返回到本窗体以继续后面的操作。如果不保持视图状态，当窗体页返回时，窗体页中原有的状态 (数据) 将都不复存在，这种情况下又怎样继续窗体的操作呢？

下面用一个简单的示例来说明这种情况。向窗体中添加 3 个 TextBox 表单控件：一个用来输入姓名；一个用来输入密码；一个用来输入数量。一个 Button 按钮控件用来向服务器提交数据，如图 3.4 所示。

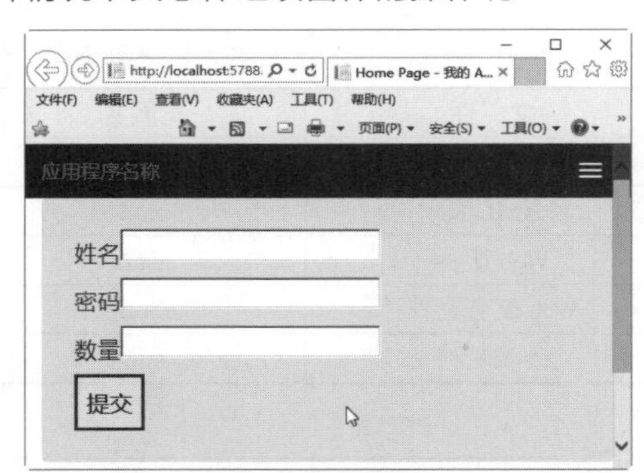

图 3.4 视图状态示例

当输入完数据，单击“提交”按钮后，提交数据的同时，网页被重新启动，但是 TextBox 控件中的数据将仍然可以保持。此时认为系统处于保持视图状态。

Microsoft 采用了一种比较特殊的方式，只要从浏览器端打开网页的源文件来查看，就会发现在源代码中已经自动增加了一段代码：

```
<input type="hidden" name="__VIEWSTATE" id="__VIEWSTATE" value="/wEPDwUKMTI1MTk2NDQzM2RkKDFuptFv
YC7/bsMlC8Nn0SBuiOw=" />
```

这说明在网页中已经自动增加了一个隐含 (type="hidden") 控件，控件的名字为“_VIEWSTATE”。由于这个新控件是隐含控件，因此增加它并不会改变页面的布局。控件的

value 属性就是窗体页中各个控件以及控件中的数据（状态）。为了安全，这些数据被序列化为 Base64 编码的字符串，已经变得难以辨认。当网页提交时，它都会以“客户端到服务器端”的形式来回传递一次，当处理完成后，会以处理后的新结果作为新的 ViewState 存储到页面中的隐藏字段中，并与页面内容一起返回到客户端，这就恢复了窗体页中各控件的状态。

使用视图状态的优点主要有以下几个。

◎ 不需要任何服务器资源，视图状态包含在页代码中。

◎ 实现简单。视图状态无须使用任何自定义编程。

◎ 增强的安全功能。视图状态中的值经过哈希计算和压缩，并且针对 Unicode 实现进行编码，其安全性要高于使用隐藏域。

使用视图状态要注意以下几个问题。

◎ 视图状态提供了某一特定 ASP.NET 页面的状态信息。如果需要在多个页上共享信息，或访问网站时保留信息，则应使用另一个方法（如应用程序状态、会话状态或个性化设置）来维护状态。

◎ 视图状态信息将被序列化为 XML，然后使用 Base64 编码进行编码，这将生成大量的数据。将页回发到服务器时，视图状态信息将作为页回发信息的一部分发送。如果视图状态包含大量信息，则会影响页的性能。

◎ 虽然使用视图状态可以保存页和控件的值，但是在某些情况下，也需要关闭视图状态。比如使用 GridView 控件显示数据时，单击 GridView 控件的下一页按钮，此时，GridView 控件呈现的数据已经不再是前一页的数据，那么，如果使用视图状态将前一页数据保存下来，不仅没有必要而且还会生成大量隐藏字段，增大页面的体积，此时就应当关闭视图状态以移除由 GridView 控件生成的大量隐藏字段。假设此处的 GridView 控件名为 gv，那么下面的代码将禁用该控件的视图状态：

```
gv.EnableViewState = false;
```

如果整个页面控件都不需要维持状态视图，则可以设置整个页面的视图状态为 false，代码如下：

```
<%@ Page EnableViewState="false"%>;
```

3.3.3 控件状态

ASP.NET 页面框架提供了 ControlState 属性作为在服务器往返过程中存储自定义控件数据的方法。从 ASP.NET 2.0 开始支持控件状态机制。控件的状态数据现在能通过控件状态而不是视图状态被保持，控件状态是不能被禁用的。如果控件中需要保存控件之间的逻辑，如选项卡控件要记住每次回发时当前已经选中的索引 SelectIndex 时，就可以使用控件状态。当然 ViewState 属性完全可以满足此需求，如果视图状态被禁用，自定义控件就不能正确运行。控件状态的工作方式与视图状态完全一致，并且默认情况下在页面中它们都是存储在同一个隐藏域中。

使用控件状态的优点主要有以下几个。

◎ 不需要任何服务器资源。默认情况下，控件状态存储在页面的隐藏域中。

◎ 可靠性。因为控件状态不像视图状态那样可以关闭，所以控件状态是管理控件状态的更可靠的方法。

◎ 通用性。可以编写自定义适配器来控制如何存储控件状态数据和控件状态数据的存储位置。使用控件状态的缺点主要是需要自己编写程序代码。虽然 ASP.NET 页框架为控件状态提供了基础，但是控件状态是一个自定义的状态保持机制。为了充分利用控件状态，必须编写代码来保存和加载控件状态。

3.3.4 隐藏域

ASP.NET 允许将信息存储在 HiddenField 控件中，此控件将呈现为一个标准的 HTML 隐藏域。隐藏域在浏览器中不以可见的形式呈现，可以像对待标准控件一样设置其属性。当向服务器提交页时，隐藏域的内容将在 HTTP 窗体集合中随同其他控件的值一起发送。隐藏域可用作一个储存库，可以将希望直接存储在页中的任何特定于页的信息放置到其中。

恶意用户可以很容易地查看和修改隐藏域的内容。不要在隐藏域中存储任何敏感信息或保障应用程序正确运行的信息。HiddenField 控件在其 Value 属性中只存储一个变量，并且必须通过显式方式添加到页上。

HiddenField 控件用于存储一个值，在向服务器的各次发送过程中，需保持该值。它呈现为 <input type= "hidden"/> 元素。

通常情况下，Web 窗体页的状态由视图状态、会话状态和 cookie 来维持。但是，如果这些方法被禁用或不可用，则可以使用 HiddenField 控件来存储状态值。若要指定 HiddenField 控件的值，可使用 Value 属性。

3.4 ASP.NET 项目配置管理

ASP.NET 采用基于 XML 的配置文件，易于定制。这些配置文件可以通过在文本编辑器中进行编辑来配置 ASP.NET 的任何组件。本节将介绍两种类型的配置文件：机器配置文件 Machine.config，用于机器设置；应用程序配置文件 Web.config，用于应用程序特定的设置。系统可能有一个 Machine.config 文件和多个 Web.config 文件。

3.4.1 配置文件的层次结构

所有 .NET Framework 应用程序都从一个名为系统根目录 \Windows\Microsoft.NET\Framework\ 版本号 \Config\Machine.config 的文件继承基本配置设置和默认值，Machine.config 文件用于服务器范围的配置设置。而 Web.config 包含特定 Web 应用程序的配置信息，不一定要放在 Web 应用程序的根目录下，同一个 Web 应用程序下的所有子目录都可以有自

己的 Web.config 文件。此时 IIS 会先继承根目录下的配置设置，如果碰到相同的配置标记，则现行目录下的 Web.config 配置会覆盖根目录下同名的配置设置。

其工作原理主要是邻近原则。即当页面被初始化时，首先访问 Machine.config 中的配置信息，然后访问根目录中的 Web.config 文件，如果存在相同的配置，则会覆盖 Machine.config 中的配置信息，再读取下一级目录中的 Web.config 文件，如果配置相同，则覆盖上一级的，依次类推，直到该页面所在的目录为止，即使下一级中还有 Web.config 文件，也不再访问它。配置文件的结构层次如表 3.4 所示。

3.4　配置级别文件说明

配置级别	文件名	文件说明
服务器	Machine.config	Machine.config 文件包含服务器上所有 Web 应用程序的 ASP.NET 架构。此文件位于配置层次结构的顶层
根 Web	Web.co nfig	服务器的 Web.config 文件与 Machine.config 文件存储在同一个目录中，运行时此文件是配置层次结构中的从上往下数第二层
网站	Web.config	特定网站的 Web.config 文件，包含应用于该网站的设置，并向下继承到该站点的所有 ASP.NET 应用程序和子目录
ASP.NET 应用程序根目录	Web.config	特定 ASP.NET 应用程序的 Web.config 文件，位于该应用程序的根目录中，它包含应用于 Web 应用程序并向下继承到其分支中的所有子目录的设置
ASP.NET 应用程序子目录	Web.config	应用程序子目录的 Web

3.4.2　配置文件的语法规则

复制 Machine.config 文件，并保存为 Machine.config.xml，然后用浏览器打开它，如果压缩主要节点，就可以得到基本元素的图形显示，如图 3.5 所示。

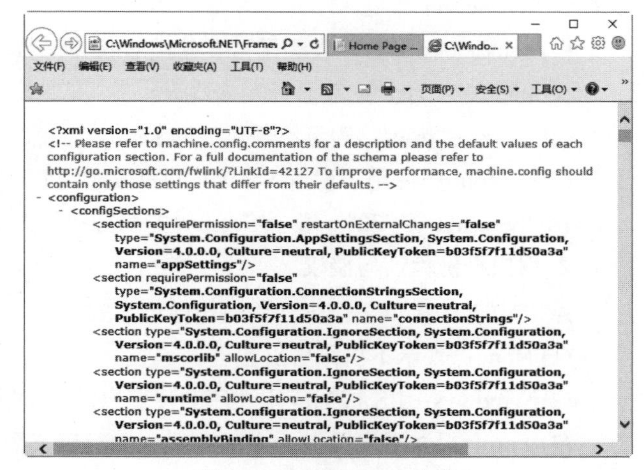

图 3.5　Machine.config 文件

这个配置文件是基于 XML 的，下面简单介绍使用 XML 书写配置文件的基本规则。

◎ 这些文件必须有一个唯一的根元素，它把其他元素都包括在内。Machine.config 和 Web.config 的根元素都是 <configuration>。

◎ 元素必须包括在起始标记和结束标记之间，这些标记是区分大小写的。

◎ 任何属性、关键字的取值都必须包括在双引号中。

◎ 元素必须嵌套，且不能重叠配置。文件在结构上分为两个主要部分。首先是声明部分，通过定义其中的类来处理信息，这部分用 <configSections> 标记来界定。其次是设置部分，在该部分为声明部分中的类赋值，它由 <configSettings> 标记来界定。在 Web.config 中可以重写在 Machine.config 声明部分中定义的类的值。

3.4.3 配置 Web.config 文件

Web.config 中包含许多配置节点，其中有些是通用的，也允许开发者自定义所需要的节点。下面说明常用的配置信息。

1. 设置 SessionState

SessionState 称为会话状态，可以在 SessionState 节点中指定一个 Session 是否超时、是否启用或支持 Cookies 等，它包含以下 5 个属性。

(1) mode 属性有下列几种取值。

mode="off"：表示不启用 Session 状态。

mode="InProc"：表示将 Session 存放于服务器上。

mode="SQLServer"：表示把 Session 存放到指定的 SQL Server 数据库上。

mode="StateServer"：表示把 Session 存放到另一个状态服务器上。

(2) stateConnectionString 属性。

当 mode 属性为 "StateServer" 时，以 "tcpip=server:port" 的格式指定远程状态服务器的连接字符串。

(3) sqlConnectionString 属性。

当 mode 属性为 "SQLServer" 时，指定合法的数据库连接字符串，以便将 Session 状态保存到 SQLServer 数据库中。

(4) cookieless 属性，表明是否要使用 cookies。

cookieless="false"：表示使用 cookies。

cookieless="true"：表示不使用 cookies。

(5) timeout 属性用于设置 Session 的有效时间。

例如，timeout="20"：表示 Session 的有效时间为 20 分钟。

2. 用户身份验证与授权

ASP.NET 中提供了以下 4 种身份验证方式。

(1) None：表示不执行身份验证。

(2) Windows：IIS 根据应用程序的设置执行身份验证。

(3) Forms：为用户提供一个输入凭据的自定义窗体，然后在应用程序中验证用户的身份。用户凭据标记存储在 Cookie 中。

(4) Passport：通过 Microsoft 公司的 PassportWebService 进行身份验证。身份验证只是为了判断用户是否是合法的，授权则是根据登录者的角色决定该用户可以访问哪些资源。与身份验证相似，可以使用 ASP.NET 提供的授权方式，也可以自己编写代码决定不同用户的使用权限。可以在 Web.config 中通过 <authorization> 节点来设置授权的用户。

强化练习

本章主要介绍ASP.NET网页的运行机制、ASP.NET页面生命周期概念以及ASP.NET代码隐藏模型，理解这些内容对ASP.NET开发会起到促进作用。视图状态、控件状态和隐藏域是ASP.NET提供的几种在服务器往返过程之间维持状态的方式。对ASP.NET的配置文件Machine.config和Web.config的配置方法进行了简要介绍。

练习：

创建一个ASP.NFT Web应用程序项目，在默认的网页WebForml中加入一个Label标签和两个Button按钮。当页面初次加载时，标签中显示“页面第一次加载”，当单击“使页面回传”按钮后，标签中显示“页面回传了”，单击“重置”按钮时，标签中显示“页面回传并被重置”。不要为“使页面回传”按钮编写任何后台代码达到上述功能，以体会页面回传机制。

常见疑难解答

问：.aspx文件是什么类型的文件？

答：.aspx文件是ASP.NET的页面文件，其本质上是文本文件，可以用其他文本编辑器打开并进行编辑，但建议用Visual Studio进行编辑处理。

问：为什么第一次执行时ASP.NET程序执行得很慢？

答：当浏览器客户端请求ASP.NET程序响应时，ASP.NET运行库分析目标文件并将其编译为一个.NET框架类。此类可用于动态处理传入的请求。页面在第一次访问时需要进行编译处理，所以第一次执行时，ASP.NET程序执行得很慢。已编译的类型示例可以在多个请求间重用。

问：ASP.NET页面的生命周期顺序具体有哪些？

答：ASP.NET页面的生命周期顺序如下。

(1) 开始。在用户访问页面时，页面就进入了开始阶段。在该阶段，页面将确定请求是发回请求还是新的客户端请求，并设置IsPostBack属性。

(2) 初始化。在开始页面访问后，会初始化页面属性以及页面中的服务器控件等内容。

(3) 加载。页面加载控件。

(4) 验证。调用所有的验证程序控件的Validate方法，来设置各验证程序控件和页面的属性。

(5) 回发事件。在回发事件中，页面会调用处理事件，对数据进行相应的处理并回发给客户端。

(6) 呈现。获取服务器端回发的数据，呈现在客户端浏览器中，供用户浏览。

(7) 卸载。完全呈现页面后，将页面发送到客户端并准备丢弃时，将调用卸载。

问：ASP.NET 代码隐藏页模型是什么？

答：ASP.NET 代码隐藏页模型将事件处理代码都存放在单独的 .cs 文件中，当 ASP.NET 网页运行时，ASP.NET 类生成时会先处理 .cs 文件中的代码，再处理 .aspx 页面中的代码。这个过程称为代码分离。在代码隐藏页模型中，页的标记和服务器端元素 (包括控件声明) 仍位于 .aspx 文件中，而页代码则位于单独的代码隐藏 (Code-Behind) 文件中，该文件的后缀依据使用的程序语言而确定。如果使用 C# 语言，则文件的后缀是 .aspx、.cs。

问：ASP.NET 代码隐藏模型有什么好处？

答：在 .aspx 页面中，开发人员可以将页面直接作为样式来设计，即美工人员也可以设计 .aspx 页面，而 .cs 文件则由程序员来完成事务处理。另外，将 ASP.NET 中的页面样式代码和逻辑处理代码分离也能让维护变得简单，使代码看上去也非常优雅。

问：ASP.NET 提供了哪几种在服务器往返过程中维持状态的方式以应用于不同的目的？

答：ASP.NET 中有视图状态、控件状态、隐藏域、应用程序状态、会话状态、Cookie 状态等。

第4章 ASP.NET常用的服务器控件

内容导读

服务器控件在Web服务器端解释运行，这些控件经过处理后会生成客户端代码发送到客户端运行。要求读者熟练掌握Web服务器控件的使用，如常用的文本框、标签、按钮、下拉列表框、单选按钮、复选框等控件。学会使用FileUpload控件向服务器上传文件。熟练使用验证控件验证客户输入数据的合法性。

通过本章的学习，读者应该掌握ASP.NET网页运行机制以及常用服务器控件的原理，掌握服务器端控件在ASP.NET网页中的应用。

学习目标

◆ 了解服务器控件的基本知识
◆ 学习和掌握常用标准服务器控件
◆ 学习和掌握常用验证控件
◆ 练习常用服务器控件的使用

课时安排

◆ 理论学习4课时
◆ 上机操作4课时

4.1 服务器控件概述

ASP.NET 服务器控件是 ASP.NET 应用程序中最常使用的控件，几乎每个 ASP.NET 页面都会包含一个或多个服务器控件。使用 ASP.NET 服务器控件，可以达到减少开发 Web 应用程序所需编写的代码量、提高开发效率并优化程序性能的目的。ASP.NET 服务器控件会在初始化时，根据客户的浏览器版本，自动生成适合浏览器的 HTML 代码。

ASP.NET 提供的服务器控件大致可分为 3 种类型，即 HTML 服务器控件、 ASP.NET 标准服务器控件和自定义服务器控件。

1. HTML 服务器控件

HTML 服务器控件是由普通 HTML 控件转换而来，其呈现的输出基本上与普通 HTML 控件一致。在创建 HTML 服务器控件时，直接从“工具箱”中拖动选中的 HTML 控件，放置在页面中，然后在属性中加入 runat = "server" 即可。下面是一个普通的 HTML 按钮控件，代码如下：

```
<input   id= "Button1 "   type= "button"   value="button"   runat = "server">
```

上述代码中的按钮控件是一个典型的 HTML 控件，可以看出，这个控件的代码与普通的 HTML 控件相比，增加了 ID 属性和 runat = "server" 属性。

2. ASP.NET 标准服务器控件

ASP.NET 标准服务器控件是 .NET 推荐使用的控件，它们与 HTML 控件相比具有丰富的功能，其操作数据和呈现数据的功能也变得非常强大。例如，在绑定数据库中的数据时，使用一个 FormView 控件，即可实现数据的呈现、布局、修改、删除等操作，这样大大简化了页面代码的复杂性。

3. 自定义服务器控件

自定义服务器控件由开发人员自行设计开发，开发人员可自定义 UI、功能、属性、方法、事件等特征，这是自定义服务器控件与 ASP.NET 标准服务器控件本质的区别。

4.2 标准服务器控件

服务器控件是动态网络技术的一大进步，它真正地将后台程序和前端页面结合在一起。服务器控件的广泛应用，大大简化了应用程序的开发，提高了工作效率。

在 ASP.NET 中，大部分服务器控件类都派生于 System.Web.UI.WebControls 类，需要使用命名空间 System.Web.UI.WebControls。

4.2.1 标签控件

标签控件即 Label 控件，主要用于显示用户不能编辑的文本，如标题或提示等。该控件用于标识窗体上的对象或显示相应信息以响应应用程序中的运行时事件或进程。可以使用标签向文本框、列表框和组合框等添加描述性标题。也可以编写代码，使标签显示的文本为了响应运行时事件而做出更改。

因为 Label 控件不能接收焦点，所以也可以用来为其他控件创建访问键。访问键允许用户通过按 Alt 键和访问键来选择另一个控件。标签控件的常用属性如表 4.1 所示。

表 4.1　标签控件的常用属性及说明

属　性	说　明	属　性	说　明
ID	此控件的编程 ID 名称	BackColor	标签背景颜色
Text	标签现实的文本	BorderColor	标签边框颜色
Width	标签的宽度	CssClass	标签显示样式
Height	标签的高度	Visible	标签是否可见
Font	用于标签文本中的字体	Enabled	标签是否可用

设置标签控件外观常用方法有两种，即通过属性窗口设置和引用 CSS 样式设置。下面将分别进行介绍。

1. 通过属性窗口设置标签控件外观

通过属性窗口设置标签控件的外观，只要改变 Label 控件外观属性即可。具体的外观属性设置如图 4.1 所示。

2. 通过引用 CSS 样式设置标签控件外观

【例 4.1】 使用 CSS 样式设置标签控件外观 QuoteCSS。

(1) 打开 VS2015 开发环境，选择“文件”|“新建”|“项目”菜单命令，打开“新建项目”对话框，在左侧的项目类型中选择“Visual C#”，在右侧的模板中选择“ASP.NET Web 应用程序”，在“名称”文本框中输入 QuoteCSS，创建一个名为 QuoteCSS 的网站应用程序，如图 4.2 所示。

(2) 在该网站的解决方案资源管理器上右击，在弹出的快捷菜单中选择“添加新项”命令，弹出“添加新项”对话框，从中选择“样式表”，默认名为 StyleSheet.css。单击“添加”按钮，即可添加一个 CSS 样式文件，如图 4.3 所示。

在该文件添加以下代码，用来设置外观样式：

```
.stylecs
{
background-color:green;
 font-style:italic;
 font-size:25px;
 border :4px;
 border-color:Gray ;}
```

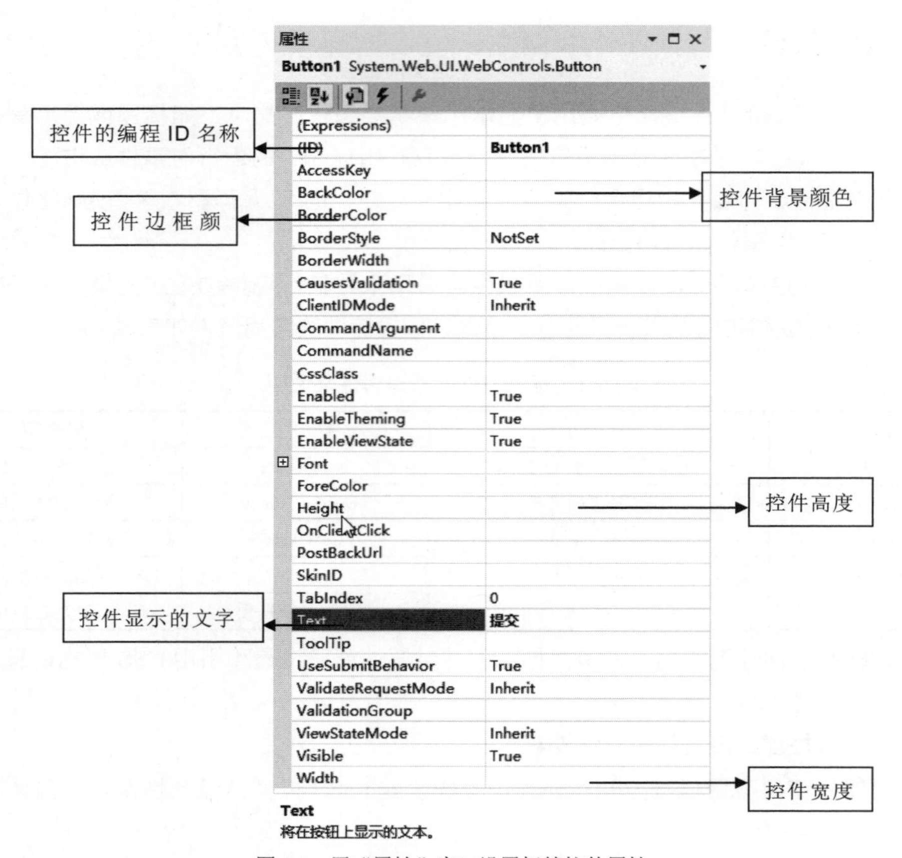

图 4.1　用“属性”窗口设置标签控件属性

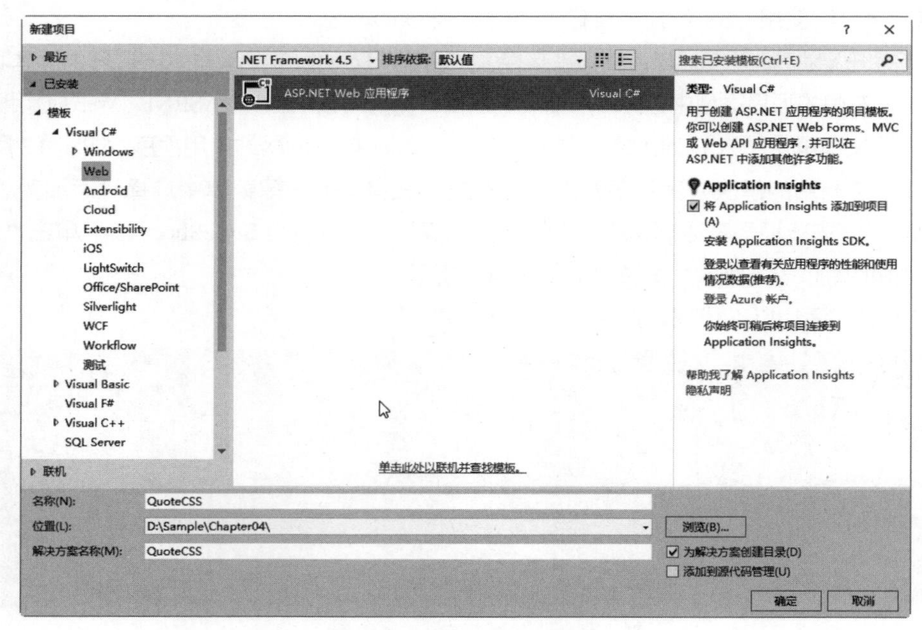

图 4.2　“新建项目”对话框

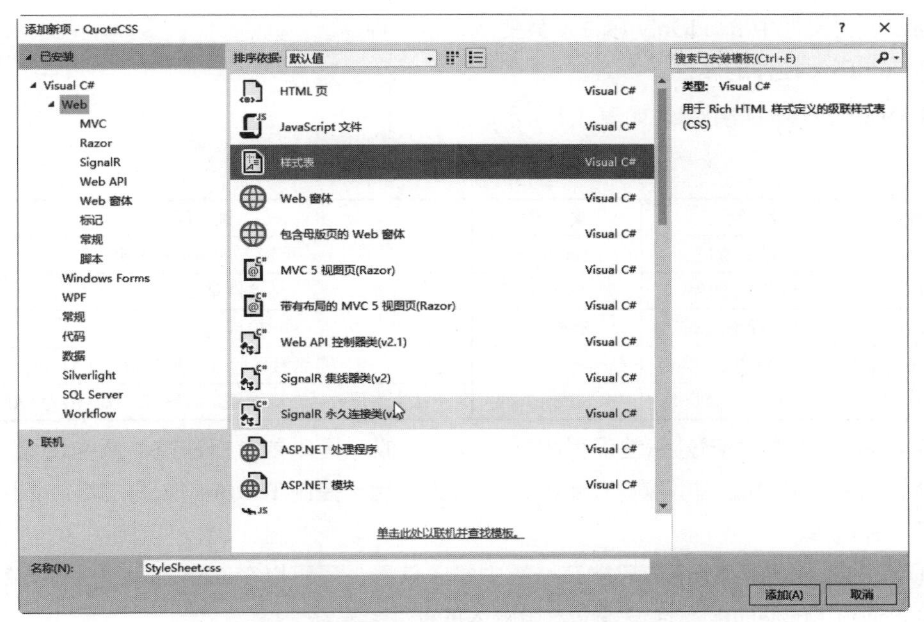

图 4.3　添加 CSS 样式文件

(3) 在 Default.aspx 页源视图中，在头文件中添加以下代码，引用刚刚编辑的 CSS 样式文件：

```
<link href ="StyleSheet.css" type ="text/css"    rel ="Stylesheet" />
```

(4) 在“属性”窗口中，设置标签控件的 CssClass 属性为 stylecs，引用完成。

(5) 将 Default.aspx 设为起始页面，运行该应用程序，结果如图 4.4 所示。

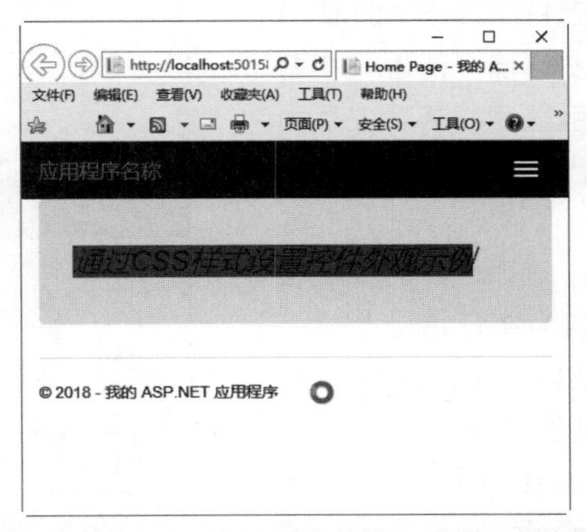

图 4.4　通过 CSS 样式设置控件外观示例的运行结果

4.2.2　文本框控件

文本框控件 (TextBox) 用于文本的输入和显示。TextBox 控件一般用于可编辑文本，也可以通过设置属性中 ReadOnly 属性使其变成只读控件。

1. TextBox 控件的属性

TextBox 控件的常用属性如表 4.2 所示。

表 4.2　TextBox 控件的常用属性及说明

属　性	说　明	属　性	说　明
Columns	文本框的宽度	Maxlength	可输入的最大字符数
Backcolor	控件背景颜色	Visible	控件是否可见
Textmode	控件的行为模式	Enabled	控件是否可用
CssClass	用于该控件的 css 类名	Causesvalidation	控件是否激发验证，默认值是 FALSE
Rows	多行文本显示的行数	AutoPostBack	在文本修改后自动恢复到服务器，默认值为 FALSE

TextBox 控件的大部分属性设置和标签控件类似，具体参考标签控件属性设置。下面主要介绍 TextMode 属性的设置。TextMode 属性主要用于控制 TextBox 控件的文本显示方式，有以下 3 种选择。

① SingleLine 单行：用户只能在一行中输入信息，还可以在 Columns 属性中限制文本的宽度，通过 Maxlength 属性设置文本可输入的最大字符数。

② MultiLine 多行：用于文本较长时，可以输入多行文本并执行换行，可以通过设置 Rows 属性，设置文本框显示的行数。

③ Password 密码：将用户输入的字符以密码 (* 或·) 形式显示，以保护用户个人信息。

2. TextBox 控件的使用

TextBox 控件主要用于文本的输入和显示，下面通过实例介绍 TextBox 控件的具体使用方法。

【例 4.2】TextBox 控件在登录界面的使用。

(1) 打开 VS2015 开发环境，创建一个名为 EXTextbox 的网站应用程序，默认主页为 Default.aspx。在该页面上添加 3 个 TextBox 控件，两个 Button 控件。

(2) 设置控件的属性。“账户”的 TextBox 控件的 TextMode 属性设置为单行 (SingleLine)；密码 Textbox 控件的 TextMode 属性设置为密码 (Password)，Maxlength 属性值设为 14；第三个 Textbox 控件的 TextMode 属性设置为多行 (MultiLine)，ReadOnly 属性设置为 True，并适当调节其宽度和高度；Botton1 控件的 text 属性设置为“登录”，Botton2 控件的 text 属性设置为“注册”。

(3) 将 Default.aspx 设为起始页面，运行该应用程序，结果如图 4.5 所示。

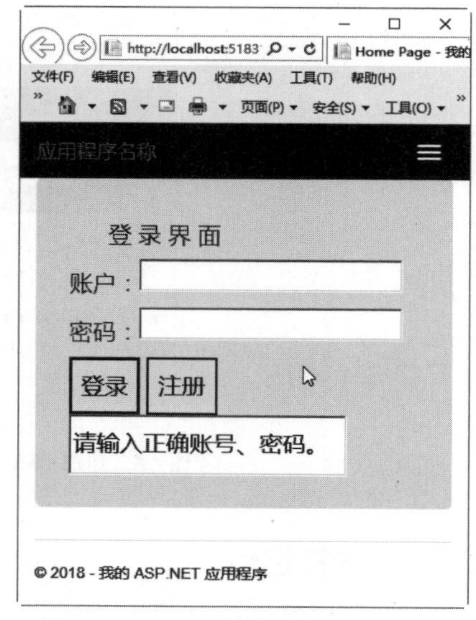

图 4.5　TextBox 控件在登录界面的使用

4.2.3 按钮控件

按钮控件包括 Button、LinkButton、ImageButton 等 3 种。按钮控件的使用很简单，不过按钮控件也是最常用的服务器控件之一。在开发过程中，经常会用到按钮控件的 3 个事件和一个属性。

◎ OnClick 事件。当用户单击按钮时，触发该事件。通常利用 OnClick 事件完成用户的确定、数据的修改、表单的提交等。

◎ OnMouseOver 事件。当用户的鼠标指针进入按钮范围时，触发该事件。通常利用 OnMouseOver 事件完成一些特效。例如，鼠标指针进入按钮范围时，出现一些其他个性化提示或变化，以供用户更好地进行选择。

◎ OnMouseOut 事件。当用户的鼠标指针离开按钮范围时，触发该事件。通常利用 OnMouseOut 事件完成一些特效，具体使用可参考 OnMouseOver 事件。

◎ Text 属性。按钮上显示的文字。通常利用 Text 属性显示一些提示用户的选择性文字。

1. Button 控件

Button 控件又称为命令按钮控件和提交按钮控件。默认情况下为提交按钮控件，即将 Web 页面发回到服务器。Button 控件常用于 Click 事件，该事件是在单击 Button 控件时引发的事件。Button 控件的常用属性及说明如表 4.3 所示。

表 4.3 Button 控件的常用属性及说明

属性	说明
PostBackUrl	单击按钮时所发送的 URL
CssClass	控件应用的 CSS 类名
OnClientClick	在客户端 onclick 上执行客户端脚本。如将其值设为 window.external.addFavorite('http://www.tsinghua.edu.cn',' 清华大学 ')，当单击时，会将该网站添加到收藏夹
CausesValidation	控件是否激发验证，默认值为 TRUE，该属性用来确定是否导致激发验证
Enable	控件的启用状态

2. LinkButton 控件

LinkButton 控件又称为超链接按钮控件，其在功能上和 Button 控件相似，但是以超链接形式呈现。LinkButton 控件的常用属性和说明如表 4.4 所示。

表 4.4 LinkButton 控件的常用属性及说明

属　性	说　明
OnClientClick	在客户端 OnClient 上执行的客户端脚本
Enable	控件是否即用
CausesValidation	该按钮是否导致激发验证
PostBackUrl	单击按钮时所发送的 Url

LinkButton 控件的常用事件是 Click 事件，该事件是在单击 LinkButton 控件时引发的事件。

3. ImageButton 控件

ImageButton 控件又称为图像按钮控件，它可以显示具体的图像，在功能上和 Button 控件相似。ImageButton 控件的常用属性及说明如表 4.5 所示。

表 4.5　ImageButton 控件的常用属性及说明

属　性	说　明
CausesValidation	控件是否激发验证
PostBackUrl	单击按钮时所发送的 Url
Alternatetext	图像无法显示时替换的文字
ImageUrl	要显示图像的 Url

ImageButton 控件大部分属性和 Button 控件类似，下面主要介绍该控件中的 ImageUrl 属性。ImageUrl 属性用于设置控件显示的图像位置。在设置时可以用相对 Url，也可以使用绝对 Url。相对 Url 是图像的位置和网页的位置相关，当到其他地点时不需要修改 ImageUrl 属性值，而绝对 Url 使图像的位置和服务器的完整路径相关，需要修改。

ImageButton 控件的常用属性是 Click 事件，该事件是在单击 ImageButton 控件时引发的事件。

下面通过例子讲解 Button 控件、LinkButtton 控件和 ImageButton 控件常用功能的实现和常用属性的设置。

【例 4.3】按钮控件的使用。

(1) 打开 VS2015 开发环境，创建一个名为 Exbutton 的网站应用程序，默认主页为 Default.aspx，并在该页面上添加一个 Button 控件、一个 LinkButton 控件和一个 ImageButton 控件。

(2) 添加用于超链接的 Default2.aspx 页面。在 Default2.aspx 页面内输入“本页面为跳转页面”。可以再根据需要适当修改控件、文字的外观。

(3) 设置按钮控件的属性。将 Button 控件的 text 属性设置为“按钮控件”，在属性栏中找到 Click 事件并双击该事件，进入后台编码区，在 Button 控件的 Click 事件下添加以下代码：

```
Protected  void  Button1_Click(object sender, EventArgs e)
     {      Response.Write("<script>alert('Hello,world ! ')</script>");     }
```

将 LinkButton 的 Text 属性设置为“超链接按钮”，PostBackUrl 属性设置为 ~/Default2.aspx，即要链接到的页面。在“解决方案资源管理器”中右击 Exbutton 项目名称，在弹出的快捷菜单中选择“添加”|“新建文件夹”命令，添加“images”文件夹，将所用到的图片“1.jpg”复制到“images”文件夹下 (注意：不要将图片放在 App_Data 目录下，这个目录是不对外显示的)。将 ImageButton 控件的 ImageUrl 属性设置为 ~/images/1.jpg，即显示图像的相对位置 (图 4.6)，PostBackUrl 属性也设置为 ~/Default2.aspx。

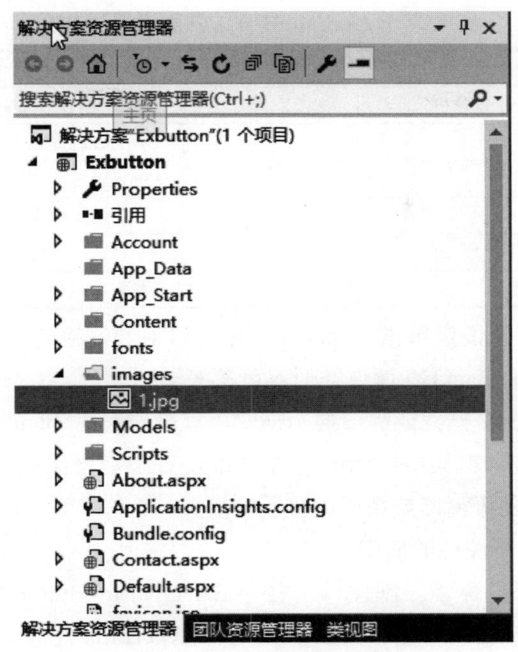

图 4.6　添加项目使用图片

(4) 将 Default.aspx 设为起始页面，运行该应用程序，结果如图 4.7 左图所示。单击“按钮控件”按钮或 ImageButton 控件上的图片跳转到页面，如图 4.7 右图所示。

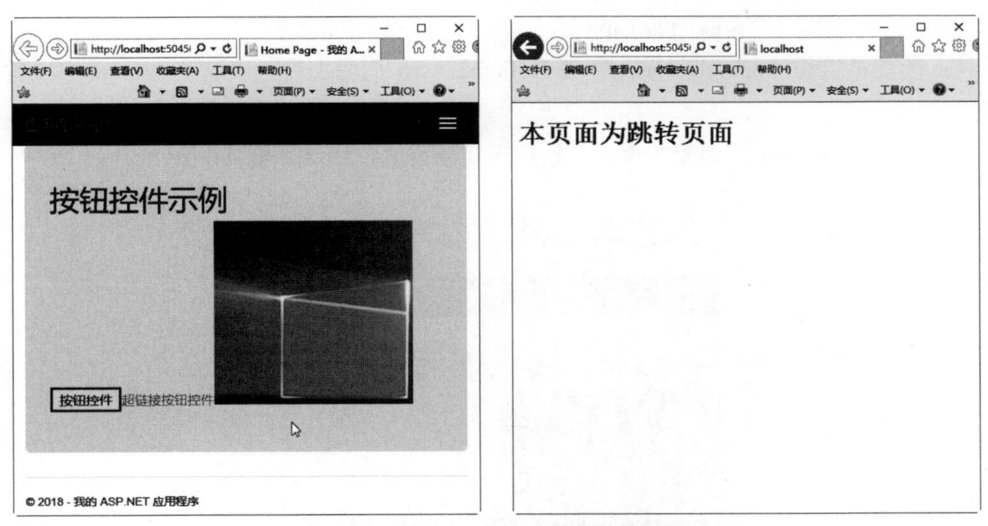

图 4.7　按钮控件的使用及按钮跳转页面

4.2.4　超链接控件

超链接控件又称为 HyperLink 控件，该控件只实现导航功能，不会在服务器代码中引发事件，以超链接方式显示。HyperLink 控件的常用属性及说明如表 4.6 所示。

表 4.6　HyperLink 控件的常用属性及说明

属　性	说　明
CausesValidation	该按钮是否导致激发验证
Enable	控件是否可用
Target	NavigateUrl 的目标框架
ImageUrl	要显示图像的 URL
NavigateUrl	定位到的 URL
Text	要为该链接显示的文本

NavigateUrl 属性用来设定单击 HyperLink 控件时将要链接到的网页地址，其设置方法和 LinkButton 控件的 PostBackUrl 属性类似，可参考学习。

Target 属性表示下一个框架或窗口显示样式，其成员有：_blank，在新的窗口中打开链接页；_self，在具有焦点的框架中显示链接页；_top，在没有框架的全新窗口中显示链接页；_parent，在直接框架集父级窗口或页面中显示链接页。

【例 4.4】HyperLink 控件的使用。

(1) 打开 VS2015 开发环境，创建一个名为 EXHyperlinkButton 的网站应用程序，默认主页为 Default.aspx。在 Default.aspx 页上添加一个 HyperLink 控件。

(2) 设置 HyperLink 控件属性。在“解决方案资源管理器”中右击 Exbutton 项目名称，选择“添加”|“新建文件夹”命令，添加“images”文件夹，将所用到的图片“1.jpg”复制到“images”文件夹下。将 NavigateUrl 属性设置为 Default2.aspx，Target 属性设置为 _top，ImageUrl 地址为“~/images/1.jpg”。

(3) 添加链接页面 Default2.aspx，在 Default2..aspx 页面上输入“这是 HyperLink 跳转成果后的页面。”。

(4) 将 Default.aspx 设为起始页面，运行该应用程序，结果如图 4.8 所示。

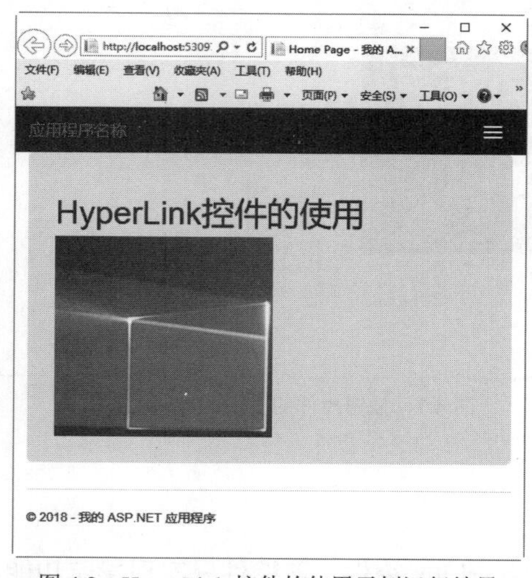

图 4.8　HyperLink 控件的使用示例运行结果

(5) 单击 HyperLink 控件上的图片，跳转到页面如图 4.9 所示。

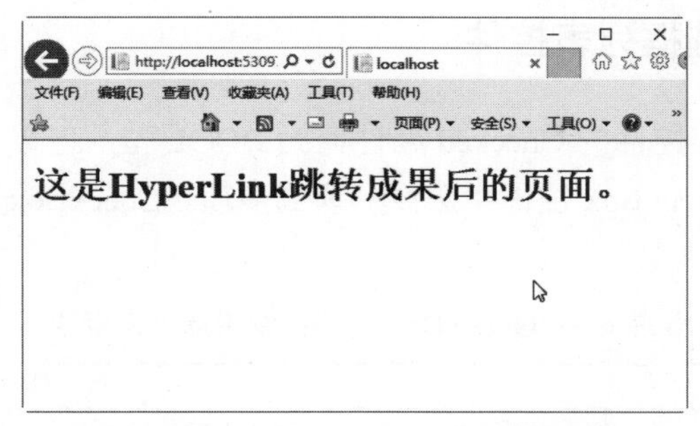

图 4.9　单击 HyperLink 控件跳转后的页面

4.2.5　图像控件

图像控件 (Image) 用于显示图像。在使用 Image 控件时，可为其选择 Image 对象文件。Image 控件的常用属性及说明如表 4.7 所示。

表 4.7　Image 控件的常用属性及说明

属　性	说　明
EnableTheming	该控件是否可以有主题
ImageUrl	控件显示图像的位置
AltermateText	图像无法显示时替换的文字
Enable	控件是否可用
ToolTip	鼠标放在控件上时显示的文字
ImageAlign	相对于其他元素的对齐方式

在此主要介绍 Image 控件的 ImageUrl 属性和 ImageAlign 属性。其中，ImageUrl 属性用于设置在 Image 控件中显示的图像位置。在设置时可以用相对位置，也可以用绝对位置。相对位置和网页的位置相关联，当网站移植到服务器其他目录时不用修改 ImageUrl 值；绝对位置是图像的位置和服务器上完整的路径相关联，当网站移植到服务器其他目录时需要修改 ImageUrl 值。因此，建议使用相对位置。

ImageAlign 属性默认值为 NotSet，可供选择的方式有以下几个。

◎ Left：图像沿网页的左边沿对齐，文字在图像右边换行。

◎ Right：图像沿网页的右边沿对齐，文字在图像左边换行。

◎ Baseline：图像的下边缘与第一行文本的下边缘对齐。

◎ Top：图像的上边缘与同一行上最高元素的上边缘对齐。

◎ Middle：图像的中间与第一行文本的下边缘对齐。

◎ Bottom：图像的下边缘与第一行文本的下边缘对齐。

◎ Absbottom：图像的下边缘与同一行最大元素的下边缘对齐。

◎ Absmiddle：图像的中间与同一行最大元素的中间对齐。

◎ Texttop：图像的上边缘与同一行文本的上边缘对齐。

4.2.6 复选框和复选框列表控件

复选框 (CheckBox) 控件的 Checked 属性值为 BOOL 型，可以让用户选择 TRUE 或者 FALSE。可以从一组 CheckBox 控件中选择一项或多项。CheckBox 控件的常用属性及说明如表 4.8 所示。

表 4.8 CheckBox 控件的常用属性及说明

属 性	说 明
ValidationGroup	当控件导致回发时验证的组
CausesValidation	是否激发验证
TextAlign	与该控件关联的文本的对齐方式
ToolTip	显示的工具提示
Checked	该控件是否选中
AutoPostBack	单击控件时，是否自动发送到服务器

CheckBox 控件的 Checked 属性，其值是布尔型，默认为 FALSE，当设置为 True 时显示选中。TextAligin 属性，控制文本显示在单选按钮的位置，有 LEFT 和 RIGHT 两种选择。CheckBox 控件的常用事件是 CheckedChanged，当 CheckBox 控件的选中状态改变时引发该事件。

复选框列表 (CheckBoxList) 控件中经常用到的属性有以下几个。

(1)TextAlign 属性。取值为：Left、Right。如果 TextAlign 的值为 Left，则 CheckBoxList 组件中的检查框的文字在选框的左边。同理，如果 TextAlign 的值为 Right，则检查框的文字在选框的右边。

(2)Selected 属性。为 BOOL 型，判定组件中的检查框是否被选中。

(3)RepeatColumns 属性。在 CheckBoxList 组件中有若干检查框，此属性主要是设定这些检查框到底用多少行来显示。

(4)RepeatDirection 属性。此属性的值可为 Vertical(竖排)、Horizontal(横排)。当设定 RepeatColumns 属性后，此属性用于设置如何排列组件中各个检查框。

【例 4.5】复选框控件及复选框列表控件的使用。

(1) 打开 VS2015 开发环境，创建一个名为 EXControlBox 的“2018 世界杯八强竞猜”网站应用程序，默认主页为 Default.aspx，在该页面上添加 4 个 CheckBox 控件、一个 CheckBoxList 控件和一个 Button 控件。

(2) 将 4 个 CheckBox 控件的 Text 属性一次性设为：“俄罗斯”“法国队”“德国队”“巴西队”。将 CheckBox3 和 CheckBox4 的 Checked 属性设为 True。把 CheckBox3、CheckBox4 的 TextAlgin 属性设为 Right。

(3) 选中 CheckBoxList 控件，单击出现在其右上角的箭头，选择编辑项，在 ListItems 编辑器中添加 4 个成员，编号依次为 0、1、2、3，并分别设置它们的 TEXT 项。其他的按默认选择。

(4) 在 Button 控件的 Click 事件中添加以下代码：

```
protected void Button1_Click(object sender, EventArgs e)
  {          Response.Write("You are beginning!");        }
```

(5) 将 Default.aspx 设为起始页面，运行该应用程序，结果如图 4.10 所示。

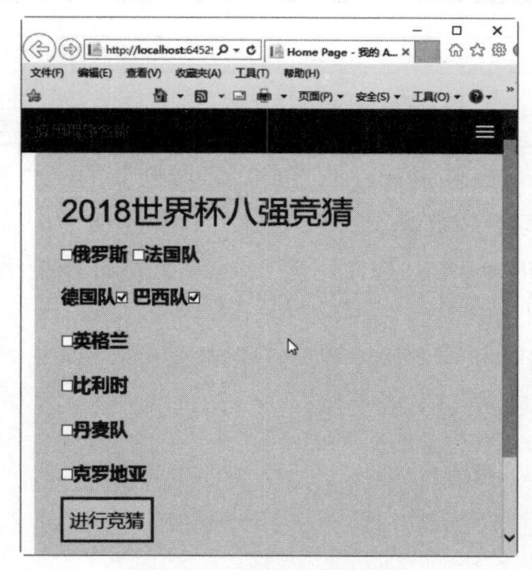

图 4.10　复选框控件的使用

4.2.7　RadioButton 和 RadioButtonList 控件

RadioButton 控件为用户提供由两个或多个互斥选项组成的选项集。虽然单选按钮和复选框看似功能类似，却存在重要差异：当用户选择某单选按钮时，同一组中的其他单选按钮不能同时选定；相反，却可以选择任意数目的复选框。定义单选按钮组将告诉用户：“这里有一组选项，可以从中选择一个且只能选择一个。

当单击 RadioButton 控件时，其 Checked 属性设置为 true，并且调用 Click 事件处理程序。当 Checked 属性值更改时，将引发 CheckedChanged 事件。如果 AutoCheck 属性设置为 true(默认值)，则当选择单选按钮时，将自动清除该组中的所有其他单选按钮。通常仅当使用验证代码确保选定的单选按钮是允许的选项时，才将该属性设置为 false。控件内显示的文本使用 Text 属性进行设置，该属性可以包含访问键快捷方式。访问键允许用户通过按 Alt 键和访问键来“单击”控件。

如果 Appearance 属性设置为 Button，则 RadioButton 控件的显示与命令按钮相似，选中时会显示为按下状态。通过使用 Image 和 ImageList 属性，单选按钮还可以显示图像。RadioButton 控件的常用属性及说明如表 4.9 所示。

表 4.9　RadioButton 控件的常用属性及说明

属　性	说　明
ID	控件的编程名称
Checked	该控件是否选中
Enable	控件是否可用
TextAlign	与该控件关联的文本的对齐方式
CausesValidation	是否激发验证

续表

属　性	说　明
Text	与该控件关联的文本
GroupName	该控件所属组名
AutoPostBack	在文本修改后是否自动恢复到服务器

由于每个 RadioButton 控件是独立的控件，若要判断同一个群组内的 RadioButton 是否被选择，必须判断所有的 RadioButton 控件的 Checked 属性，这样判断效率很低。所以 Microsoft 便制作了 RadioButtonList 控件，这个 RadioButtonList 控件可以管理许多选项，其使用语法如下：

```
<ASP:RadioButtonList
Id=" 被程序代码所控制的名称 "
Runat="Server"
AutoPostBack="True | False"
CellPadding=" 像素 "
*DataSource="<% 数据系结叙述 %>"
*DataTextField=" 数据源的字段 "
*DataValueField=" 数据源的字段 "
RepeatColumns=" 字段数量 "
RepeatDirection="Vertical | Horizontal"
RepeatLayout="Flow | Table"
TextAlign="Right | Left"
OnSelectedIndexChanged=" 事件程序名称 "
>
<ASP:ListItem/>
</ASP:RadioButtonList>
```

【例 4.6】单选按钮的使用。

(1) 打开 VS2015 开发环境，创建名为 EXRadioButton 的“在线考试系统”网站应用程序，默认主页为 Default.aspx。在上面添加 4 个 RadioButton 控件、一个标签控件和一个 Button 控件。

(2) 分别修改 4 个 RadioButton 控件的 Text 值，并把它们的 GroupName 属性都设为“1”，AutoPostBack 属性设置为“true”(注：此处 GroupName 属性、AutoPostBack 属性的设置较为重要，不要忘记设置)。标签控件的 Text 属性设为“？”，Button 控件的 Text 属性设为“提交”。

(3) 在 RadioButton1 控件的 CheckedChanged 事件中，添加以下代码：

```
protected void RadioButton1_CheckedChanged(object sender, EventArgs e)
    {
        if (RadioButton1.Checked == true)
        {       this.Label1.Text = "A";             }
    }
```

另外 3 个 RadioButton 控件的 CheckedChanged 事件分别对应添加以下代码：

```
protected void RadioButton2_CheckedChanged(object sender, EventArgs e)
    {
        if (RadioButton2.Checked ==true)
        {                this.Label1.Text = "B";            }
    }
protected void RadioButton3_CheckedChanged(object sender, EventArgs e)
    {
        if (RadioButton3.Checked == true)
        {                this.Label1.Text = "C";            }
    }
 protected void RadioButton4_CheckedChanged(object sender, EventArgs e)
    {
        if (RadioButton4.Checked == true)
        {                this.Label1.Text = "D";            }
    }
```

(4) 在 Button 控件的 Click 事件添加以下代码：

```
protected   void Button1_Click(object sender, EventArgs e)
    {          if (RadioButton1.Checked == false && RadioButton2.Checked == false && RadioButton3.Checked ==
false && RadioButton4.Checked == false)
        {       Response.Write("<script>alert(' 请选择答案 ')</script>");          }
        else if (RadioButton4.Checked == true)
        {       Response.Write("<script>alert(' 正确答案为 D，恭喜您，答对了！ ')</script>");    }
        else
        {     Response.Write("<script>alert(' 正确答案为 D，对不起，答错了！ ')</script>");          }
}
```

(5) 将 Default.aspx 设为起始页面，运行该应用程序，结果如图 4.11 所示。

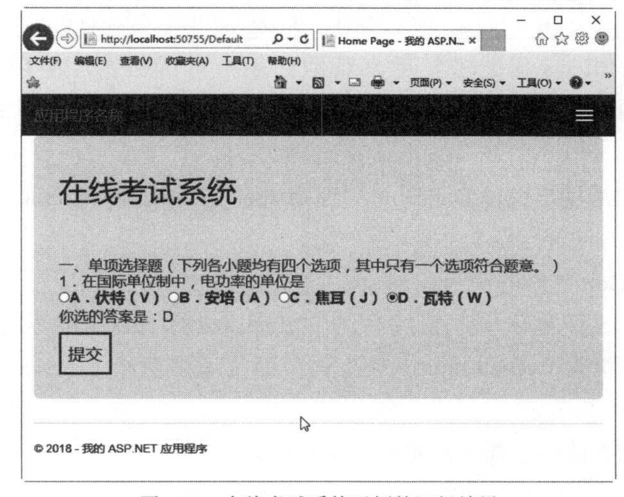

图 4.11　在线考试系统示例的运行结果

4.2.8 列表控件

DropDownList 控件和 ListBox 控件使用类似，DropDownList 控件只允许用户每次从列表中选择一项，而且在框中显示选定的项。DropDownList 控件的常用属性及说明如表 4.10 所示。

表 4.10 DropDownList 控件的常用属性及说明

属　性	说　明
DataMember	用于绑定表或视图
AutoPostBack	在文本修改后是否自动恢复到服务器
SelectedIndex	获取或设置列表中选定项的最低序号索引
SelectedValue	列表中选定的项，或选择控件中包含指定值的选项
SelectedItem	获取列表中选定项的最小的选中选项
DataSource	获取或设置对象，数据绑定控件从中检索到的数据项列表

DropDownList 控件常用的方法是 DataBind，常用事件是 SelecteIndexChanged。当 DropDownList 控件中选定项发生改变时，会触发 SelectedIndexChanged 事件。

ListBox 控件用于显示一组列表项，可以从中选择一项或多项。如果选择的总数超过可以显示的项数，会自动添加滚动条。ListBox 控件的常用属性及说明如表 4.11 所示。

表 4.11 ListBox 控件的常用属性及说明

属　性	说　明
Items	获取列表控件项的集合
Rows	获取或设置 ListBox 控件中显示的行数
SelectedIndex	获取或设置列表中选定项的最低序号索引
SelectedMode	列表的选择模式
SelectedValue	列表中选定的项，或选择控件中包含指定值的选项
SelectedItem	获取列表中选定项的最小的选中选项
DataSource	获取或设置对象，数据绑定控件从中检索到的数据项列表

ListBox 控件的 Items 属性主要用来获取列表控件的集合，使用 Items 属性可以为 ListBox 控件添加列项表。可以通过属性窗口和 Items.Add 方法来设置 ListBox 控件的 Items 属性。

ListBox 控件的常用方法是 DataBind。当 Listbox 控件使用 DataSource 属性附加数据源时，使用 DataBind 方法绑定到 ListBox 控件上。

【例 4.7】ListBox 控件的使用。

(1) 打开 VS2015 开发环境，创建名为 EXListBox 的“2018 世界杯四强竞猜”网站应用程序，默认主页为 Default.aspx，并在该页面上添加两个 ListBox 控件和两个 Button 控件。

(2) 设置控件属性值。主要设置如表 4.12 所示。

表 4.12　控件的属性设置

控件类型	控件 ID	主要属性设置	用途简述
ListBox 控件	lbxSource	SelecctionMode 属性设为 Multiple	源列表框
	lbxDest	SelecctionMode 属性设为 Multiple	目标列表框
Button 控件	Button1	Text 属性设为“>”	删除选项
	Button2	Text 属性设为“<”	添加选项

(3) 用 Items.Add 方法添加列表项。在后台编写以下代码：

```
protected void Page_Load(object sender, EventArgs e)
    {           if (!IsPostBack)            {
                lbxSource.Items.Add(" 俄罗斯 ");
                lbxSource.Items.Add(" 法国队 ");
                lbxSource.Items.Add(" 意大利 ");
                lbxSource.Items.Add(" 德国 ");
                lbxSource.Items.Add(" 英格兰 ");
                lbxSource.Items.Add(" 巴西队 ");
                lbxSource.Items.Add(" 韩国 ");          }
    }
```

(4) 在 Button1 控件的 Click 事件编写以下代码：

```
protected void Button1_Click(object sender, EventArgs e)
    {
        int index =lbxSource.SelectedIndex;
        while(index!=-1)
        {
            string s = lbxSource.Items[index].ToString();
            lbxDest.Items.Add(s);
            lbxSource.Items.RemoveAt(index);
            index = lbxSource.SelectedIndex;
        }
    }
```

(5) 在 Button2 控件的 Click 事件编写以下代码：

```
protected void Button2_Click(object sender, EventArgs e)
    {
        int index = lbxDest.SelectedIndex;
            while (index != -1)
            {
                string s = lbxDest.Items[index].ToString();
                lbxSource.Items.Add(s);
                lbxDest.Items.RemoveAt(index);
                index = lbxDest.SelectedIndex;
            }
    }
```

(6) 将 Default.aspx 设为起始页面，运行该应用程序，结果如图 4.12 所示。

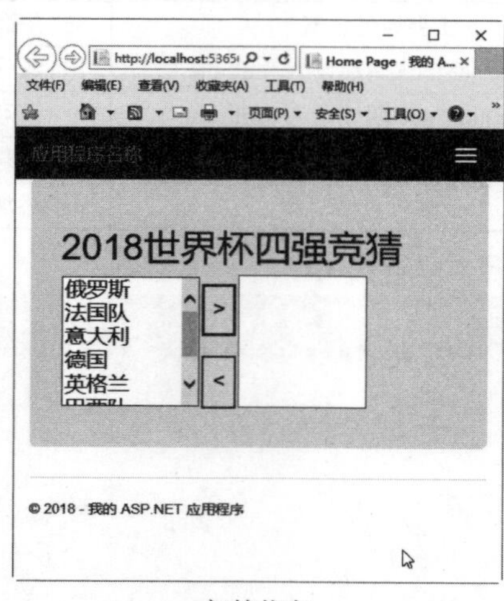

初始状态

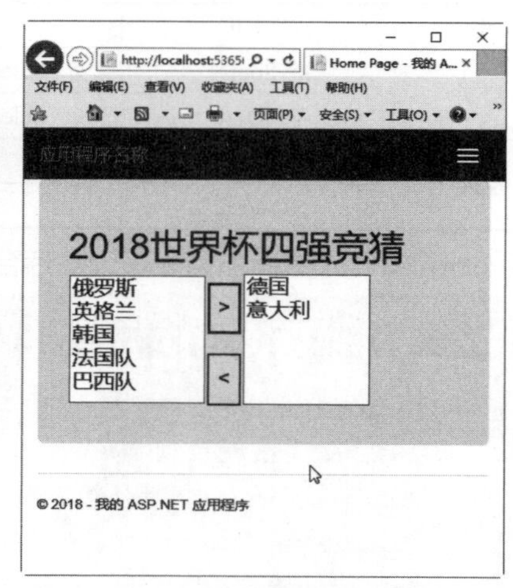

选择后状态

图 4.12　2018 世界杯四强竞猜示例的运行结果

4.2.9　文件上传控件

文件上传控件 (FileUpload) 的主要功能是上传文件。用户可以在该控件包含的文本框中输入完整的文本路径，或者通过按钮浏览并选择要上传的文件。需要指明的是，FileUpload 控件不会自动上传文件，必须设置相关的处理程序，并在程序中实现文件的上传。FileUpload 控件的常用属性及说明如表 4.13 所示。

表 4.13　FileUpload 控件的常用属性及说明

属　性	说　明
FileContent	返回一个指向上传文件的流对象
FileName	返回要上传文件的名称，不包含路径信息
HasFile	如果是 true，则表示该控件有文件要上传
PostedFile	返回已经上传文件的引用
FileBytes	获取上传文件字节数组

FileUpload 控件有 3 种上传文件的方式。

(1) 通过 FileContent 属性，该属性可以获得一个指向上传文件的 Stream 对象，可以使用该属性读取上传文件数据，并使用 FileBytes 属性显示文件内容。

(2) 通过 FileBytes 属性，该属性将上传文件置于字节数组中，历遍该数组，则能够以字节方式了解上传文件内容。

(3) 通过 PostedFile 属性，调用该属性可以获得一个于上传文件相关联的 HttpPostedFile 对像，使用该对象可以获取与上传文件相关的信息。

下面通过使用 FileUpload 控件实现文件的上传，并显示源文件的类型、大小和位置。

【例 4.8】FileUpload 控件的使用。

(1) 打开 VS2015 开发环境，创建名为 EXFileUpload 的网站应用程序，默认主页为 Default.aspx。并在该页面添加一个 FileUpload 控件、一个标签控件和一个按钮控件。

(2) 在按钮控件的 Click 事件中添加下列代码，判断上传文件是否存在并判断文件类型是否符合上传要求等：

```
protected void Button1_Click(object sender, EventArgs e)
    {
        bool fileIsValid = false;
        // 如果确认了上传文件，则判断文件类型是否符合要求
        if (this.FileUpload1.HasFile)
        {
            // 获取上传文件的后缀
            String fileExtension = System.IO.Path.GetExtension(this.FileUpload1.FileName).ToLower();
            String[] restrictExtension ={ ".gif",".jpg",".bmp",".png"};
            // 判断文件类型是否符合要求
            for (int i = 0; i < restrictExtension.Length; i++)
            {
                if (fileExtension == restrictExtension[i])
                {   fileIsValid = true;      }
            }
            // 如果文件类型符合要求，调用 SaveAs 方法实现上传，并显示相关信息
            if (fileIsValid == true)
            {    try
                {
                    this.Image1.ImageUrl ="~/images/"+ FileUpload1.FileName;
                    this.FileUpload1.SaveAs(Server.MapPath("~/images/") + FileUpload1.FileName);
                    this.Label1.Text = " 文件上传成功 ";
                    this.Label1.Text += "<Br/>";
                    this.Label1.Text += "<li>”  + " 原文件路径： " + this.FileUpload1.PostedFile.FileName;
                    this.Label1.Text += "<Br/>";
                    this.Label1.Text += "<li>"+" 文件大小： "+this.FileUpload1.PostedFile.ContentLength+" 字节 ";
                    this.Label1.Text += "<Br/>";
                    this.Label1.Text += "<li>" + " 文件类型： " + this.FileUpload1.PostedFile.ContentType;
                }
                catch
                {this.Label1.Text = " 文件上传不成功！ ";                  }
                }
            else
            {     this.Label1.Text =" 只能够上传后缀为 .gif,.jpg,.bmp,.png 的文件夹 ";   }
            }
        }
```

(3) 将 Default.aspx 设为起始页面，运行该应用程序，结果如图 4.13 所示。

图 4.13　文件上传示例的运行结果

4.3　验证控件

为了帮助 Web 人员提高开发效率，降低程序出错率，在 ASP.NET 中有很多数据验证控件，这些控件能够同时实现客户端和服务器端数据验证。

4.3.1　表单验证控件 (RequiredFieldValidator)

表单验证控件 (RequiredFieldValidator) 用于限制空字段，在页面提交前不允许输入为空。如果为空，就显示错误信息和提示信息。RequiredFieldValidator 控件的常用属性如表 4.14 所示。

表 4.14　RequiredFieldValidator 控件的常用属性

属　性	说　明
ID	控件的编程名称
ControlToValidate	指定需要验证的控件，设置该属性时，可以从其后的下拉列表中选择窗体中的任一个控件作为验证对象
ErrorMessage	表示当验证失败时，在 ValidatorSummary 控件上出现的错误信息，这些验证消息同时也会在 RequiredFieldValidator 控件上显示；若 RequiredFieldValidator 控件已设置了 Text 属性，在验证失败时则会显示 Text 指定的消息，而不是 ErrorMessage 指定的消息
Display	错误信息的显示方式，它有 3 个可能的取值，分别是 None、Static 和 Dinamic
Text	如果 Display 属性设为 Static，不出错时显示该文本

【例 4.9】RequiredFieldValidator 控件的使用。

该示例主要实现验证 TextBox 控件是否为空，并在单击“提交”按钮后显示输入内容。

(1) 打开 VS2015 开发环境，创建名为 EXRequiredFieldValidator 的网站应用程序，默认主页为 Default.aspx。然后在该页面添加一个 TextBox 控件、一个 Button 控件、一个 RequiredFieldValidator 控件和一个 Label 控件。

(2) 将 TextBox 控件的 ID 属性设为 txtName，RequiredFieldValidator 控件的 ControlToValidate 属性设为 txtName，ErrorMessage 属性设为 " "。把 Button 控件的 Text 属性设为“确定”。

(3) 在 Button 控件的 Click 事件下编写以下代码，用于显示在 TextBox 控件中显示的内容：

```
protected void btnCheck_Click(object sender, EventArgs e)
    {            Label1.Text = " 您输入的账号为："+txtName.Text;                }
```

(4) 将 Default.aspx 设为起始页面，运行该应用程序，结果如图 4.14 所示。

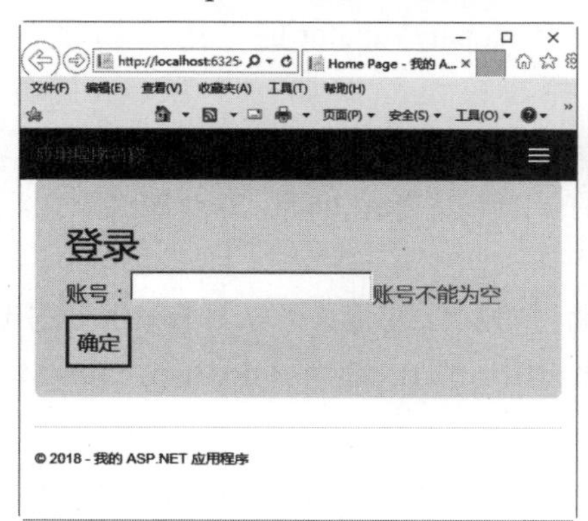

内容为空时

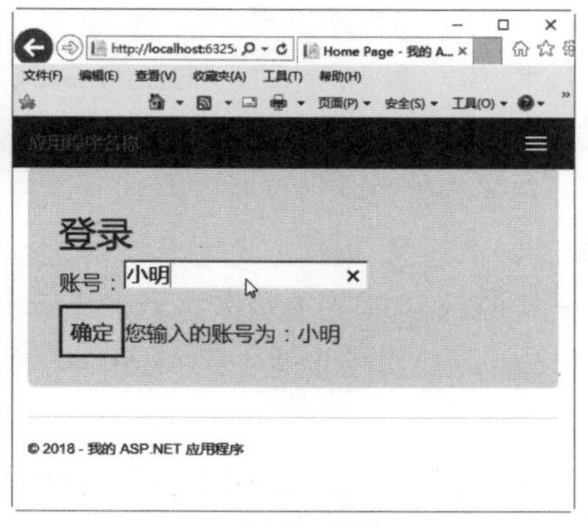

输入姓名后

图 4.14 非空数据验证控件的使用

4.3.2 比较验证控件 (CompareValidator)

可以使用 CompareValidator 与固定值相比较，以确定这两个值是否与比较运算符指定的关系匹配；也可以对两个控件进行比较，还可以用于检查数据类型，以确保用户输入的是数字、日期等。CompareValidator 控件的常用属性如表 4.15 所示。

表 4.15 CompareValidator 控件的常用属性及说明

属 性	说 明
ControlToCompare	获取或设置用于比较的控件 ID
ControlToValidate	要验证控件的 ID，此属性必须设置为输入控件的 ID
ErrorMessage	表示当验证失败或验证控件无效时，在 ValidatorSummary 控件上出现的错误信息
IsValid	获取或设置一个值，该值指示控件验证的数据是否有效。默认值为 True
Operato	获取或设置验证中使用的比较操作。默认值为 Equal
Display	设置错误信息的显示方式，它有 None、Static 和 Dinamic 3 个取值
Type	获取或设置比较的两个值的类型。默认值为 string
ValueToCompare	获取或比较要设置的值

下面将对常用属性加以补充说明。

ControlToCompare：获取或设置用于比较的控件 ID，如 ID 为 tBox1 的 TextBox 控件和 ID 为 tBox2 的 TextBox 控件进行比较验证。代码如下：

```
This.CompareValidator1.ControlToCompare="tBox2";
This.CompareValidator1.ControlToValidator="tBox1";
```

Operator：获取或设置验证中使用的比较操作。默认值为 Equal。该属性指定要对其进行比较验证中使用的比较操作。ControlToValidate 属性必须在比较运算符的左边，ControlToCompare 属性位于右边，才能有效进行运算，如 ID 为 tBox1 的 TextBox 控件和 ID 为 tBox2 的 TextBox 控件是否相等。代码如下：

```
This.Comparevalidator1.operator = ValidationCompareOperator.Equal.
```

【例 4.10】CompareValidator 控件的使用。

(1) 打开 VS2015 开发环境，创建名为 EXCompareValiator 的“用户新密码输入”网站应用程序，默认主页为 Default.aspx，并在该页面添加一个 Button 控件、一个 RequiredFieldValidator 控件、两个 CompareValiator 控件和 3 个 TextBox 控件。

(2) 设置各控件的相应属性。将 Button 控件的 ID 设为 btnCheck，Text 属性设为“验证”。执行页面的验证提交功能。

将一个 TextBox 的 ID 设为 txtName，用于输入姓名。一个 TextBox 的 ID 设为 txtPwd，TextMode 属性设为 Password。一个 TextBox 的 ID 设为 txtRePwd，TextMode 属性设为 Password。

将 RequiredFieldValidator 控件的 ControlToValidate 属性设为 txtName，ErrorMassage 属性设为“账号不能为空”。

将 CompareValidator 控件的 ControlToValidate 属性设为 txtrePwd, ControlToCopare 属性设为 txtPwd，ErrorMessage 属性设为“确认密码和密码不一致”。

(3) 将 Default.aspx 设为起始页面，运行该应用程序，结果如图 4.15 所示。

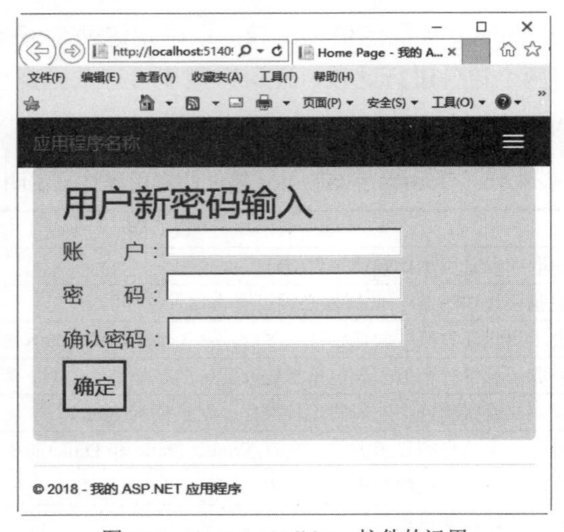

图 4.15　CompareValidator 控件的运用

4.3.3 范围验证控件 (RangeValidator)

使用 RangeValidator 控件验证用户输入是否在指定范围内。可以通过对 RangeValidator 控件的上、下限属性以及指定控件要验证的值的数据类型进行设置完成这一功能。如果用户的输入无法转换为指定的数据类型，如无法转换为日期则验证将失败。如果用户将控件保留为空白，则此控件将通过范围验证。若要强制用户输入值，则还要添加 RequiredFieldValidator 控件。RangeValidator 控件部分常用属性如表 4.16 所示。

表 4.16　RangeValidator 控件最常用的属性及说明

属　性	说　明
ID	控件 ID，控件的唯一标识符
ControlToValidate	表示要进行验证的控件 ID，此属性必须设置为输入控件 ID。如果未指定有效输入控件，则在显示页面时引发异常，另外该 ID 的控件必须和验证控件在相同的容器中
ErrorMessage	表示当验证不合法时，出现错误的信息
IsValid	获取或设置一个值，该值指示控件验证的数据是否有效。默认值为 true
Display	设置错误信息的显示方式
MaximumValue	获取或设置要验证的控件的值，该值必须小于或等于此属性的值。默认值为空字符串 ("")
MinimumValue	获取或设置要验证的控件的值，该值必须大于或等于此属性的值。默认值为空字符串 ("")
Text	如果 Display 为 Static，不出错时显示该文本
Type	获取或设置一种数据类型，用于指定如何解释要比较的值

下面对比较重要的属性进行详细介绍。

(1) MaximumValue 属性和 MinimumValue 属性。

该属性指定用户输入范围的最小值和最大值，如验证用户输入的值在 20~70 之间。代码如下：

```
this. RangeValidator1. MinimumValue= "70";
this. RangeValidator1. MaximumValue= "20";
```

(2) Type 属性。

该属性用于指定进行验证的数据类型。在进行比较之前，值被隐式转换为指定的数据类型。如果数据转换失败，数据验证也会失败，如将 RequiredFieldValidator 控件的错误消息文本设为”*”。代码如下：

```
this. RangeValidator1.Type = ValidationDataType.Integer;
```

【例 4.11】RangeValidator 控件示例。

(1) 打开 VS2015 开发环境，创建名为 EXRangeValidator 的“学生成绩录入”网站应用程序，默认主页为 Default.aspx，并在该页面上添加两个 TextBox 控件、一个 RangeValidator 控件和一个 Button 控件。

(2) 使用控件的主要属性设置，具体设置如表 4.17 所示。

表 4.17　控件属性设置

控件类型	控件 ID	主要属性设置	用　途
TextBox 控件	txtName		输入姓名
	txtCsharp		输入数学成绩
Button 控件	Button1	Text 属性设置为“确定”	执行页面提交的功能
RangeValidator 控件	RangeValidator1	ControlToValidate 属性设置为 txtMath	要验证控件的 ID 为 txtCsharp
		ErrorMessage 属性设置为“请输入在 0~100 之间的分数”	显示的错误信息为“请输入在 0~100 之间的分数”
		MaximumValue 属性设置为 100	最大值为 100
		MinimumValue 属性设置为 0	最小值为 0
		Type 属性设置为 Double	进行浮点型比较

(3) 将 Default.aspx 设为起始页面，运行该应用程序，结果如图 4.16 所示。

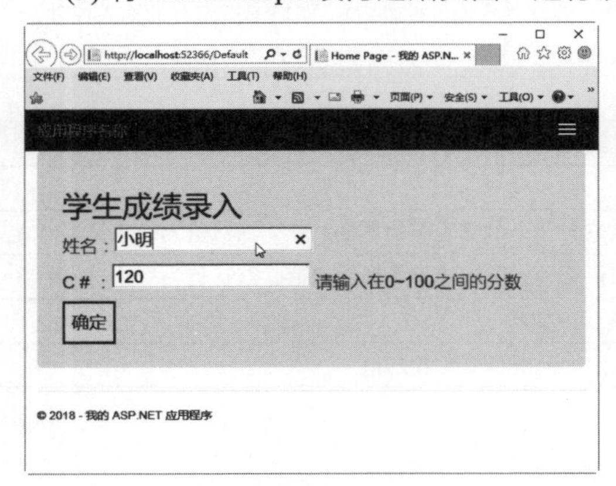

有误信息

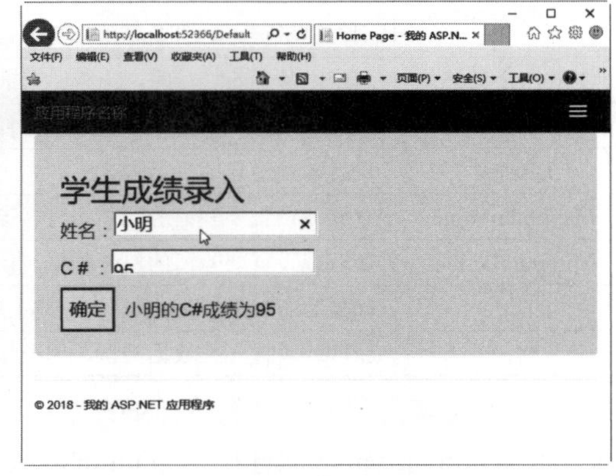

正确信息

图 4.16　学生成绩录入示例的运行结果

4.3.4　正则表达式验证控件 (RegularExpressionValidator)

使用 RegularExpressionValidator 控件可以验证用户输入是否与预定义的模式相匹配，这样就可以对电话号码、邮编、网址等进行验证。RegularExpressionValidator 控件允许有多种有效模式，每个有效模式使用“|”字符来分隔。预定义的模式需要使用正则表达式定义。表 4.18 列出了 RegularExpressionValidator 控件部分常用属性。

表 4.18　RegularExpressionValidator 控件常用的属性及说明

属　性	说　明
ID	控件 ID，控件的唯一标识符
ControlToValidate	表示要进行验证的控件 ID，此属性必须设置为输入控件 ID。如果未指定有效输入控件，则在显示页面时引发异常，另外该 ID 控件必须和验证控件在相同的容器中
ErrorMessage	表示当验证不合法时，出现错误的信息
IsValid	获取或设置一个值，该值指示控件验证的数据是否有效。默认值为 true
Display	设置错误信息的显示方式
Text	如果 Display 为 Static，不出错时显示该文本
ValidationExpression	获取或设置被指定为验证条件的正则表达式。默认值为空字符串 (" ")

RegularExpressionValidator 控件的最主要属性为 ValidationExpression，用于指定验证条件的正则表达式。常用的正则表达式字符及其含义如表 4.19 所示。

表 4.19 常用正则表达式字符及其含义

正则表达式字符	含 义	正则表达式字符	含 义
[……]	匹配括号中的任何一个字符	[^……]	匹配不在括号中的任何一个字符
\w	匹配任何一个字符 (a~z、A~Z 和 0~9)	\W	匹配任何一个空白字符
\s	匹配任何一个非空白字符	\S	与任何非单词字符匹配
\d	匹配任何一个数字 (0~9)	\D	匹配任何一个非数字 (^0~9)
[\b]	匹配一个退格键字符	{n,m}	最少匹配前面表达式 *n* 次，最大为 *m* 次
{n,}	最少匹配前面表达式 *n* 次	{n}	恰恰匹配前面表达式为 *n* 次
?	匹配前面表达式 0 或 1 次 {0,1}	+	至少匹配前面表达式 1 次 {1,}
*	至少匹配前面表达式 0 次 {0,}	|	匹配前面表达式或后面表达式
(…)	在单元中组合项目	^	匹配字符串的开头
$	匹配字符串的结尾	\b	匹配字符边界
\B	匹配非字符边界的某个位置		

下面列出了一些常用的正则表达式。

验证电子邮件：\w+([-+.]\w+)*@\w+([-.]\w+)*\.\w+([-.]\w+)* 或 \S+@\S+\.\S+。

验证网址： HTTP：//\S+\.\S+。

验证邮政编码： \d{6}。

【例 4.12】RegularExpressionValidator 控件的使用。

(1) 打开 VS2015 开发环境，创建名为 EXRegularExpression 的“用户注册”网站应用程序，默认主页为 Default.aspx，并在该页面上添加 4 个 TextBox 控件、一个 RequiredFieldValidator 控件、一个 CompareValidator 控件、一个 RegularExpressionValidator 控件和一个 Button 控件。

(2) 控件属性设置。具体设置如表 4.20 所示。

表 4.20 Default.aspx 页控件属性设置及说明

控件类型	控件名称	主要属性设置	用 途
TextBox 控件	txtName		输入姓名
	txtPwd	TextMode 属性设置为 Password	设置为密码格式
	txtRePwd	TextMode 属性设置为 Password	设置为密码格式
	txtEmail		输入电子邮箱
Button 控件	btnCheck	Text 属性设置为“确定”	执行页面提交的功能
RequiredField Validator 控件	RequiredField Validator1	ControlToValidate 属性设置为 txtName	要验证的控件的 ID 为 txtName
		ErrorMessage 属性设置为“账号不能为空”	显示的错误信息为“账号不能为空”
		SetFocusOnError 属性设置为 true	验证无效时，在该控件上设置焦点

续表

控件类型	控件名称	主要属性设置	用　途
CompareValidator 控件	CompareValidator1	ControlToValidate 属性设置为 txtRePwd	要验证的控件的 ID 为 txtRePwd
		ControlToCompare 属性设置为 txtPwd	进行比较的控件 ID 为 txtPwd
		ErrorMessage 属性设置为“确认密码与密码不匹配”	显示的错误信息为“确认密码与密码不匹配”
RegularExpression Validator 控件	RegularExpression-Validator1	ControlToValidate 属性设置为 txtEmail	要验证的控件的 ID 为 txtEmail
		ErrorMessage 属性设置为“电子邮箱格式有误”	显示的错误信息为“电子邮箱格式有误”
		ValidationExpression 属性设置为 "\w+([-+.']\w+)*@\w+([-.]\w+)*\.\w+([-.]\w+)*"	进行有效性验证的正则表达式

(3) 将 Default.aspx 设为起始页面，运行该应用程序，结果如图 4.17 所示。

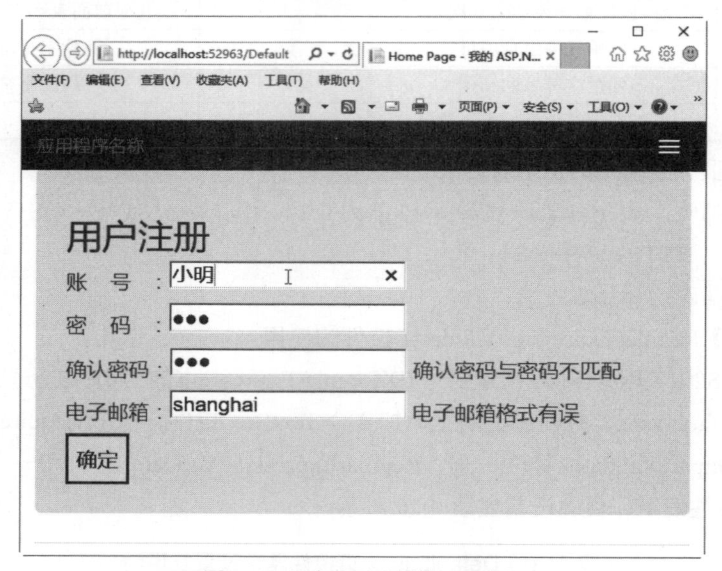

图 4.17　用户注册示例的运行结果

4.3.5　自定义验证控件 (CustomValidator)

如果现有的 ASP.NET 验证控件无法满足需求，那么可以定义一个自定义的服务器端验证函数，然后使用 CustomValidator 控件来调用它。

【例 4.13】 自定义验证控件。

(1) 打开 VS2015 开发环境，创建名为 EXCustomValidator 的网站应用程序，默认主页为 Default.aspx，并在该页面添加一个 TextBox 控件、一个 CustomValidator 控件和一个 Button 控件。

(2) 属性设置。它们的属性设置如表 4.21 所示。

表 4.21 Default.aspx 页的控件属性设置及说明

控件类型	控件名称	主要属性及事件设置	用　途
TextBox 控件	txtNum		输入偶数
Button 控件	Button1	Text 属性设置为“确定”	执行页面提交的功能
CustomValidator 控件	RequiredField Validator1	ControlToValidate 属性设置为 txtNum	要验证的控件的 ID 为 txtNum
		ErrorMessage 属性设置为“您输入的不是 3 的倍数”	显示的错误信息为“您输入的不是 3 的倍数”
		ServerValidate 事件设置为 ValidateEven	与自定义函数相关联，以在服务器上执行验证

(3) 将 Default.aspx 设为起始页面，运行该应用程序，结果如图 4.18 所示。通过使用 CustomValidator 控件实现客户端验证，此时只需将 CustomValidator 控件的 ServerValidate 事件与 ValidateNumber 函数相关联。ValidateNumber 函数代码如下：

```
protected void ValidateNumber(object source, ServerValidateEventArgs args)
        {
            try
            {
                int num = int.Parse(args.Value);
                args.IsValid = ((num % 3) == 0);
            }
            catch (Exception ex)
            {
                args.IsValid = false;
            }
        }
```

(4) 执行程序，如果输入的数字不是偶数或不符合数据类型要求，运行该应用程序，结果如图 4.18 所示。

图 4.18　自定义控件的使用示例运行结果

强化练习

本章整体介绍了 ASP.NET 服务器控件的属性和方法。重点在 Web 服务器控件的使用，如常用的文本框、标签、按钮、下拉列表框、单选按钮、复选框等控件，文件上传控件也需要深刻掌握。验证控件是一类特殊的 Web 服务器控件，使用比较广泛。本章难点是用户控件的使用和控件的绑定、样式等高级操作。

练习 1：

使用验证控件实现用户注册。

使用服务器控件完成一个注册页面的设计，同时使用验证控件严格检查用户输入的信息是否正确。该练习参考 4.2 节和 4.3 节讲解的知识。

练习 2：

利用 FileUpload 控件实现图像文件上传。

利用 FileUpload 控件实现图像文件上传，实现以下功能：控制允许上传的图像文件类型；上传之后自动以时间命名。该练习参考 4.2 节讲解的知识。

常见疑难解答

问：什么是 HTML 服务器控件？如何创建？

答：HTML 服务器控件是由普通 HTML 控件转换而来，其呈现的输出基本上与普通 HTML 控件一致。在创建 HTML 服务器控件时，直接从“工具箱”中拖动选中的 HTML 控件，放置在页面中即可。

问：ASP.NET 标准服务器控件与 HTML 控件有什么不同？

答：ASP.NET 标准服务器控件是 .NET 推荐使用的控件，它们与 HTML 控件相比，具有丰富的功能，其操作数据和呈现数据的功能也变得非常强大。例如，在绑定数据库中的数据时，使用一个 FormView 控件，即可实现数据的呈现、布局、修改、删除等操作，这样大大简化了页面代码的复杂性。

问：标签控件的主要作用是什么？

答：标签控件即 Label 控件，主要用于显示用户不能编辑的文本，如标题或提示等。该控件用于标识窗体上的对象或显示相应信息以响应应用程序中的运行时事件或进程。可以使用标签向文本框、列表框和组合框等添加描述性标题。

问：按钮控件最常用的事件主要有哪些？

答：按钮控件最常用的事件主要有 OnClick 事件、OnMouseOver 事件、OnMouseOut 事件等。

问：ASP.NET 中验证控件主要有哪几种？

答：ASP.NET 中验证控件主要有表单验证控件 (RequiredFieldValidator)、比较验证控件 (CompareValidator)、范围验证控件 (RangeValidator)、正则表达式验证控件 (RegularExpressionValidator) 以及自定义验证控件 (CustomValidator)。

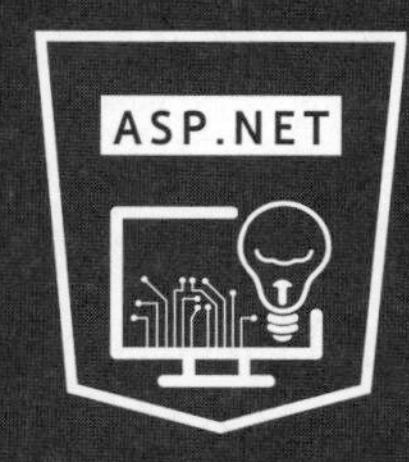

第5章 ASP.NET的常用内置对象

内容导读

本章将讲解Request、Response、Cookie、Session、Application、Server等ASP.NET常用内置对象的基本属性、事件和方法，以及Cookie对象存储信息的方法。

通过本章的学习，读者可以熟悉ASP.NET常用内置对象的属性和使用方法，这些对象使浏览器和服务器的数据交换变得容易。在整个Web应用程序中，内置对象的所有方法、属性和集合都可以自动访问，不需要预先创建实例。

学习目标

◆ 了解并熟悉C#语言Request、Response、Cookie、Session、Application、Server等内置对象

◆ 练习使用C#语言Request、Response、Cookie、Session、Application、Server等内置对象

课时安排

◆ 理论学习4课时
◆ 上机操作4课时

5.1 Response 对象

在 ASP.NET 中内置了大量用于获得服务器或客户端信息、进行状态管理的对象。在早期的 ASP 中已经包含这些对象 (如 Request、Response、Cookie、Session、Application、Server 等)。在 ASP.NET 中，这些对象依然存在，使用方法也大致相同。不过，这些对象改由 .NET Framework 中封装好的类来实现，并且在 ASP.NET 页面初始化时自动创建，可以在应用程序的任何地方直接调用。另外，在 ASP.NET 中也有一些非全局对象，在使用时必须先通过代码创建类的实例后方可使用。

Response 对象用于将数据从服务器发送回浏览器。它允许将数据作为请求的结果发送到浏览器中，并提供有关相应的消息。它可以用来在页面输入数据、在页面中跳转，还可以传递各个页面的参数。

5.1.1 常用属性与方法

Response 对象是从 System.Web 命名空间中的 HttpResponse 类中派生出来的。Response 对象将 HTTP 响应数据发送到客户端，并包含有关该响应的信息。其常用属性和方法及说明如表 5.1 和表 5.2 所示。

表 5.1 Response 对象的常用属性及说明

属　性	说　明
Buffer	获取或设置一个值，该值指示是否缓冲输出，完成处理后将其发送
Cache	获取 Web 页的缓存策略，如过期时间、保密性等
Charset	设定或获取 HTTP 的输出字符编码
Expires	获取或设置在浏览器上缓存的页过期之前的分钟数
Cookies	获取当前的 Cookie 集合
IsClientConnected	传回客户端是否仍然和 Server 连接
SuppressContent	设定是否将 HTTP 的内容发送至客户端浏览器

表 5.2 Response 对象的常用方法及说明

方　法	说　明
AddHeader	将一个 HTTP 头添加到输出流
AppendToLog	将自定义日志信息添加到 IIS 日志文件
Clear	将缓冲区的内容清除
End	将目前缓冲区的所有内容发送至客户端后关闭
Flush	将缓冲区中所有的数据发送至客户端
Redirect	将网页重新导向另一个地址
Write	将数据输出到客户端
WriteFIle	将指定文件直接写入 HTTP 内容输出流

5.1.2 在页面中输出数据

Response 对象通过 Write 方法在页面上输出数据，也可以用 WriteFile 方法向客户端输出文件内容。输出的对象可以是字符、字符数组、字符串、对象或文件。

【例 5.1】Response 对象的常用方法示例 Ex_Response。

下面的示例主要是使用 Write 方法实现在页面上输出数据，并用 WriteFile 方法向客户端输出文件内容。运行主程序之前，在 D 盘中新建一个 WriteFile.txt 文件，内容为“This is my first web!”。执行程序，示例运行结果如图 5.1 所示。

(1) 打开 VS2015 开发环境，选择“文件”|“新建”|“项目”菜单命令，显示“新建项目”对话框，从中选择 Visual C# 项目类型，在右侧的模板中选择“ASP.NET Web 应用程序”，并设置其名称及位置，如图 5.1 所示。最后单击“确定”按钮创建名为 Ex_Response 的网站应用程序。

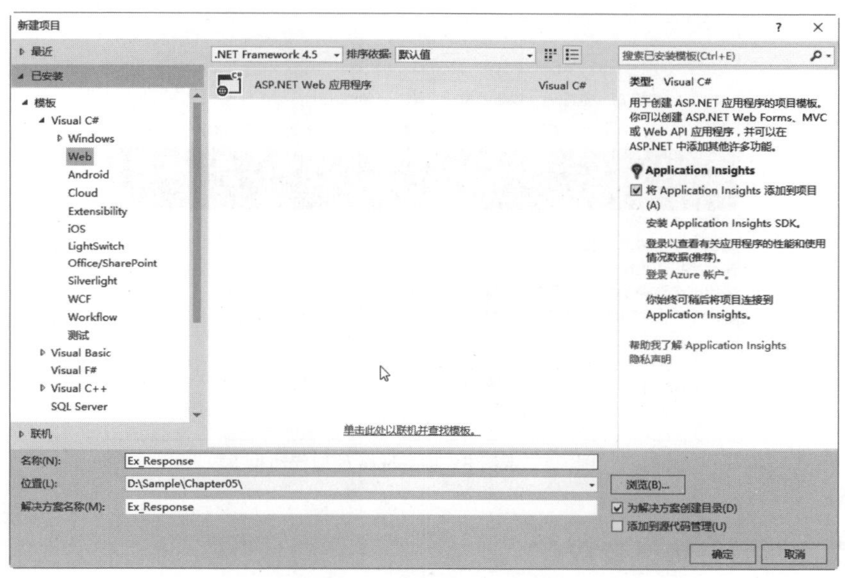

图 5.1 “新建项目”对话框

(2) 在 VS2015 开发环境，选择“视图”|“解决方案资源管理器”菜单命令，打开“解决方案资源管理器”窗口，从中双击 Default.aspx.cs，在 Page_Load 事件中定义 4 个变量，分别为字符变量、字符串变量、字符数组变量和 Page 对象，然后将定义的数据在页面上输出。代码如下：

```
protected void Page_Load(object sender, EventArgs e)
    {
        char c='a';
        string s = "Hello World!";
        char[] cArray ={'H', 'e', 'l', 'l', 'o', ',', ' ', 'w', 'o', 'r', 'l', 'd'};
        Page p = new Page();
        Response.Write(" 输出单个字符 ");
        Response.Write(c);
        Response.Write("<br>");
        Response.Write(" 输出一个字符串 "+s+"<br>");
```

```
        Response.Write(" 输出字符数组 ");
        Response.Write(cArray, 0, cArray.Length);
        Response.Write("<br>");
        Response.Write(" 输出一个对象 ");
        Response.Write(p);
        Response.Write("<br>");
        Response.Write(" 输出一个文件 ");
        Response.WriteFile(@"D:\WriteFile.txt");
    }
```

将 Default.aspx 设为起始页面，运行该应用程序即可，如图 5.2 所示。

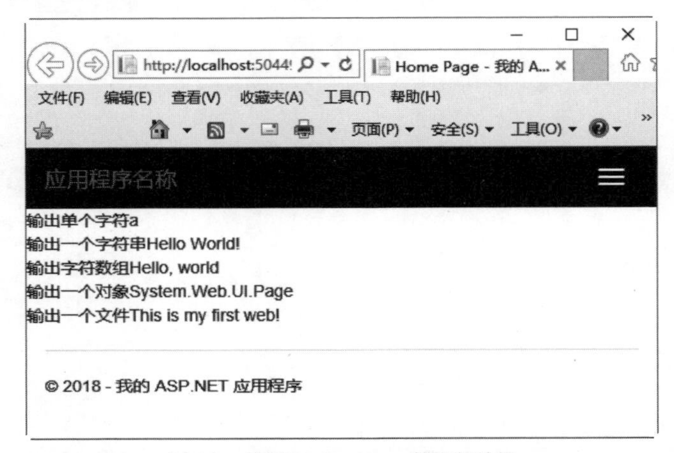

图 5.2　示例 Ex_Response 的运行结果

5.1.3　页面跳转并传递参数

Response 对象的 Redirect 方法可以实现页面重定向的功能，并且在重定向到新的 URL(Uniform Resource Locator，统一资源定位符) 时可以传递参数。将页面重定向到 welcome.asp 页面的代码如下：

```
Response.Redirect("~/welcome.aspx");
```

在页面重定向 URL 时传递参数，使用“？”分隔页面的链接地址和参数，有多个参数时，参数与参数之间使用“ & ”分隔。例如，将页面重定向到 welcome.aspx 页时并传递参数的代码如下：

```
Response.Redirect("~/welcome.aspx?parameter=one");
Response.Redirect("~/welcome.aspx?parameter1=one&parameter2=other");
```

下面的示例主要通过 Response 对象的 Redirect 方法实现页面跳转并传递参数。执行程序，在 TextBox 文本中输入姓名并选择性别，单击“确定”按钮，跳转到 welcome.aspx 页面，示例运行结果如图 5.3 所示。

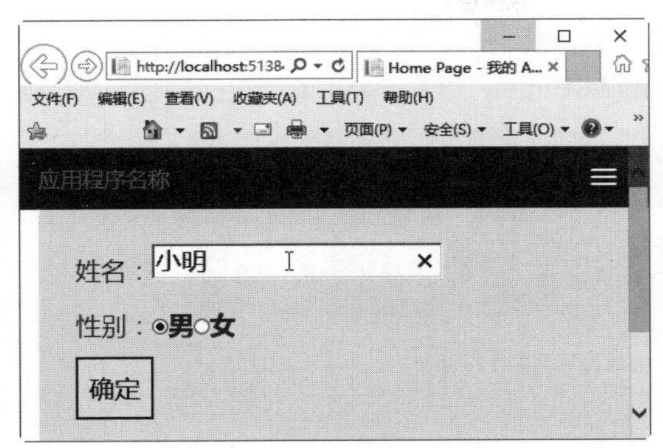

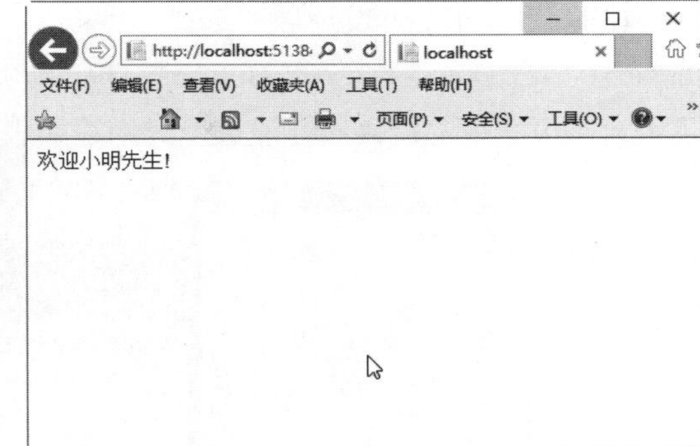

图 5.3　示例 Ex_ResponseRedirect 的运行结果

【例 5.2】Response 对象的 Rediret 方法示例 Ex_ResponseRedirect。

(1) 打开 VS2015 开发环境，选择“文件”|“新建”|“项目”菜单命令，在打开的“新建项目”对话框中选择 Visual C# 项目类型，在右边的模板中选择“ASP.NET Web 应用程序”。然后设置其名称及位置，最后单击“确定”按钮，创建名为 Ex_ResponseRedirect 的网站应用程序。

(2) 在 VS2015 开发环境，选择“视图”|“解决方案资源管理器”菜单命令，打开“解决方案资源管理器”窗口，在该窗口中双击 Default.aspx，如图 5.4 所示，打开该页面的设计视图。

图 5.4　“解决方案资源管理器”窗口

(3) 在 VS2015 开发环境，选择“视图”|“工具箱”菜单命令，打开“工具箱”窗口，添加一个 TextBox 控件、一个 Button 控件和两个 RadioButton 控件。Default.aspx 的页面如图 5.5 所示，该页面中的控件属性设置及其用途如表 5.3 所示。

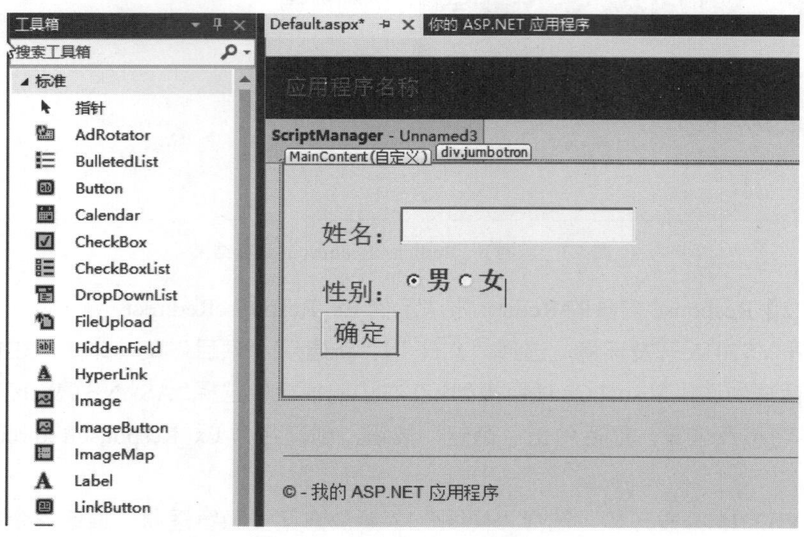

图 5.5　Default.aspx 的页面控件

表 5.3　Default.aspx 页面中控件属性设置及其用途

控件类型	控件名称	主要属性设置	用　途
TextBox 控件	txtName		输入姓名
Button 控件	btnOK	Text 属性设置为“确定”	执行页面跳转
RadioButton 控件	rbtnSex1	Text 属性设置为“男” Checked 属性设置为 true	显示“男”文本 显示为选中状态
	rbtnSex2	Text 属性设置为“女”	显示“女”文本

(4) 在 Default.aspx 页面中，双击“确定”按钮，转到 btnOK_Click 事件中实现跳转页面 welcome.aspx 页面，并传递参数 Name 和 Sex。代码如下：

```
protected void btnOK_Click(object sender, EventArgs e)
  {
    string name=this.txtName.Text;
    string sex=" 先生 ";
    if(rbtnSex2 .Checked)
        sex=" 女士 ";
    Response.Redirect("~/welcome.aspx?Name="+name+"&Sex="+sex);
}
```

(5) 在 VS2015 开发环境，选择“项目”|“添加新项”菜单命令，打开“添加新项”对话框，如图 5.6 所示。从中进行设置并在“名称”文本框中输入 welcome.aspx。最后单击“添加”按钮，就成功向该应用程序中添加了一个新的页面 welcome.aspx。

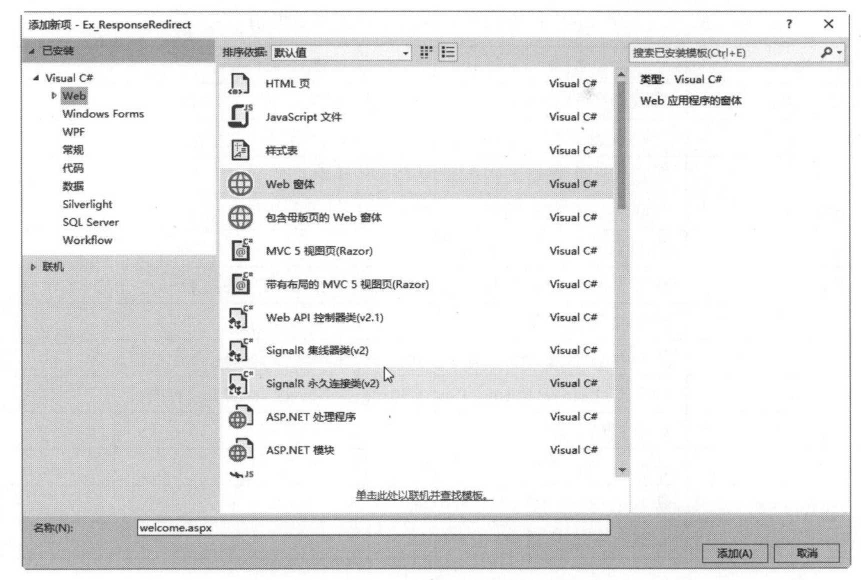

图 5.6 “添加新项”对话框

(6) 在“解决方案资源管理器”中，单击 welcome.aspx 节点前面的⊞按钮，双击 welcome.aspx.cs, 打开该页面的 Page_Load() 函数，在该函数中添加代码如下：

```
protected void Page_Load(object sender, EventArgs e)
{
string name = Request.Params["Name"];
string sex = Request.Params["Sex"];
Response.Write(" 欢迎 "+name+sex+"!");
}
```

说明：Page_Load 函数用来初始化 welcom.aspx 页面，通过 Request 对象来获取 Default.aspx 页面中 Response 对象传递过来的参数，并将其输出到页面上。

(7) 将 Default.aspx 设为起始页面，运行该应用程序即可。

5.2 Request 对象

Request 对象用于检索从浏览器向服务器所发送的请求中的信息。它提供对当前页请求的访问，包括标题、Cookie、客户端等。

5.2.1 常用属性与方法

Request 对象可以获得 Web 请求的 HTTP 数据包的全部信息，其常用属性和方法及说明如表 5.4 和表 5.5 所示。

表 5.4　Request 对象的常用属性及说明

属　性	说　明
ApplicationPath	获取服务器上 ASP.NET 应用程序虚拟应用程序的根路径
Browser	获取或设置有关正在请求的客户端浏览器的功能信息
ContentLength	指定客户端发送的内容长度（以字节计）
Cookies	获取客户端发送的 Cookie 集合
FilePath	获取当前请求的虚拟路径
Files	获取采用多部分 MIME 格式的客户端上载的文件集合
Form	获取窗体变量集合
Item	从 Cookies、Form、QueryString 或 ServerVariables 集合获取对象
Params	获取 Cookies、Form、QueryString 或 ServerVariables 的集合
Path	获取当前请求的虚拟路径
QueryString	获取 HTTP 查询字符串变量集合
UserHostAddress	获取远程客户端 IP 主机地址
UserHostName	获取远程客户端 DNS 名称

表 5.5　Request 对象的常用方法及说明

方　法	说　明
MapPath	为当前请求的 URL 中的虚拟路径映射到服务器上的物理路径
SaveAs	将 HTTP 请求保存到磁盘

5.2.2　获取页面间传送的值

Request 方法通过 Params 属性和 QueryString 属性获取页面间传送的值。

【例 5.3】Request 对象获取参数的方法示例 Ex_Request。该示例主要通过 Request 对象的不同属性实现获取请求页的值。执行程序，单击“跳转”按钮，示例运行结果如图 5.7 所示。

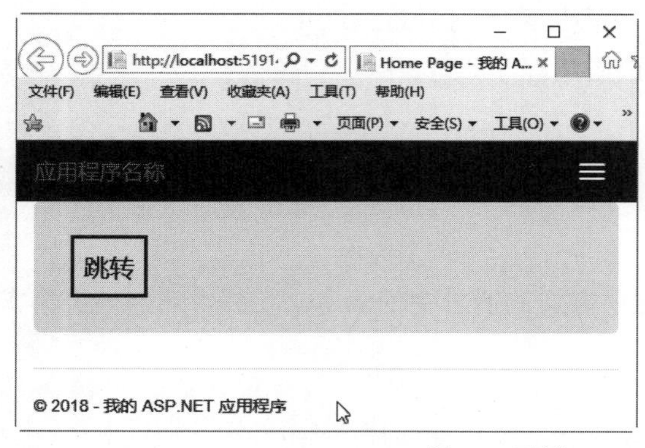

图 5.7　示例 Ex_Request 的运行结果

(1) 打开 VS2015 开发环境，选择“文件”|“新建”|“项目”菜单命令，打开“新建项目”对话框，从中选择 Visual C# 项目类型，在右侧的模板中选择“ASP.NET Web 应用程序”，创建名为 Ex_Request 的网站应用程序。

(2) 在页面上添加一个 Button 控件，ID 属性设置为 btnRedirect，Text 属性设置为“跳转”。双击按钮时，在 btnRedirect_Click 事件中实现页面跳转并传值的功能。添加代码如下：

```
protected void btnRedirect_Click(object sender, EventArgs e)
{
        Response.Redirect("Request.aspx?value= 获得页面间的传值 ");
}
```

(3) 在该网站中，添加一个新页，将其命名为 Request.aspx。在页面 Request.aspx 的初始化事件中，用不同方法获取 Response 对象传递过来的参数，并将其输出到页面上。其代码如下：

```
protected void Page_Load(object sender, EventArgs e)
{
    Response.Write(" 使用 Request[string key] 方法 "+Request["value"]+"<br>");
    Response.Write(" 使用 Request.Params[string key] 方法 " + Request.Params["value"] + "<br>");
    Response.Write(" 使用 Request.QueryString[string key] 方法 "+Request.QueryString["value"]+"<br>");
}
```

(4) 将 Default.aspx 设为起始页面，然后运行该应用程序即可。

5.2.3 获取客户端浏览器信息

用户能够使用 Request 对象的 Browser 属性访问 HttpBrowserCapabilities 属性获得当前正在使用哪种类型的浏览器网页，并且可以获得该浏览器是否支持某些特定功能。下面就通过一个示例进行介绍。

【例 5.4】Request 对象的 Browser 属性示例 Ex_ResponseBrowser。该示例主要通过 Request 对象的 Browser 属性获取客户端浏览器信息。执行程序，示例运行结果如图 5.8 所示。

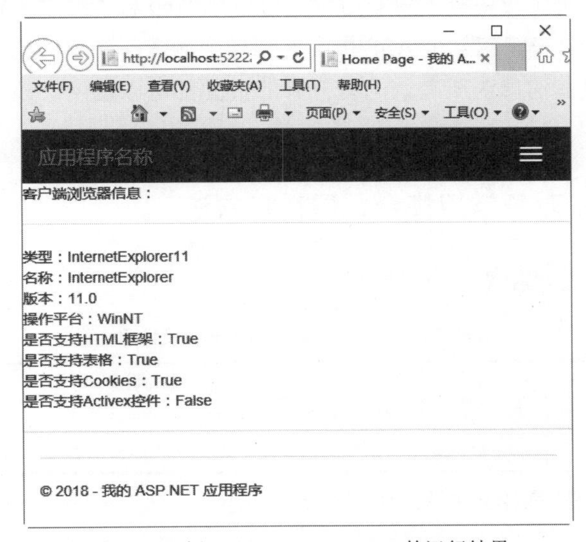

图 5.8　示例 Ex_ResponseBrowser 的运行结果

(1) 打开 VS2015 开发环境，选择“文件”|“新建”|“项目”菜单命令，打开“新建项目”对话框，从中创建一个项目类型为 Visual C#、模板为“ASP.NET Web 应用程序”、“名称”为 Ex_ResponseBrowser 的应用程序。

(2) 在“解决方案资源管理器”中，单击 Default.aspx 节点前面的⊞按钮，双击 welcome.aspx.cs, 打开该页面的 Page_Load() 函数，从中添加以下代码：

```
protected void Page_Load(object sender, EventArgs e)
    {
        HttpBrowserCapabilities b = Request.Browser;
        Response.Write(" 客户端浏览器信息： ");
        Response.Write("<hr>");
        Response.Write(" 类型： " + b.Type + "<br>");
        Response.Write(" 名称： " + b.Browser + "<br>");
        Response.Write(" 版本： " + b.Version + "<br>");
        Response.Write(" 操作平台： " + b.Platform + "<br>");
        Response.Write(" 是否支持 HTML 框架： " + b.Frames + "<br>");
        Response.Write(" 是否支持表格： " + b.Tables + "<br>");
        Response.Write(" 是否支持 Cookies： " + b.Cookies + "<br>");
Response.Write(" 是否支持 Activex 控件： " + b.ActiveXControls + "<br>");
        Response.Write("<hr>");
}
```

(3) 将 Default.aspx 设为起始页面，运行该应用程序即可得到相应的结果。

5.3 Application 对象

Application 对象是个应用程序级的对象，可以在 Web 应用程序运行期间持久地保持数据。Application 对象是在响应某个 ASP 页面的第一个请求时建立的，它提供了存储变量和对象引用的信息，这些信息对所有访问者打开的页面都可以使用。该对象包含集合、方法和对象。

5.3.1 Application 对象常用集合、属性和方法

Application 对象的常用集合及说明如表 5.6 所示。

表 5.6 Application 对象的集合及说明

集合名	说　明
Content	用于访问应用程序状态集合中的对象名
StaticObjects	确定某对象指定属性的值或遍历集合，并检索所有静态对象的属性

Application 对象的常用属性及说明如表 5.7 所示。

表 5.7 Application 对象的常用属性及说明

属 性	说 明
AllKeys	返回全部 Application 对象变量名到一个字符串数组中
Count	获取 Application 对象变量的数量
Item	允许使用索引或 Application 变量名称传回内容值

Application 对象的常用方法及说明如表 5.8 所示。

表 5.8 Application 对象的常用方法及说明

方 法	说 明
Add	新增一个 Application 对象变量
Clear	清除全部 Application 对象变量
Lock	锁定全部 Application 对象变量
Remove	使用变量名称移除一个 Application 对象变量
RemoveAll	移除全部 Application 对象变量
Set	使用变量名称更新一个 Application 对象变量里的内容
UnLock	解除锁定的 Application 对象变量

5.3.2 使用 Application 对象存储和读取全局变量

Application 对象用来存储和维护某些值，这就要通过定义变量来完成。Application 对象定义的变量为应用程序级变量。变量可以在 Global.asax 页面中进行声明，语法如下：

```
Application[varName]= 值 ;
```

其中，varName 是变量名。例如：

```
Application.Lock();
Application["Name"]=" 小亮 ";
Application.UnLock();
Response.Write("Application[\"Name\"] 的值为： "+Application["Name"].ToString());
```

5.3.3 设计一个网页访问计数器

网页访问计数器主要用来记录应用程序曾经被访问次数的组件。用户可以通过 Application 对象和 Session 对象实现这一功能。下面就通过一个示例进行介绍。

【例 5.5】使用 Application 对象和Session对象设计网页访问计数器。该示例主要在 Global.asax 文件中对访问人数进行统计，并在 Default.aspx 文件中将统计结果显示出来。执行程序，运行结果如图 5.9 所示。

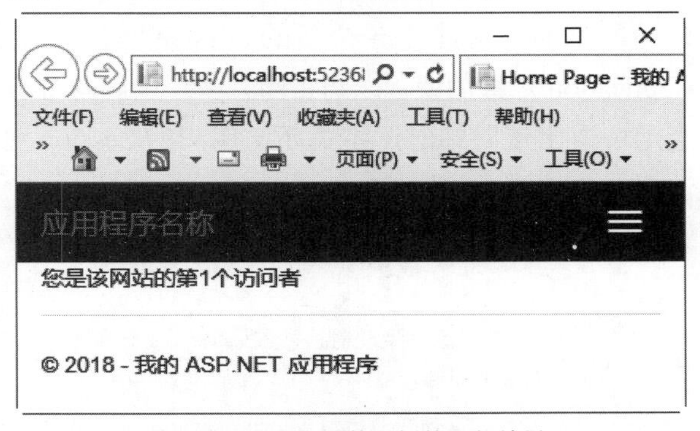

图 5.9 访问者计数示例的运行结果

(1) 打开 VS2015 开发环境，选择“文件”|“新建”|“项目”菜单命令，打开“新建项目”对话框，从中选择 Visual C# 为项目类型，选择“ASP.NET Web 应用程序”为模板，创建名为 Ex_Application 的网站应用程序。

(2) 打开全局应用程序类 Global.asax 文件，Global.asax 文件在网站根目录中，如图 5.10 所示。

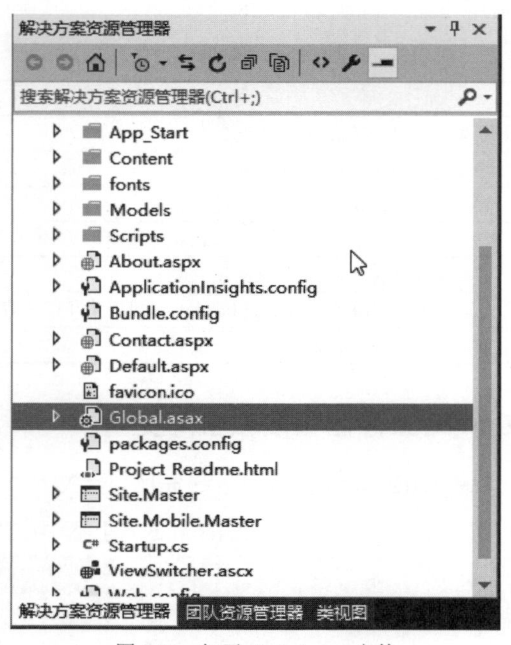

图 5.10　打开 Global.asax 文件

(3) 在 Global.asax 文件的 Application_Start 事件中把访问数量初始化为 0，代码如下：

```
void Application_Start(object sender, EventArgs e)
{
    // 在应用程序启动时运行的代码
    Application["count"] = 0;
}
```

(4) 在 Global.asax 文件中新建 Session_Start 事件、Session_End 事件。当有新的用户访问网站时，将建立一个新的 Session 对象，并在 Session 对象的 Session_Start 事件中对 Application 对象加锁，以防止因为多个用户同时访问页面造成并行，同时将访问人数加 1；当用户退出该网站时，将关闭该用户的 Session 对象，同理对 Application 对象加锁，然后访问人数减 1。代码如下：

```
void Session_Start(object sender, EventArgs e)
{
    // 在新会话启动时运行的代码
    Application.Lock();
    Application["count"] = (int)Application["count"] + 1;
```

```
            Application.UnLock();
    }
        void Session_End(object sender, EventArgs e)
        {
            // 在会话结束时运行的代码
            // 注意：只有在 Web.config 文件中的 sessionstate 模式设置为 InProc 时，才会引发
            // Session_End 事件。如果会话模式设置为 StateServer 或 SQLServer，则不会引发该事件
                Application.Lock();
            Application["count"] = (int)Application["count"] - 1;
            Application.UnLock();
        }
```

(5) 对 Global.asax 文件进行设置后，需要将访问人数在网站的默认主页 Default.aspx 中显示出来。在 Default.aspx 页面上添加一个 Label 控件，用于显示访问人数。代码如下：

```
        protected void Page_Load(object sender, EventArgs e)
        {
            Label1.Text = " 您是该网站的第 " + Application["count"].ToString() + " 个访问者 ";
    }
```

(6)Default.aspx 设为起始页面，运行该应用程序即可。

5.4 Session 对象

Session 对象用于存储在多个页面调用之间选定用户的信息。Session 对象只针对单一网站使用者，不同的客户端无法互相访问。Session 对象终止于联机机器离线时，也就是当网站使用者关掉浏览器或超过设定 Session 对象的有效时间时，Session 对象变量就会关闭。

5.4.1 常用集合、属性和方法

Session 对象的常用集合、属性与方法介绍如表 5.9 所示。

表 5.9 Session 对象的常用集合、属性与方法

集合名	Contents	用于确定指定会话项的值或遍历 Session 对象的集合
	StaticObjects	确定某对象指定属性的值或遍历集合，并检索所有静态对象的属性
属性	TimeOut	返回或设定 Session 对象变量的有效时间，当使用者超过有效时间没有动作时，Session 对象就会失效。默认值为 20 分钟
方法	Abandon	此方法结束当前会话，并清除会话中的所有信息。如果用户随后访问页面，可以为它创建新会话
	Clear	此方法清除全部的 Session 对象变量，但不会结束会话

5.4.2 使用 Session 对象存储和读取数据

使用 Session 对象定义的变量为会话变量。会话变量只能用于会话中特定的用户，应用

程序的其他用户不能访问或修改这个变量，而应用程序变量则可由应用程序的其他用户访问或修改。Session 对象定义变量的方法与 Application 对象相同，都是通过“键 / 值”对的方式来保存数据。语法如下：

```
Session[varName]= 值 ;
其中 ,varName 为变量名
// 将 TextBox 控件的文本存储到 Session["Name"] 中
Session["Name"]=TextBox1.Text;
// 将 Session["Name"] 的值读取到 TextBox 控件中
TextBox1.Text=Session["Name"].ToString();
```

【例 5.6】Session 对象存储和读取数据示例 Ex_Session。

用户登录后通常会记录该用户的相关信息，而该信息是其他用户不可见并且不可访问的，这就需要使用 Session 对象进行存储。下面通过示例介绍如何使用 Session 对象保存当前登录用户的信息。执行程序，示例运行结果如图 5.11 所示。

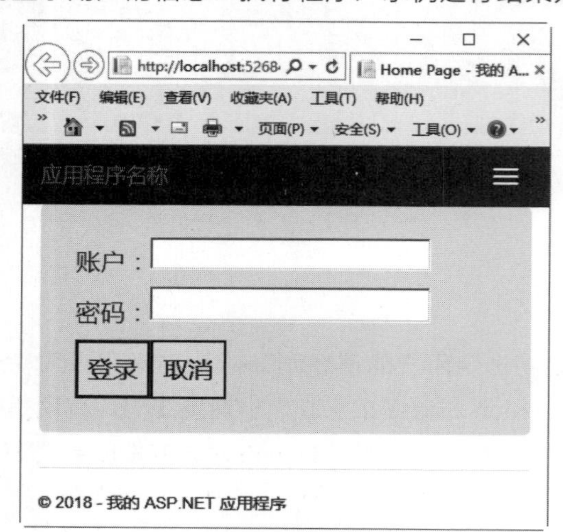

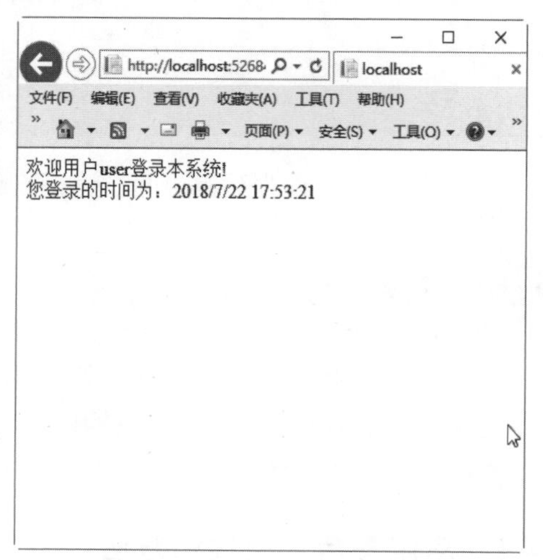

图 5.11　示例 Ex_Session 的运行结果

(1) 打开 VS2015 开发环境，选择“文件”|“新建”|“项目”菜单命令，打开“新建项目”对话框，从中选择 Visual C# 为项目类型，选择“ASP.NET Web 应用程序”为模板，创建名为 Ex_Session 的网站应用程序。

(2) 将 Default.aspx 页面重命名为 Login.aspx，并在该页面上添加两个 TextBox 控件和两个 Button 控件，它们的属性设置如表 5.10 所示。

表 5.10　Login.aspx 页面中的控件属性设置及其用途

控件类型	控件名称	主要属性设置	用　途
TextBox 控件	txtUserName		输入用户名
	txtPwd	TextMode 属性设置为“Password”	输入密码
Button 控件	btnLogin	Text 属性设置为“登录”	登录按钮
	btnCancel	Text 属性设置为“取消”	取消按钮

(3) 用户单击“登录”按钮，将触发按钮的 btnLogin_Click 事件。在该事件中，使用 Session 对象记录用户名及用户登录时间，并跳转到 Welcome.aspx 页面。其代码如下：

```
public partial class Login : System.Web.UI.Page
{
    protected void btnLogin_Click(object sender, EventArgs e)
    {
        if (txtUserName.Text=="user" && txtPwd .Text =="123")
        {
            Session["UserName"] = txtUserName.Text;// 使用 Session 变量记录用户名
            Session["LoginTime"] = DateTime.Now;// 使用 Session 变量记录用户登录系统的时间
            Response.Redirect("~/Welcome.aspx");// 跳转到主页
        }
        else
        {
            Response.Write("<script>alert(' 登录失败！ 请返回查找原因 '); location='Login.aspx'</script>");
        }
    }
    protected void btnCancel_Click(object sender, EventArgs e)
    {
        txtPwd.Text = "";
        txtUserName.Text = "";
    }
}
```

(4) 在该网站中，添加一个新页，将其命名为 Welcome.aspx。在 Welcome.aspx 页面的初始化事件中，将登录页中保存的用户登录信息显示在页面上。代码如下：

```
    protected void Page_Load(object sender, EventArgs e)
      {
        Response.Write(" 欢迎用户 "+Session["UserName"].ToString ()+" 登录本系统 !<br>");
        Response.Write(" 您登录的时间为： "+Session["LoginTime"].ToString ());
}
```

(5) 将 Login.aspx 设为起始页面，运行该应用程序。

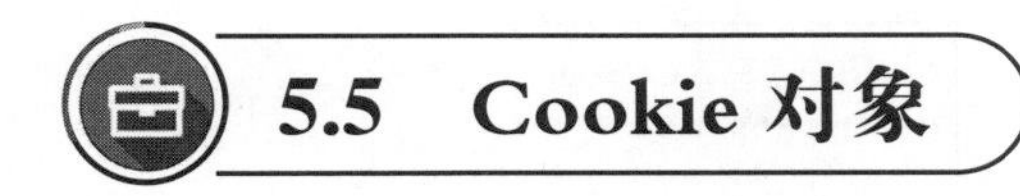

5.5 Cookie 对象

Cookie 对象用于保存客户端浏览器请求的服务器页面，也可用它存放非敏感性的用户信息，信息保存的时间可以根据用户的需要进行设置。并非所有的浏览器都支持 Cookie，并且数据信息是以文本的形式保存在客户端计算机中。

5.5.1 常用属性与方法

Cookie 对象的常用属性及说明如表 5.11 所示。

表 5.11 Cookie 对象的常用属性及说明

属　性	说　明
Expires	设定 Cookie 变量的有效时间，默认为 1000 分钟，设为 0，可实时删除
Name	取得 Cookie 变量的有效时间
Value	获取或设置 Cookie 变量的内容值
Path	获取或设置 Cookie 适用于的 URL

Cookie 对象的常用方法及说明如表 5.12 所示。

表 5.12 Cookie 对象的常用方法及说明

方　法	说　明
Equals	确定指定 Cookie 是否等于当前的 Cookie
ToString	返回此 Cookie 对象的一个字符串表示形式

5.5.2 使用 Cookie 对象保存和读取客户端信息

要存储一个 Cookie 变量，可以通过 Response 对象的 Cookies 集合，其使用语法如下：

```
Response.Cookies[varName].Value= 值；  // 其中，varName 为变量名
```

要取回 Cookie, 使用 Request 对象的 Cookies 集合，并将指定的 Cookies 集合返回，其使用语法如下：

```
变量名 =Request.Cookies[varName].Value;
```

【例 5.7】Cookie 对象的保存和读取数据的示例 Ex_Cookie。

下面的示例分别通过 Response 对象和 Request 对象的 Cookies 属性将客户端的 IP 地址写入 Cookie 中并读取出来。执行程序，示例运行结果如图 5.12 所示。

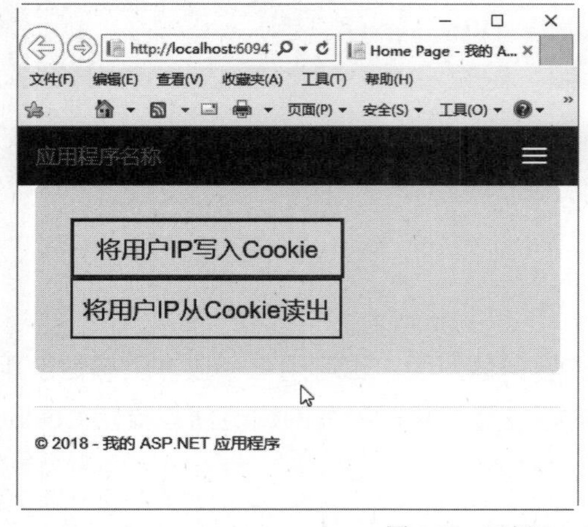

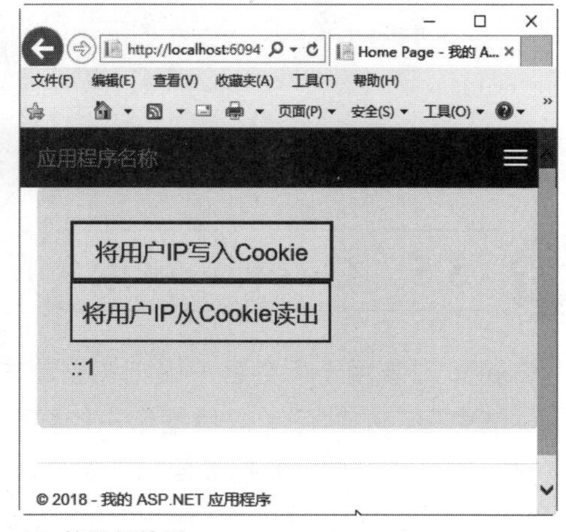

图 5.12 示例 Ex_Cookie 的运行结果

注：“::1”是 IPv6 的地址。

(1) 打开 VS2015 开发环境，选择“文件”|“新建”|“项目”菜单命令，显示出“新建项目”对话框，在左边的项目类型中选择“Visual C#”，在右边的模板中选择“ASP.NET Web 应用程序”，创建名为 Ex_Cookie 的网站应用程序。

(2) 在 Default.aspx 页面上添加两个 Button 控件和一个 Label 控件，它们的属性设置如表 5.13 所示。

表 5.13 Default.aspx 页面中的控件属性设置及其用途

控件类型	控件名称	主要属性设置	用 途
Label 控件	Label1		显示用户 IP
Button 控件	btnWrite	Text 属性设置为“将用户 IP 写入 Cookie”	保存用户 IP
Button 控件	btnRead	Text 属性设置为“将用户 IP 从 Cookie 读出”	读出用户 IP

(3) 单击“将用户 IP 写入 Cookie”按钮，将触发按钮的 Click 事件。在该事件中首先利用 Request 对象的 UserHostAddress 属性获取客户端 IP 地址，然后将 IP 保存到 Cookie 中。代码如下：

```
protected void btnWrite_Click(object sender, EventArgs e)
{
    string UserIP = Request.UserHostAddress.ToString();
    Response.Cookies["IP"].Value = UserIP;
}
```

单击“将用户 IP 从 Cookie 读出”按钮，从 Cookie 中读出写入的 IP，代码如下：

```
protected void btnRead_Click(object sender, EventArgs e)
{
    this.Label1.Text = Request.Cookies["IP"].Value;
}
```

(4) 将 Default.aspx 设为起始页面，运行该应用程序，结果如图 5.12 所示 。

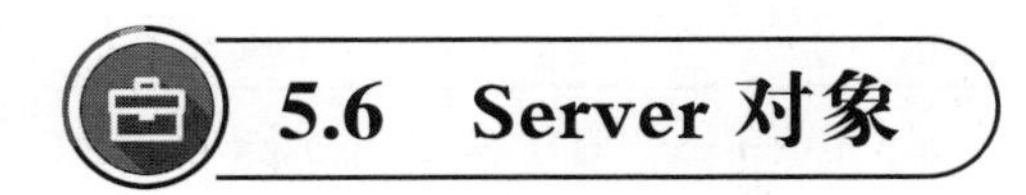

5.6 Server 对象

Server 对象提供了对服务器信息的封装，通过 Server 对象可以访问服务器上的方法和属性，如得到服务器上某文件的物理路径和设置某文件的执行期限。

5.6.1 常用属性与方法

Server 对象的常用属性及说明如表 5.14 所示。

表 5.14 Server 对象的常用属性及说明

属　性	说　明
MachineName	获取服务器的计算机名称
ScriptTimeout	获取和设置请求超时值（以秒计）

Server 对象的常用方法及说明如表 5.15 所示。

表 5.15 Server 对象的常用方法及说明

方　法	说　明
Execute	执行指定资源的处理程序，然后将控制返回给该处理程序
HtmlDecode	对已被编码以消除无效 HTML 字符的字符串进行解码
HtmlEncode	对要在浏览器中显示的字符串进行编码
MapPath	返回与 Web 服务器上的指定虚拟路径相对应的物理文件路径
UrlDecode	对字符串进行解码，并在 URL 中发送到服务器
UrlEncode	编码字符串，以便通过 URL 从 Web 服务器到客户端进行 HTTP 传输
Transfer	终止当前页的执行，并为当前请求开始执行新页

5.6.2 重定向页面

使用 Server.Execute 方法和 Server.Transfer 方法都可以重定向页面。其中 Execute 方法用于将执行从当前页面转移到另一个页面，并将执行返回到当前页面。执行所转移的页面在同一浏览器窗口中执行，然后原始页面继续执行。执行 Execute 方法后，原始页面保留控制权。而 Transfer 方法用于将执行完全转移到指定页面。与 Execute 方法不同，执行该方法时主调页面将失去控制权。

【例 5.8】Server 对象的 Execute 和 Transfer 方法示例 Ex_Server。

(1) 打开 VS2015 开发环境，选择“文件”|“新建”|“项目”菜单命令，打开“新建项目”对话框，从中创建名为 Ex_Server 的网站应用程序。

(2) 在 Default.aspx 页面上添加两个 Button 控件，其属性设置如表 5.16 所示。

表 5.16 Default.aspx 页面中控件属性设置及其用途

控件类型	控件名称	主要属性设置	用　途
Button 控件	btnExecute	Text 属性设置为“Execute 方法”	使用 Execute 重定向页面
Button 控件	btnTransfer	Text 属性设置为“Transfer 方法”	使用 Transfer 重定向页面

(3) 在该网站中，添加一个新页，将其命名为 Response.aspx。在 Response.aspx 页面的初始化事件中，将登录页中保存的用户登录信息显示在页面上。代码如下：

```
protected void Page_Load(object sender, EventArgs e)
    {
        Response.Write("Transfer 方法 <br>");
    }
```

(4) Default.aspx 页单击“Execute 方法”按钮，利用 Server 对象的 Execute 方法从 Default.aspx 页重定向到 Response.aspx 页，然后控制权返回到主调页面（“Default.aspx”）并执行其他操作。其代码如下：

```
protected void btnExecute_Click(object sender, EventArgs e)
{
    Server.Execute("Response.aspx?message=Execute");
Response.Write("Execute 方法 <br>");
    Response.Write(" 主页 ");
}
```

(5) Default.aspx 页单击“Transfer 方法”按钮，利用 Server 对象的 Transfer 方法从 Default.aspx 页重定向到 Response.aspx 页，然后控制权返回到主调页面 (“newPage.aspx”) 并执行其他操作。代码如下：

```
protected void btnTransfer_Click(object sender, EventArgs e)
{
    Server.Transfer("Response.aspx?message=Transfer");
    Response.Write(" 主页 ");
}
```

(6) 将 Default.aspx 设为起始页面，运行该应用程序，结果如图 5.13 所示 。

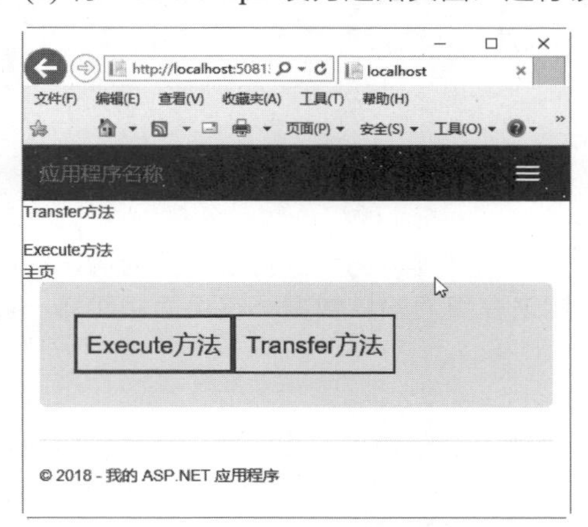

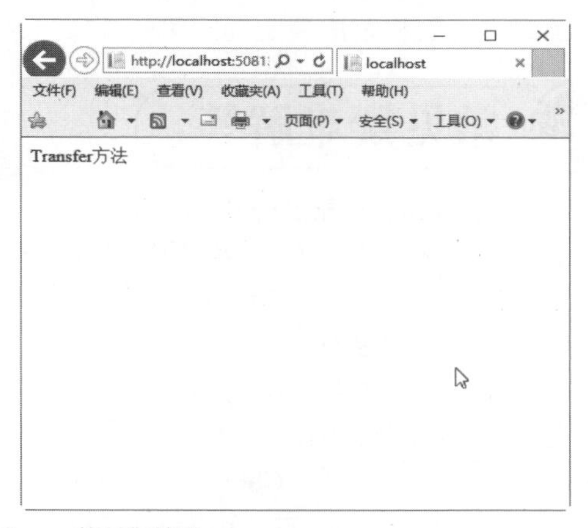

图 5.13　示例 Ex_Server 的运行结果

5.6.3　使用 Server.MapPath 方法获取服务器的物理地址

MapPath 方法用于返回与 Web 服务器上的指定虚拟路径相对应的物理文件路径。其语法如下：

```
Server.MapPath(path);
```

其中，path 表示 Web 服务器上的虚拟路径，如果 path 值为空，则该方法返回包含当前应用程序的完整物理路径。例如，下面的示例在浏览器中输出指定文件的 Default.aspx 的物理文件路径。

```
Response.Write(Server.MapPath("Default.aspx"));
```

需要说明的是，不能将相对路径语法与 MapPath 方法一起使用，即不能将“.”或“..”作为指向指定文件或目录的路径。

强化练习

本章重点讲解 Request、Response、Cookie、Session、Application、Server 等对象的基本知识和基本方法。通过上机实践，充分体会 Session 和 Application 的使用方法和 Response.Redirect、Server.Transfer、Server.Execute 等方法，体会 Cookie 的作用，理解 Application 对象的生命周期、Session 对象的生存期、Cookie 对象的生命周期。

练习 1：

访客计数器。使用 Application 对象统计网站的访问次数，使用 Session 对象统计访客访问网站的次数。该练习参考 5.3 节和 5.4 节讲解的知识。

练习 2：

Cookie 练习。请开发一个页面，当客户第一次访问时，需在线注册姓名、性别等信息，然后把信息保存到 Cookies 中。如该客户再次访问，则显示“某某，您好，您是第几次光临本站”的欢迎信息。该练习参考 5.5 节讲解的知识。

练习 3：

Session 练习。请编写两个页面，在第一个页面中客户要输入姓名，然后保存到 Session 中。在第二个页面中读取该 Session 信息，并显示欢迎信息。如果客户没有在第一页登录就直接访问第二页，要将客户重定向回第一页投票系统设计。该练习参考 5.4 节讲解的知识。

常见疑难解答

问：Response 对象的作用是什么？

答：Response 对象用于将数据从服务器发送回浏览器。它允许将数据作为请求的结果发送到浏览器中，并提供有关的消息。它可以用来在页面输入数据、在页面中跳转，还可以传递各个页面的参数。

问：Request 对象的作用是什么？

答：Request 对象用于检索从浏览器向服务器所发送的请求中的信息。它提供对当前页请求的访问，包括标题、Cookie、客户端等。

问：Server.Execute 方法和 Server.Transfer 方法的重定向页面功能有什么不同？

答：Execute 方法用于将执行从当前页面转移到另一个页面，并将执行返回到当前页面。执行所转移的页面在同一浏览器窗口中执行，然后原始页面继续执行。执行 Execute 方法后，原始页面保留控制权。而 Transfer 方法用于将执行完全转移到指定页面。与 Execute 方法不同，执行该方法时主调页面将失去控制权。

问：Application 对象和 Session 对象有什么区别？

答：Application 对象和 Session 对象都可以在服务器端保存数据或对象，但 Application 对象中保存的数据可供所有来访的客户端浏览器共享，Session 对象中保存的数据仅供特定的来访者使用。

问：Cookie 功能用户是否可以自行关闭？

答：虽然在网站中已经普遍使用 Cookie 技术，提供个性化服务。但出于安全的考虑，用户可以自行设置是否关闭其浏览器的 Cookie 功能。

问：什么是抽象类？抽象类有什么特点？

答：抽象类使用 abstract 修饰符，它不能直接实例化，只能被其他类继承。在继承的类中必须对抽象类中的抽象方法进行重写；否则该派生类依然是抽象的。

第6章 样式、主题和母版页

内容导读

本章将讲解ASP.NET中的样式、主题和母版页。在Web应用程序开发中，一个好的Web应用程序界面能够给网站的访问者留下良好的印象。层叠样式表CSS(Cascading Style Sheets)是一系列格式设置规则，内容与表现形式相互分开。使用CSS可以非常灵活并更好地控制页面的外观，从精确的布局定位到特定的字体和样式等。ASP.NET提供了样式、主题和母版页功能，增强了网页布局和界面优化的功能，这样便可轻松地实现对网站开发中界面的控制。

学习目标

- 了解并熟悉CSS样式及CSS样式在ASP.NET中的应用
- 熟悉页面布局设置
- 熟悉主题
- 掌握母版页的使用

课时安排

- 理论学习4课时
- 上机操作4课时

6.1 CSS 样式

从 ASP.NET 2.0 开始，就包括了样式和主题，使用样式和主题能够将样式和布局信息分解到单独的文件中，让布局代码和页面代码相分离。主题可以应用到各个站点，当需要更改页面主题时，无须对每个页面进行更改，只需要针对主题代码页进行更改即可。

6.1.1 CSS 概述

在 Internet 初期，网页页面主要由文本组成。而文本使用纯 HTML 格式化，这种格式化所能提供的样式选项极其有限，而层叠样式表 CSS 的诞生极大地弥补了这方面的缺陷。

在任何 Web 应用程序的开发过程中，叠样式表 CSS 都是非常重要的页面布局方法，而且 CSS 也是最高效的页面布局方法。CSS 是一组定义的格式设置规则，用来控制 Web 页面的外观，目前在网页设计中有着广泛的应用。更重要的是，通过引用 CSS 样式设置页面的格式，从而实现页面的内容与表现形式分离。CSS 不仅有传统的格式属性，还可设置位置、特殊效果、鼠标滑过等属性。

在网页布局中，CSS 经常用于页面样式布局和样式控制。熟练使用 CSS 能够让网页布局更加方便，在页面维护时，也能够减少工作量。CSS 通常支持 3 种定义方式：一是直接将样式控制放置于单个 HTML 元素内，称为内联式；二是在网页的 head 部分定义样式，称为嵌入式；三是以扩展名为 .css 文件保存样式，称为外联式。这 3 种样式适用于不同的场合，内联式适用于对单个标签进行样式控制，这样的好处就在于开发方便，而在维护时需要针对每个页面进行修改，非常不方便；而嵌入式可以控制一个网页的多个样式，当需要对网页样式进行修改时，只需要修改 head 标签中的 style 标签即可，不过这样仍然没有让布局代码和页面代码完全分离；而外联式能够将布局代码和页面代码相分离，在维护过程中能够减少工作量。

6.1.2 CSS 知识基础

CSS 样式的代码位于文件头部 <head>...</head> 之间，页面内容存放在 HTML 文档中，而用于定义表现形式的 CSS 规则存放在另一个文件中或 HTML 文档的某一部分，通常为文件头部分。将内容与表现形式分离，不仅可使维护站点的外观更加容易，而且还可以使 HTML 文档代码更加简练，缩短浏览器的加载时间。CSS 能够通过编写样式控制代码来进行页面布局，在编写相应的 HTML 标签时，可以通过 Style 属性进行 CSS 样式控制，示例代码如下：

```
<body>
    <div style="font-size:14px;"> 这是一段文字 </div>
</body>
```

上述代码使用内联式进行样式控制，并将属性设置为 font-size:14px，其意义就在于定义文字的大小为 14px；同样地，如果需要定义多个属性时，可以同写在一个 style 属性中，示例代码如下：

```
<body>
    <div style="font-size:14px;"> 这是一段文字 1</div>
        <div style="font-size:14px; font-weight:bolder"> 这是一段文字 2</div>
            <div style="font-size:14px; font-style:italic"> 这是一段文字 3</div>
        <div style="font-size:14px; font-variant:small-caps">This is my first CSS code</div>
    <div style="font-size:14px; color:red"> 这是一段文字 5</div>
</body>
```

上述代码分别定义了相关属性来控制样式，并且都使用内联式定义样式，这些 CSS 的属性的意义如下。

◎ 字体名称属性 (font-family)：该属性设定字体名称，如 Arial、Tahoma、Courier 等，可以定义字体的名称。

◎ 字体大小属性 (font-size)：该属性可以设置字体的大小。字体大小的设置可以有多种方式，最常用的就是 pt 和 px。该属性有 3 个值可选，即 normal、italic、oblique，normal 是默认值，italic、oblique 都是斜体显示。

◎ 字体粗细属性 (font-weight)：该属性常用值是 normal 和 bold，normal 是默认值，bold 是粗体。

◎ 字体变量属性 (font-variant)：该属性有两个值，即 normal 和 small-caps。normal 是默认值，small-caps 表示字体将被显示成大写。

◎ 字体属性 (font)：该属性是各种字体属性的一种快捷的综合写法。

◎ 字体颜色属性 (color)：该属性用来控制字体颜色。

用内联式的方法进行样式控制固然简单，但是在维护过程中却非常复杂和难以控制。当需要对页面中的布局进行更改时，则需要对每个页面的每个标签的样式进行更改，这样无疑增大了工作量，当需要对页面进行布局时，可以使用嵌入式方法进行页面布局，示例代码如下：

```
<head>
    <meta content="text/html; charset=utf-8" http-equiv="Content-Type" />
        <title> 这是一段文字 1</title>
        <style type="text/css">
        .font1
        {
            font-size:14px;
        }
        .font2
```

```
        {
            font-size:14px;
            font-weight:bolder;
        }
        .font3
        {
            font-size:14px;
            font-style:italic;
        }
        .font4
        {
            font-size:14px;
            font-variant:small-caps;
        }
        .font5
        {
            font-size:14px;
            color:red;
        }
        </style>
</head>
```

上述代码分别定义了 5 种字体样式，这些样式都是通过“.”号加样式名称定义的，在定义字体样式后，就可以在相应的标签中使用 class 属性来定义样式，示例代码如下：

```
<body>
    <div class="font1"> 这是一段文字 1</div>
        <div class="font2"> 这是一段文字 2</div>
            <div class="font3"> 这是一段文字 3</div>
        <div class="font4">This is my first CSS code</div>
    <div class="font5"> 这是一段文字 5</div>
</body>
```

这样编写代码在维护起来更加方便，只需要找到 head 中的 style 标签，就可以对样式进行全局控制。虽然嵌入式能够解决单个页面的样式问题，但是这样只能针对单个页面进行样式控制，而在很多网站的开发应用中，大量的页面样式基本相同，只有少数的页面不尽相同，所以使用嵌入式还有其不足，这里就可以使用外联式。使用外联式必须创建一个 .css 文件后缀的文件，并在当前页面中添加引用，示例代码如下：

```
.font1
{
    font-size:14px;
}
```

```
.font2
{
    font-size:14px;
    font-weight:bolder;
}
.font3
{
    font-size:14px;
    font-style:italic;
}
.font4
{
    font-size:14px;
    font-variant:small-caps;
}
.font5
{
    font-size:14px;
    color:red;
}
```

在 .css 文件中，只需要定义如 head 标签中的 style 标签的内容即可，其编写方法也与内联式和内嵌式相同。在编写完成 CSS 文件后，需要在使用页面的 head 标签中添加引用，在页面中加入以下内容：

```
<link href="css.css" type="text/css" rel="stylesheet"></link>
```

由于添加了对 css.css 文件的引用，浏览器可以在 css.css 中找到当前页面的一些样式并解析。在使用了外联式后，页面的 HTML 代码就能够变得简单和整洁，能够很好地将页面布局的代码和 HTML 代码相分离，这样不仅能够让多个页面同时使用一个 CSS 样式表进行样式控制，同样在维护的过程中，只需要修改相应的 CSS 文件中的样式属性即可实现该样式在所有页面中都进行更新的操作。这样既减少了工作量，也提高了代码的可维护性。

CSS 不仅能够控制字体的样式，还具有强大的样式控制功能，包括背景、边框、边距等属性，这些属性能够为网页布局提供良好的保障，提高 Web 应用的友好度。

1. CSS 背景属性

CSS 能够描述背景，包括背景颜色、背景图片、背景重复性等属性，这些属性为页面背景的样式控制提供了强大的支持。

◎ 背景颜色属性 (background-color)：该属性为 HTML 元素设定背景颜色。

◎ 背景图片属性 (background-image)：该属性为 HTML 元素设定背景图片。

◎ 背景重复属性 (background-repeat)：该属性和 background-image 属性连在一起使用，决定背景图片是否重复。如果只设置 background-image 属性，没设置 background-repeat 属性，在默认状态下，图片既以 x 轴重复，又以 y 轴重复。

◎ 背景附着属性 (background-attachment)：该属性和 background-image 属性连在一起使用，决定图片是跟随内容滚动还是固定不动。

◎ 背景位置属性 (background-position)：该属性和 background-image 属性连在一起使用，决定了背景图片的最初位置。

◎ 背景属性 (background)：该属性是设置背景相关属性的一种快捷的综合写法。

通过这些属性能够为网页背景进行样式控制，需要在页面中加入下列内容：

```
body
{
    background-color:green;
}
```

当使用 background-image 属性设置背景图片时，还需要使用 background-repeat 属性进行循环判断，修改代码如下：

```
body
{
    background-image:url('bg.jpg');
    background-repeat:repeat-x;
}
```

上述代码将 bg.jpg 作为背景图片，并且以 x 轴重复，如果不编写 background-repeat 属性，则默认是以 x 轴和 y 轴都重复。上述代码还可以简写，修改代码如下：

```
body
{
    background:green url('bg.jpg') repeat-x;
}
```

2. CSS 边框属性

CSS 还能够进行边框的样式控制，使用 CSS 能够灵活地控制边框，边框属性包括以下几个。

◎ 边框风格属性 (border-style)：该属性用来设定上下左右边框的风格。

◎ 边框宽度属性 (border-width)：该属性用来设定上下左右边框的宽度。

◎ 边框颜色属性 (border-color)：该属性设置边框的颜色。

◎ 边框属性 (border)：该属性是边框属性的一个快捷的综合写法。

通过这些属性能够控制边框样式，加入代码如下：

```
.mycss
{
    border-bottom:1px black dashed;
```

```
        border-top:1px black dashed;
        border-left:1px black dashed;
        border-right:1px black dashed;
    }
```

上述代码分别设置了边框的上部分、下部分、左部分、右部分的边框属性，来形成一个完整的边框，同样可以使用边框属性来整合这些代码，添加的代码如下：

```
    .mycss
    {
        border:1px black dashed;
    }
```

3. CSS 边距和间隙属性

CSS 的边距和间隙属性能够控制标签的位置，CSS 的边距属性使用的是 margin 关键字，而间隙属性使用的是 padding 关键字。CSS 的边距和间隙属性虽然都是一种定位方法，但是边距和间隙属性定位参照的对象不同。边距属性 (margin) 通常是设置页面中一个元素所占空间的边缘到相邻元素之间的距离，而间隙属性 (padding) 通常是设置一个元素中间的内容 (或元素) 到父元素之间的间隙 (或距离)。对于边距属性 (margin) 有以下属性。

◎ 左边距属性 (margin-left)：该属性用来设定左边距的宽度。

◎ 右边距属性 (margin-right)：该属性用来设定右边距的宽度。

◎ 上边距属性 (margin-top)：该属性用来设定上边距的宽度。

◎ 下边距属性 (margin-bottom)：该属性用来设定下边距的宽度。

◎ 边距属性 (margin)：该属性是设定边距宽度的一个快捷的综合写法，用该属性可以同时设定上下左右边距属性。

对于间隙属性，基本同边距属性，只是 margin 改为了 padding，其属性如下。

◎ 左间隙属性 (padding-left)：该属性用来设定左间隙的宽度。

◎ 右间隙属性 (padding-right)：该属性用来设定右间隙的宽度。

◎ 上间隙属性 (padding-top)：该属性用来设定上间隙的宽度。

◎ 下间隙属性 (margin-bottom)：该属性用来设定下间隙的宽度。

◎ 间隙属性 (padding)：该属性是设定间隙宽度的一个快捷的综合写法，用该属性可以同时设定上下左右间隙属性。

通过这些属性控制边距和间隙，EXcss.html 示例代码如下：

```
    <html xmlns="http://www.w3.org/1999/xhtml">
    <head>
        <meta content="text/html; charset=utf-8" http-equiv="Content-Type" />
        <title> 边距属性和间隙属性示例 </title>
        <link href="css.css" type="text/css" rel="stylesheet"></link>
```

```
</head>
<body>
    <div class="div1">
            DIV1
        <div class="div3">DIV3</div>
    </div>
    <div class="div2">DIV2</div>
</body>
</html>
```

然后，通过 css.css 文件为上述页面编写样式，示例代码如下：

```
.div1
{
    float:left;
    margin-left:10px;        // 和左边元素距离为 10px
    background:white url('bg.jpg') repeat-x;
    border:1px solid #ccc;
    width:300px;
    height:200px;
    padding:30px;         // 内部对齐 30px
}
.div2
{
    float:left;
    margin-left:20px;    // 和左边元素距离为 20px
    background:white url('bg.jpg') repeat-x;
    border:1px solid #ccc;
    width:300px;
    height:260px;
}
.div3
{
    background:white;    // 背景为白色
}
```

通过边距属性和间隙属性设置的效果图如图 6.1 所示。

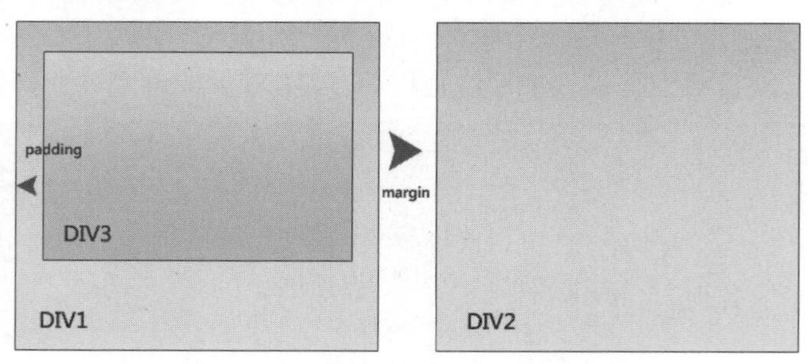

图 6.1 边距属性和间隙属性的区别示例

CSS 不仅提供了诸如此类的强大布局功能，还提供了很多其他的布局功能，这些功能非常多，能够为页面布局起到美化作用。CSS 还包括盒子模式、列表属性和伪类等高级技巧，这些技巧就不在本书中做详细介绍了。

6.1.3 创建 CSS 样式

使用“CSS 样式”面板创建自定义的 CSS 规则或类样式。使用类样式可以设置任何范围或文本块的样式属性，并可以应用到任何 HTML 标签。

1. 为文本创建新规则

在“CSS 样式”面板中，单击面板右下角的“新建 CSS 规则”，如图 6.2 所示。

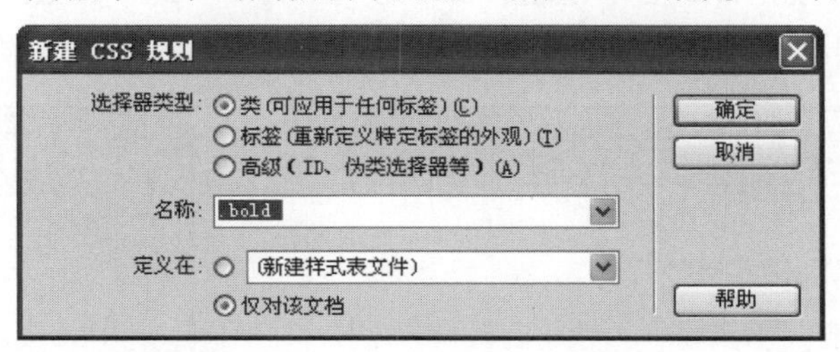

图 6.2 “新建 CSS 规则”对话框

在弹出的“新建 CSS 规则”对话框中，“选择器类型”选项组中默认选择的是“类”，该选项可以应用于任何标签。应当注意的是，在“名称”bold 前输入英文句点 (.)，所有类样式必须以句点开头。在“定义在”下拉列表框中选择“cafe_townsend.css”，该文件默认状态是被选中的，如图 6.3 所示。

图 6.3 CSS 规则定义对话框

单击“确定”按钮，弹出 CSS 规则定义对话框，表示正在 cafe_townsend.css 文件中创建一个 .bold 类样式。在 CSS 规则定义对话框中，根据需要进行设置，最后单击“确定”按钮。单击“CSS 样式”面板顶部的“所有”按钮，若未展开 cafe_townsend.css 类别，则单击该类别旁边的加号 (+) 按钮，就可以看到 Dreamweaver 已将 .bold 类样式添加到在外部样式表中定义的规则列表中。

2. 为导航创建新规则

若未打开 cafe_townsend.css 文件，则打开该文件，或单击其选项卡来显示该文件。定义一个新规则，方法是在该文件的 .bold 类样式后面输入以下代码，如图 6.4 所示：

```
.navigation {
}
```

这是一个空规则。文件中的代码类似于下面的示例。

保存 cafe_townsend.css 文件。接下来使用“CSS 样式”面板向规则添加属性。若未打开 index.html 文件，则打开该文件。在“CSS 样式”面板中，确保选中了“全部”模式，选择新的 .navigation 规则，然后单击面板右下角的“编辑样式”按钮，弹出 CSS 规则定义对话框，如图 6.5 和图 6.6 所示。

```
/* CSS Document */

p{
font-family: Verdana, sans-serif;
font-size: 11px;
color: #000000;
line-height: 18px;
padding: 3px;
}

.blod {
    font-family: Verdana, sans-serif;
    font-size: 11px;
    line-height: 18px;
    font-weight: bold;
    color: #990000;
}

.navigation {
}
```

图 6.4　导航条规则代码

图 6.5　样式编辑界面

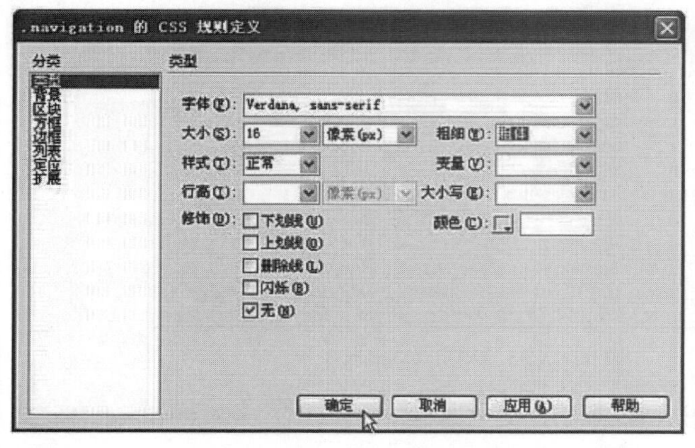

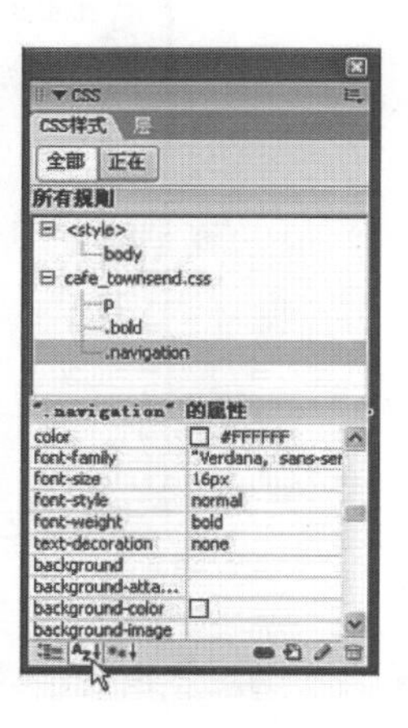

图 6.6　CSS 规则定义对话框

可以使用“CSS 样式”面板向 .navigation 规则添加更多属性。在“CSS 样式”面板中，确保选中 .navigation 规则，然后单击“显示列表视图”。列表视图可使“属性”窗格按字母顺序显示所有可用属性。单击 background-color 属性右边的列，如图 6.7 所示。

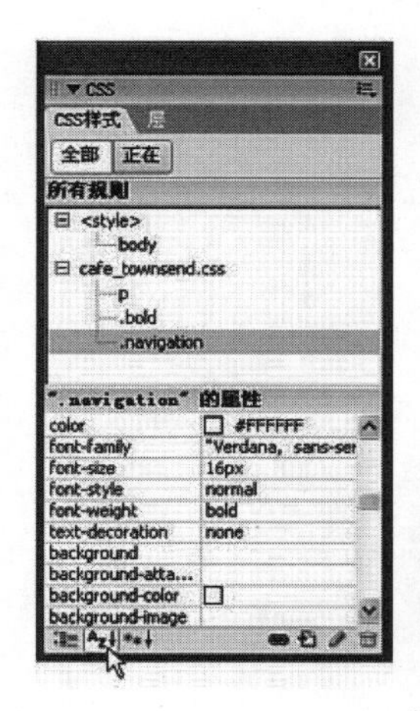

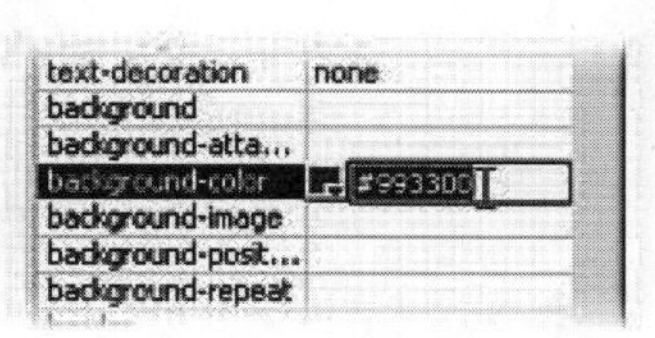

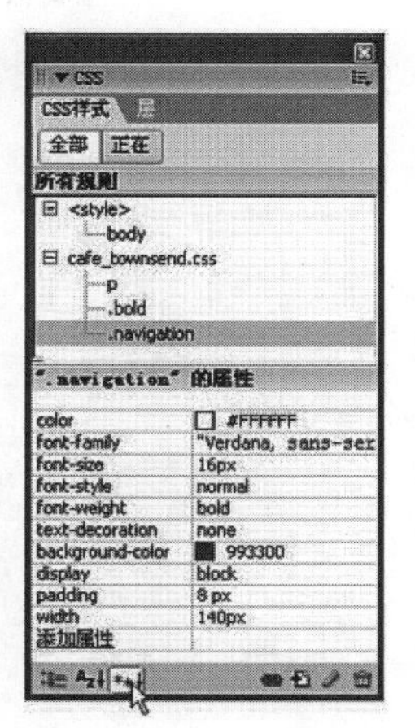

图 6.7　为定义的规则添加新的属性

若要查看工作对外部样式表的影响，则需在工作时保持 cafe_townsend.css 文件在"文档"窗口中处于打开状态。当在"CSS 样式"面板中做出选择时，可同时看到 Dreamweaver 在样式表中写入 CSS 代码。找到 display 属性，在右边的列中单击，然后从弹出的下拉列表中选择 block 选项。单击"显示设置属性"按钮，以便在"属性"窗格中仅显示设置好的属性。

6.1.4　应用 CSS 样式

CSS 不仅能够用来进行页面布局，同样也可以应用在文本和控件中，使用 CSS 能够让文本和控件更具美感。

1. 将定义的规则应用到文字上

在"文档"窗口中，首先选中需要使用该样式的文字：Cafe Townsend's visionary chef。然后在"属性"检查器(选择"窗口"|"属性"菜单命令时弹出)中，从"样式"下拉列表框中选择"bold"，"粗体"类样式将应用到文本。重复这一操作，便可将定义的"粗体"类样式应用到文档中的任何文字和段落上。

2. 将定义的规则应用到控件上

在控件上使用 CSS 和在页面上使用 CSS 的方法基本相同。在控件界面的编写中，可以使用控件的默认属性，如 BackColor、ForeColor、BorderStyle 等，同样也可以通过 style 属性编写控件的属性。除了通过 style 标签外，控件自己还带有"样式"属性，通过配置相应的属性，即可为控件进行样式控制。典型的日历控件能够套用默认格式以呈现更加丰富的样式。

新建项目 EXcalendar，default.aspx 中代码如下：

```
<html xmlns="http://www.w3.org/1999/xhtml" >
<head runat="server">
    <title> 日历样式 </title>    // 网页标题
    <style type="text/css">
```

```
            .style1   // 定义 CSS 样式
            {
                width: 100%;
            }
        </style>
</head>
<body>
        <form id="form1" runat="server">
        <div>
            <table class="style1">   // 使用定义的样式 "style1"
                <tr>
                    <td>
                        默认样式 </td>
                    <td>
                        选择样式 </td>
                </tr>
                <tr>
                    <td>
                        <asp:Calendar ID="Calendar1" runat="server"></asp:Calendar>
                    </td>
                    <td>
                        <asp:Calendar ID="Calendar2" runat="server"
                        BackColor="#FFFFCC" BorderColor="#FFCC66"   // 属性设置
                        BorderWidth="1px"DayNameFormat="Shortest"Font-Names="Verdana"Font-Size="8pt"
                        ForeColor="#663399" Height="200px" ShowGridLines="True" Width="220px">
                        <SelectedDayStyle BackColor="#CCCCFF" Font-Bold="True" />
                        <SelectorStyle BackColor="#FFCC66" />
                        <TodayDayStyle BackColor="#FFCC66" ForeColor="White" />
                            <OtherMonthDayStyle ForeColor="#CC9966" />
                                <NextPrevStyle Font-Size="9pt" ForeColor="#FFFFCC" />
                            <DayHeaderStyle BackColor="#FFCC66" Font-Bold="True" Height="1px" />
                            <TitleStyle BackColor="#990000" Font-Bold="True" Font-Size="9pt"
                        ForeColor="#FFFFCC" />
                    </asp:Calendar>
                    </td>
                </tr>
            </table>
        </div>
        </form>
</body>
</html>
```

上述代码通过属性为日历控件进行了样式控制，运行后如图 6.8 所示，默认样式和配置样式之后的差别很大。

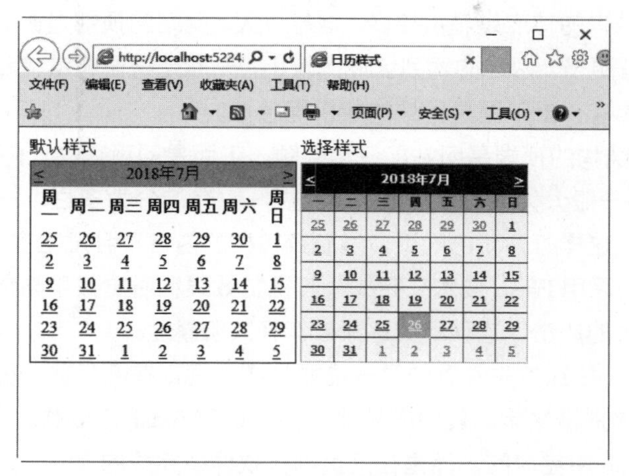

图 6.8　属性样式控制

通过编写样式能够让控件的呈现更加丰富、美观，让用户体验更加友好，当用户访问页面时，能够提高用户对网站的满意程度。控件的样式，不仅能够使用默认的属性进行样式控制，同样可以使用 style 属性进行样式控制，但是 style 属性的样式控制在很多地方不能操作，如日历控件中的当前日期样式，而通过控件的属性配置，却能够快速配置当前日期的样式。

6.2　网页布局设置

网页是网站构成的基本元素。布局设置就是指网页的布局，通俗地说，就是确定网页上的网站标志、导航栏、菜单等元素的位置。常用的网页布局方法有两种，即纸上布局和软件布局。不同的网页，各种网页元素所处的地位不同，它们的位置也就不同。一般情况下，重要的元素都放在突出的位置，在对网页插入各种对象、修饰效果前，首先要确定网页的总体风格。

6.2.1　网页的基本布局方式

针对不同的网页风格，大体可以将网页分为两大类，即商业网页和个人网页。商业网页一般都有比较统一的布局设计，而个人主页由于内容专一，不可能像商业网页那样内容丰富、信息量大，因此个人主页的形式更灵活，更容易创造出美感。色彩的搭配、文字的变化、图片的处理等，这些当然是不可忽略的因素，除了这些，还有一个非常重要的因素，就是网页的布局。网页布局一般可以分为“厂”字、“同”字、标题正文型、分栏型、Flash 型、封面型等。

①“厂”字形结构的特点是内容清晰，一目了然。网页顶端是徽标和图片(广告)栏，下半部分的左边是导航链接，右边是信息发布区。

②“同”字形结构的特点是超链接多、信息量大。网站的顶端是徽标和图片(广告)栏，下部分分为 3 列或者更多。两边的两列区域比较小，一般是导航超链接和小型图片广告等，中间是网站的主要内容，最下面是网站的版权信息等。

③ 标题正文型结构的顶端是网站标识和标题，下面是网页正文，内容比较简单。

④ 分栏型结构一般分为左右(或上下)两栏，也有的分为多栏。一般将导航链接与正文放在不同的栏中，这样打开新的网页，导航链接栏的内容不会发生变化。

⑤ Flash 型结构采用 Flash 技术来完成，其视觉效果和听觉效果与传统网页不同，往往能够给浏览者以极大的冲击，这种网页逐渐被年轻人所喜爱。

⑥ 封面型结构，往往首先看到的是一幅图片或动画，在图片或动画的下面有一个进入下一级网页的超链接提示文字。其中图片或动画可以用 Flash 来制作，与 Flash 型不同，这种结构并不是在 Flash 中完成的，而是在网页制作软件中完成的。

什么样的布局是最好的，要具体情况具体分析：如果内容非常多，就要考虑用“国”字形或拐角形；如果内容不算太多而一些说明性的东西比较多，则可以考虑标题正文型；这几种框架结构的共同特点就是浏览方便、速度快，但结构变化不灵活；如果是企业网站想展示企业形象或个人主页想展示个人风采，封面性是首选；Flash 型更灵活些，好的 Flash 大大丰富了网页，但它不能表达过多的文字信息。注意事项网页的排版布局是决定网站美观与否的一个重要方面，只有合理、有创意的布局，才能把文字、图像等内容完美地展现出来。

6.2.2 页面元素定位

在网页文件中，会涉及很多的页面元素，如何将这些页面元素有机地组合起来，达到满意的视觉效果，必须把这些元素放在合适的位置上，这就是页面元素的定位，或称页面布局。

1. 用表格定位页面元素

在网页设计中，表格除了可以用来存放表格化的数据外，还可用表格定位页面元素，实现图文混排，特别是在页面内容比较多的情况下，采用表格进行页面布局，通过设置表格和单元格的属性，可以使页面排列有序、赏心悦目。

2. 使用层定位页面元素

在设计网页时，层也是进行页面元素定位的一个重要手段。使用层可以以像素为单位精确定位页面元素，还可以控制元素的显示层次，显示或隐藏，配合时间轴的使用可制作出动态效果。

3. 使用布局视图设计页面布局

采用布局视图设计页面布局，兼具表格和层的一些优点。用于网页布局设计的传统工具是表格，但表格的最初用途是显示表格化的数据，因此存在着不足。虽然层也可以用来作为布局工具，但由于浏览器兼容性的问题，常常要把层布局转换为表格布局。在

Dreamweaver 中的布局视图以表格为基础，又融合了层的移动灵活的优点，克服了表格的一些缺陷。在布局视图中，可以轻松地在页面上绘制布局表格和单元格，然后根据需要定制或移动单元格到理想位置，进行页面的合理布局。

6.2.3 表格布局

在网页中使用表格显示数据只是表格功能的一部分，表格在网页中更多是用于网页的布局，它的优势在于可以有效地定位网页中不同的元素，也不用担心不同元素之间的影响。为了方便设计者，通常使用表格进行页面布局。

1. 使用布局视图

在 Dreamweaver 8 中提供了 3 种布局视图，即标准、布局和扩展。绘制布局表格通常在布局视图下进行。

(1) 切换到布局视图，可以选择“视图”|“表格视图”|“布局视图”菜单命令，或者是在“插入”工具栏的“布局”类别中，单击“布局模式”按钮，如图 6.9 所示。

图 6.9 工具栏

(2) 打开“从布局模式开始”对话框，如图 6.10 所示。

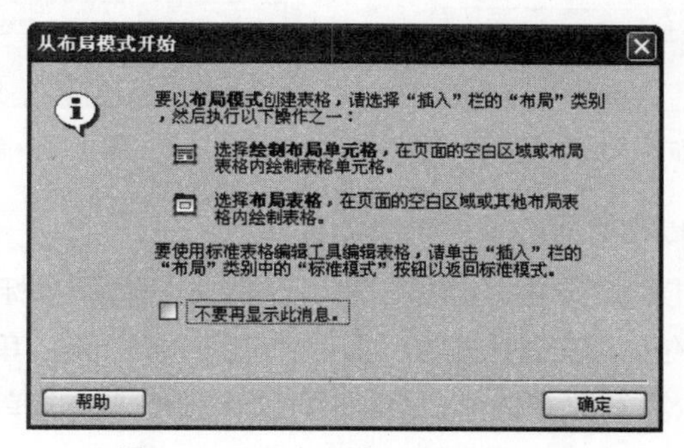

图 6.10 “从布局模式开始”对话框

(3) 单击“确定”按钮，进入布局视图模式，如图 6.11 所示。

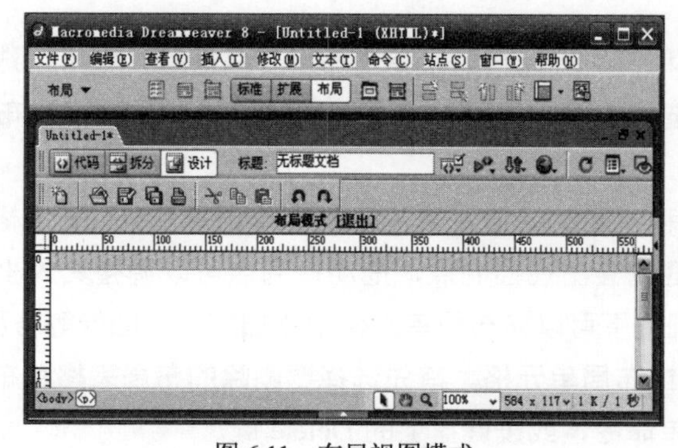

图 6.11 布局视图模式

(4) 单击“退出”按钮，或单击相应的其他视图按钮，退出布局视图。

2. 绘制布局表格和布局单元格

绘制布局表格的操作方法如下。

(1) 切换到布局视图模式，单击“绘制布局表格”按钮，鼠标指针变为“+”形状。在文档窗口中，按住鼠标左键并拖动，可以绘制出布局表格，表格的框线显示为绿色，如图 6.12 所示。

(2) 要想绘制多个布局表格，在按住 Ctrl 键的同时单击“绘制布局表格”按钮。

(3) 每个布局表格都在顶端有标签，并在布局表格的底端或顶端显示表格的大小。

(4) 单击“绘制布局表格”按钮，可以在布局表格内绘制嵌套的布局表格，如图 6.13 所示，嵌套的表格大小不能超过包含它的布局表格。

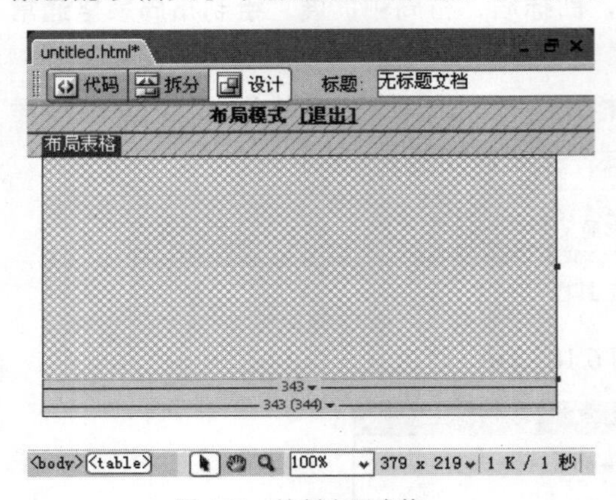

图 6.12　绘制布局表格

图 6.13　嵌套布局表格

绘制布局单元格的操作方法如下。

(1) 切换到布局视图模式，单击“绘制布局单元格”按钮，鼠标指针变为“+”形状，在布局表格中合适位置，按住鼠标左键并拖动，可以绘制出布局单元格，单元格的框线显示为蓝色。

(2) 要绘制多个单元格，可以在按住 Ctrl 键的同时单击“绘制布局单元格”按钮并进行绘制。

3. 编辑布局表格和布局单元格

编辑操作只有在“布局”视图中才可以进行，基本操作有移动、删除、添加内容和调整大小等。

(1) 移动布局表格和布局单元格。若单击布局表格标签，则可以选中布局表格；若单击单元格边框，则可以选择布局单元格。接着用鼠标拖动布局表格或布局单元格到合适位置即可。

(2) 调整布局表格和布局单元格大小。首先选择要调整的布局表格和布局单元格，然后选择的表格或单元格四周会出现控制点，拖动控制点可以调整其大小。最后向单元格中添加内容。在“布局”视图下可以向布局单元格中添加文字和图像等各种网页元素。

(3) 删除布局表格或布局单元格。首先选择要删除的布局表格和布局单元格，然后选择“编辑”|“清除”菜单命令，或按键盘上的 Delete 键。

6.2.4 DIV 和 CSS 布局

通过 6.2.1 小节的学习，读者了解到了 CSS 强大的表现控制功能，特别是在布局方面有很大的优势。相对于代码条理混乱、样式杂糅在结构中的表格布局，CSS 将带来全新的布局方法，使网页设计工作变得更轻松、更自由。

1. DIV 简介

DIV 标签在 Web 标准的网页中使用非常频繁，那么，相对于其他 HTML 继承而来的元素，DIV 标签什么特性也没有，只不过是一种块状元素。正因为 DIV 没有任何特性，所以更容易用 CSS 代码控制样式。DIV 标签是双标签，即以 <div></div> 的形式存在，其间可以放置任何内容，包括其他的 DIV 标签。也就是说，DIV 标签是一个没有任何特性的容器而已，示例代码如下：

```
<!DOCTYPE html PUBLIC "-//W3C//DTD XHTML 1.0 Transitional//EN" "http://www.w3. org/TR/xhtml1/DTD/xhtml1-transitional.dtd">
<html xmlns="http://www.w3.org/1999/xhtml">
<head>
<meta http-equiv="Content-Type" content="text/html; charset=gb2312" />
<title> 初识 div 标签 </title>
</head>
<body>
<div> 第 1 个 div 标签中的内容 </div>
<div> 第 2 个 div 标签中的内容 </div>
<div> 第 3 个 div 标签中的内容 </div>
</body>
</html>
```

代码运行结果如图 6.14 所示。

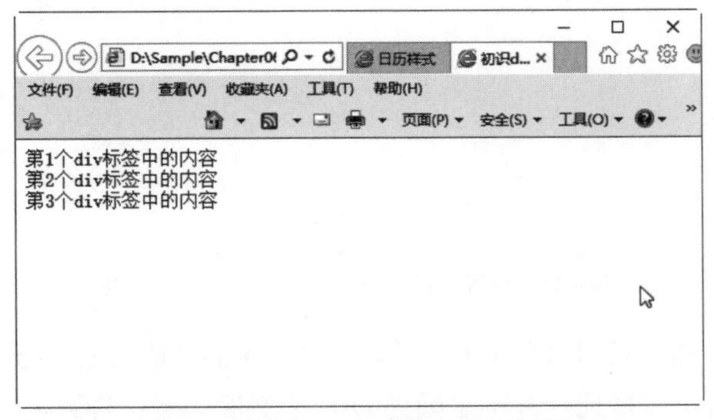

图 6.14 默认的 div 标签示例的运行结果

在没有 CSS 的帮助时，DIV 标签没有任何特别之处，只是无论怎么调整浏览器窗口，每个 DIV 标签占据一行。即默认情况下，一行只能容纳一个 DIV 标签。通过 ID 选择符加入 CSS 代码，使 DIV 拥有背景色及宽度，如图 6.15 所示，示例代码如下：

```
<!DOCTYPE html PUBLIC "-//W3C//DTD XHTML 1.0 Transitional//EN" "http://www. w3.org/TR/ xhtml1/DTD/xhtml1-transitional.dtd">
<html xmlns="http://www.w3.org/1999/xhtml">
<head>
<meta http-equiv="Content-Type" content="text/html; charset=gb2312" />
<title> 初识 div 标签 </title>
<style type="text/css">
        #top,#bt{background-color:#eee;
         }
         #mid{background-color:#999;
                width:250px;
         }
        #bt{width:120px;}
</style>
</head>
<body>
<div id="top"> 第 1 个 div 标签中的内容 </div>
<div id="mid"> 第 2 个 div 标签中的内容 </div>
<div id="bt"> 第 3 个 div 标签中的内容 </div>
</body>
</html>
```

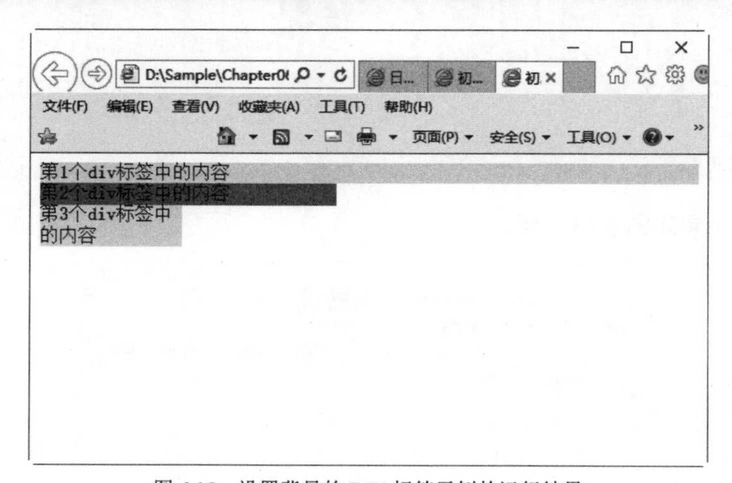

图 6.15　设置背景的 DIV 标签示例的运行结果

通过背景色的设置，可以从图 6.15 中看到 DIV 标签默认占据一行，宽度也为一行的宽度。通过宽度的设置可以发现，并不是因为 DIV 的宽度为一行导致无法容纳后面的 DIV 标签。无论宽度多小，一行始终只有一个 DIV 标签。

DIV 标签作为网页 CSS 布局的主力元素，其优势已经非常明显。相对于表格布局，DIV 更加灵活，因为 DIV 只是一个没有任何特性的容器，CSS 可以非常灵活地对其进行控制，组成网页的每块区域。在大多数情况下，通过 DIV 标签和 CSS 的配合即可完成页面的布局。

2. DIV 和 CSS 布局

XHTML 主要用 DIV 标签进行网页的布局，而控制布局的工具是 CSS 代码，以使网页符合 Web 标准。所以，很多网页设计师把这种布局方法的网页叫做“DIV+CSS”网页。其实这是不太准确的说法，因为 Web 标准不太被行外人士所熟识，导致“DIV+CSS”的概念取代了 Web 标准。Web 标准不仅仅指用 DIV 标签布局 (有时也用其他标签布局)，其含义非常广，需要代码编写良好的结构，有良好的语义以及可读性等。所以“DIV+CSS”制作的网页不一定符合 Web 标准，而符合 Web 标准的网页不一定完全由 DIV 标签布局。

3. DIV 元素的样式设置

若要使用 div 元素进行网页布局，首先需学会使用 CSS 设置 DIV 元素的样式。作为单个 DIV 元素，width 属性用于设置其宽度，height 属性设置其高度。网页默认以像素 (px) 作为固定尺寸的单位，当单位为百分比时，DIV 元素的宽度和高度为自适应状态，即宽度和高度适应浏览器窗口尺寸而变化。示例代码如下：

```
<!DOCTYPE html PUBLIC "-//W3C//DTD XHTML 1.0 Transitional//EN" "http://www. w3.org/TR/ xhtml1/DTD/xhtml1-transitional.dtd">
<html xmlns="http://www.w3.org/1999/xhtml">
<head>
<meta http-equiv="Content-Type" content="text/html; charset=gb2312" />
<title> 设置 div 样式 </title>    // 网页标题
<style type="text/css">
#fst {   // 定义第一个样式 fst
                background-color: #eee;
                        border:1px solid #000;
                        width:300px;
                height:200px;
}
#sec {   // 定义第二个样式 sec
                background-color: #eee;
                        border:1px solid #000;
                width:50%;
                height:25%;
}
</style></head>
<body>
<div id="fst"> 这是固定尺寸的宽度和高度 </div>
<hr />
<div id="sec"> 这是自适应尺寸的宽度和高度 </div>
</body>
</html>
```

为了更方便地看到 DIV 的表现，给两个 div 都设置了浅灰色的背景色和黑色边框，浏览效果如图 6.16 所示。很明显，第 1 个 div 宽度和高度固定；第 2 个 DIV 宽度随着浏览器的宽度变化而变化，但其高度虽然设置为 25%，在示例中 DIV 高度仅和文本高度相当，好像高度设置没有起作用。

其实设置高度自适应有一个前提，DIV 的高度自适应是相对于父容器的高度，本例中 DIV 父容器为 body 或者 html(不同浏览器解析方式不同)。body 或者 html 在本例中没有设置高度，DIV 的高度自适应没有参照物，也就无法生效。

接下来在 CSS 中设置 body 和 html 的高度，就可解决 DIV 的高度自适应问题。body 和 html 的高度直接设置为 100% 即可，不会对页面有任何影响。在上述代码的 CSS 部分加入以下代码，效果如图 6.16 右图所示。

```
html,body{height:100%;}
```

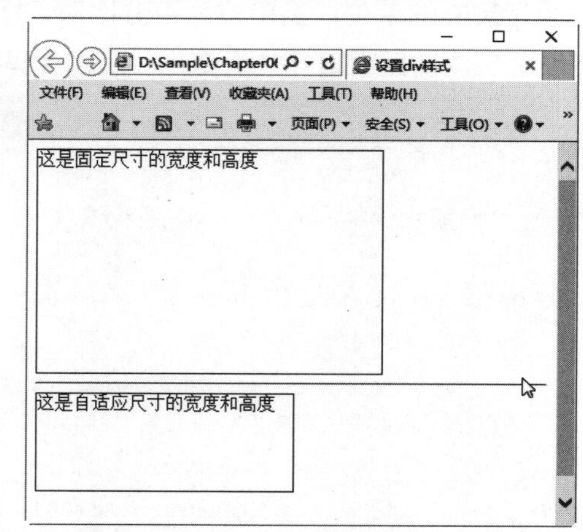

图 6.16　固定和自适应方式设置 DIV 样式示例的运行结果

调整浏览器高度后，第 2 个 DIV 的高度随之变化。各种浏览器对 XHTML 和 CSS 的解析方式有差异，为了考虑多种浏览器的兼容性，html 和 body 可同时设置为 100% 宽度。

4. 布局页面的宽度

由于浏览者的显示分辨率不同，所以在布局页面时要充分考虑页面内容的布局宽度，一旦内容宽度超过显示宽度，页面将出现水平滚动条。尽量保证网页只有垂直滚动条，才符合浏览者的习惯，高度不需要考虑，由页面实际内容决定网页高度。

5. 布局页面水平居中

为了适应不同浏览用户的分辨率，需始终保证页面整体内容居中。使用 HTML 表格布局页面时，只需要设置布局表格的 align 属性为 center 即可。而 DIV 居中没有属性可以设置，只能通过 CSS 控制其位置。在布局页面前，需要把页面的默认边距清除。为了方便操作，常用的方法是使用通配选择符 *，将所有对象的边距清除，即 margin 属性和 padding 属性。margin 属性代表对象的外边距，padding 属性代表对象的内边距，也叫填充。

使 DIV 元素水平居中的方法有多种，常用的方法是用 CSS 设置 DIV 的左右边距，即 margin-left 属性和 margin-right 属性。当设置 DIV 左外边距和右外边距的值为 auto，即自动

时，左外边距和右外边距将相等，即达到了 DIV 水平居中的效果。示例代码如下：

```
<!DOCTYPE html PUBLIC "-//W3C//DTD XHTML 1.0 Transitional//EN" "http://www.w3. org/TR/xhtml1/DTD/xhtml1-
transitional.dtd">
<html xmlns="http://www.w3.org/1999/xhtml">
<head>
<meta http-equiv="Content-Type" content="text/html; charset=gb2312" />
<title> 设置 div 水平居中 </title>
<style type="text/css">
*{margin:0px;
 padding:0px;
                }
#all{width:75%;
                 height:200px;
                background-color:#eee;
                border:1px solid #000;
                margin-left:auto;
                margin-right:auto;
                }
</style>
</head>
<body>
    <div id="all"> 布局页面内容 </div>
</body>
</html>
```

为了更方便地看到 DIV 的表现，给 DIV 设置了浅灰色的背景色和黑色边框，浏览效果如图 6.17 所示。设置外边距的 CSS 代码可以进一步简化，使用 margin 属性，代码如下：

```
margin:0px auto;
```

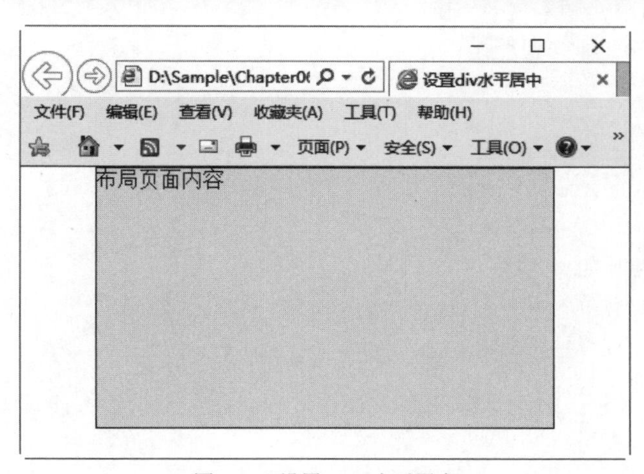

图 6.17　设置 DIV 水平居中

margin 属性值前面的 0 代表上边距和下边距为 0 像素，auto 代表左边距和右边距为 auto，即自动设置。应当注意的是，0px 和 auto 之间使用空格符号分隔，而不是逗号。还有一种方法是使用 html 或 body 的 text-align 属性，设置其值为 center，即所有对象居中。这样会导致页面文本居中，所以不推荐使用，代码如下：

```
html,body{text-align:center;}
```

6. DIV 元素的嵌套

类似于表格布局页面，为了实现复杂的布局结构，DIV 元素也需要互相嵌套。不过在布局页面时尽量少嵌套，因为 XHTML 元素多重嵌套将影响浏览器对代码的解析速度。示例代码如下：

```
<!DOCTYPE html PUBLIC "-//W3C//DTD XHTML 1.0 Transitional//EN" "http://www.w3. org/TR/ xhtml1/DTD/xhtml1-transitional.dtd">
<html xmlns="http://www.w3.org/1999/xhtml">
<head>
<meta http-equiv="Content-Type" content="text/html; charset=gb2312" />
<title>div 嵌套 </title>
<style type="text/css">
*{margin:0px;
        padding:0px;
        }
#all{width:400px;
        height:300px;
                background-color:#600;
        margin:0px auto;
                }
#one{width:300px;
        height:120px;
        background-color:#eee;
        border:1px solid #000;
                margin:0px auto;
        }
#two{width:300px;
        height:120px;
         background-color:#eee;
         border:1px solid #000;
         margin:0px auto;
         }
</style>
</head>
<body>
<div id="all">
```

```
            <div id="one"> 顶部 </div>
            <div id="two"> 底部 </div>
    </div>
    </body>
    </html>
```

为了更方便地看到 DIV 的表现，给内部 DIV 设置了浅灰色的背景色和黑色边框，而外部的 DIV 为深红色背景色。本示例综合了 DIV 居中的知识，内部的两个 DIV 水平居中在其父容器 (外部 DIV) 中。DIV 元素嵌套示例的运行效果如图 6.18 所示。

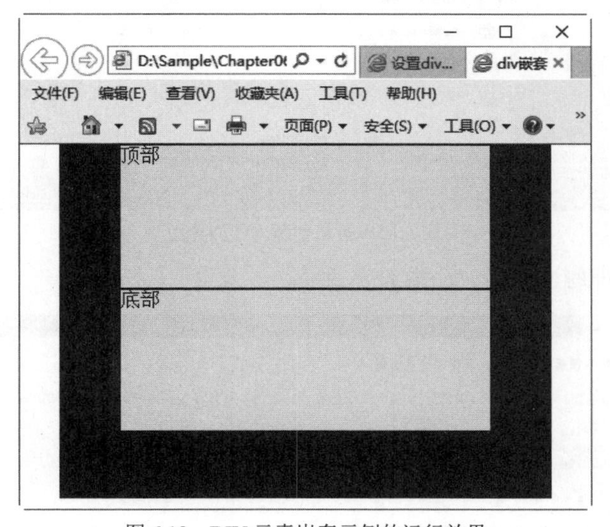

图 6.18　DIV 元素嵌套示例的运行效果

6.3　主题

主题是属性设置的集合，通过使用主题的设置能够定义页面和控件的样式，然后在某个 Web 应用程序中应用到所有的页面，以及页面上的控件，以简化样式控制。

几乎所有控件都有外观属性，如前景色、背景色、字体等。在设计某个网站时一般要求风格相同，但一个一个控件地设置需要做大量重复性工作，并且容易出错，这时使用 ASP.NET 主题来进行设置是一个非常不错的选择。

6.3.1　创建并使用主题

主题包括一系列元素，这些元素分别是样式、级联样式表 (CSS)、图像和其他资源。主题文件的后缀名称为 .skin，创建主题后，主题文件通常保存在 Web 应用程序的特殊目录下，以便使这些文件能够在页面中进行全局访问。

在 ASP.NET 项目中新建主题文件，其界面如图 6.19 所示。

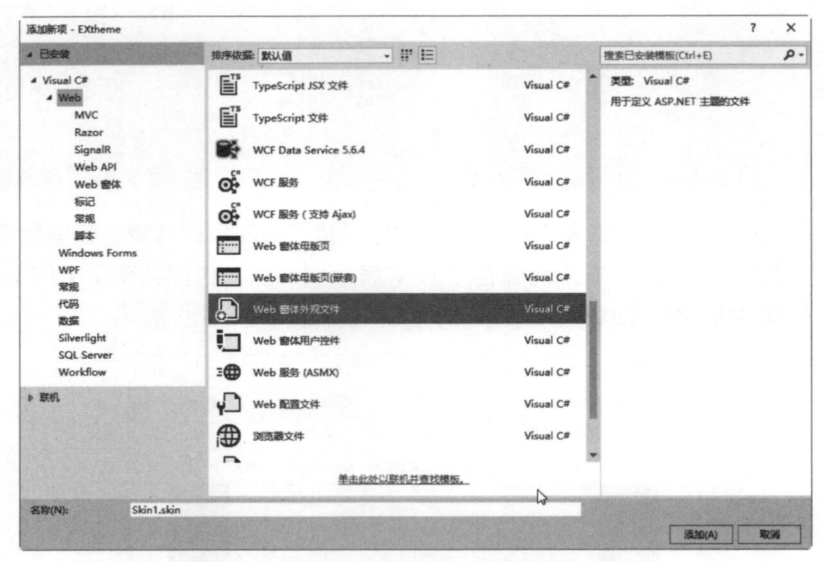

图 6.19　新建主题文件的界面

将弹出样式文件编辑窗口，如图 6.20 所示。

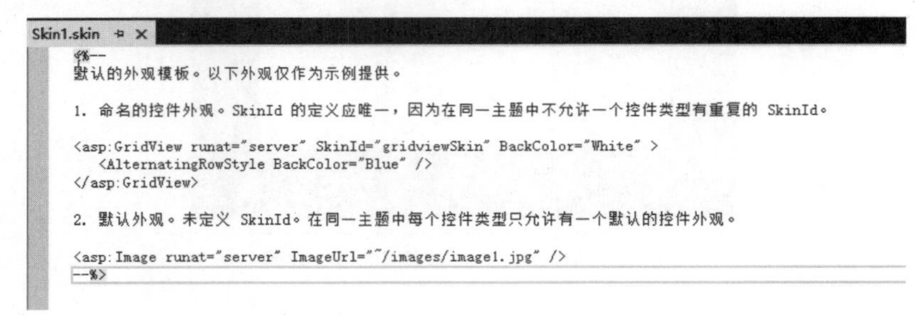

图 6.20　样式文件编辑窗口

在主题文件中编写代码可以对控件进行主题配置，示例代码如下：

```
<asp:Calendar runat="server" BackColor="White" BorderColor="Black" BorderStyle="Solid" CellSpacing="1"
Font-Names="Verdana" Font-Size="9pt" ForeColor="Black" Height="250px" NextPrevFormat="ShortMonth"
SkinID="blue" Width="330px">   // 创建 SkinID 为 blue 的主题
    <SelectedDayStyle BackColor="#333399" ForeColor="White" />
    <TodayDayStyle BackColor="#999999" ForeColor="White" />
    <OtherMonthDayStyle ForeColor="#999999" />
    <DayStyle BackColor="#CCCCCC" />
    <NextPrevStyle Font-Bold="True" Font-Size="8pt" ForeColor="White" />
    <DayHeaderStyle Font-Bold="True" Font-Size="8pt" ForeColor="#333333" Height="8pt" />
    <TitleStyle BackColor="#333399" BorderStyle="Solid" Font-Bold="True" Font-Size="12pt"ForeColor=
"White"Height="12pt" />
</asp:Calendar>
<asp:Calendar runat="server" BackColor="White" BorderColor="#999999" CellPadding="4" DayNameFormat
="Shortest" Font-Names="Verdana" Font-Size="8pt" ForeColor="Black" Height="180px" SkinID="now" Width
="200px">   // 创建 SkinID 为 now 的主题
```

```
        <SelectedDayStyle BackColor="#666666" Font-Bold="True" ForeColor="White" />
        <SelectorStyle BackColor="#CCCCCC" />
        <WeekendDayStyle BackColor="#FFFFCC" />
        <TodayDayStyle BackColor="#CCCCCC" ForeColor="Black" />
        <OtherMonthDayStyle ForeColor="#808080" />
        <NextPrevStyle VerticalAlign="Bottom" />
        <DayHeaderStyle BackColor="#CCCCCC" Font-Bold="True" Font-Size="7pt" />
        <TitleStyle BackColor="#999999" BorderColor="Black" Font-Bold="True" />
    </asp:Calendar>
```

上述代码创建了两种日历控件的主题，这两个日历控件的主题分别为 SkinID="blue" 和 SkinID="now"。值得注意的是，SkinID 属性在主题文件中是必需且唯一的，因为这样才可以在相应页面中为控件配置所需要使用的主题，加入代码如下：

```
<asp:Calendar ID="Calendar1" runat="server" SkinID="blue"></asp:Calendar>
<asp:Calendar ID="Calendar2" runat="server" SkinID="now"></asp:Calendar>
```

上述控件并没有对控件进行样式控制，只是声明了 SkinID 属性，当声明了 SkinID 属性后，系统会自动在主题文件中找到相匹配的 SkinID，并将主题样式应用到当前控件。在使用主题的页面，必须声明主题，如果不声明主题，则无法找到页面中控件需要使用的主题，其语法如下：

```
<%@ Page Language="C#" AutoEventWireup="true" CodeBehind="default.aspx.cs" Inherits="EXtheme._
default"Theme="Skin1" %>
```

在页面声明主题后，控件就能够使用 skin1.skin 文件中的主题，通过 SkinID 属性，控件可以选择主题文件中的主题。运行结果如图 6.21 所示。

图 6.21 选择不同的主题

主题还可以包括级联样式表 (CSS 文件)，将 .css 放置在主题目录中，样式表则会自动应用为主题的一部分，不仅如此，主题还可以包括图片和其他资源。

6.3.2 页面主题和全局主题

用户可以为每个页面设置主题，这种情况称为“页面主题”。也可以为应用程序的每个页面都设置主题，在每个页面使用默认主题，这种情况称为“全局主题”。

页面主题是一个主题文件夹，其中包括控件的主题、层叠样式表、图形文件和其他资源文件，这个文件夹是作为网站中的“\App_Themes”文件夹和子文件夹创建的。每个主题都是“\App_Themes”文件夹的一个子文件夹，如图 6.21 所示。

使用全局主题，可以让应用程序中的所有页面都使用该主题，当维护同一个服务器上的多个网站时，可以使用全局主题定义应用程序的整体外观。当需要使用全局主题时，则可以通过修改 Web.config 配置文件中的 <pages> 配置进行主题的全局设定。

使用全局主题和使用页面主题的方法基本相同，它们都包含属性设置、样式设置和图形。但是全局主题与页面主题所不同的是，全局主题存放在服务器上的公共文件夹中，这个文件夹通常命名为 Theme。服务器上的任何 Web 应用程序都能够使用 Theme 文件夹中的主题。主题能够和 CSS 文件一样，进行页面布局和控件样式控制，但是主题和 CSS 文件的描述不同，所能够完成的功能也不同，其主要区别如下。

◎ 主题可以定义控件的样式，不仅能够定义样式属性，还能够定义其他样式，包括模板。

◎ 主题可以包括图形等其他主题元素文件。

◎ 主题的层叠方式与 CSS 文件的层叠方式不同。

◎ 一个页面只能应用于一个主题，而 CSS 可以被多个文件应用。

主题不仅能够进行控件的样式定义，还能够定义模板，这样减少了相同类型控件的模板编写操作。但是主题也有缺点，一个页面只能应用一个主题，而无法应用多个主题。与之相反的是，一个页面能够应用多个 CSS 文件。

主题与 CSS 相比，主题在样式控制上还有很多不够强大的地方，而 CSS 页面布局的能力比主题更加强大，样式控制更加友好。

6.3.3 应用和禁用主题

通常情况下，可以在网站目录下的“App_Themes”文件夹下定义主题，然后在页面中进行主题的使用声明，这样在页面中就能够使用主题了。制作主题的过程也非常简单，在“App_Themes”文件夹下新建一个文件夹，则这个文件夹的名称就会作为主题名称在应用程序中保存。同样，开发人员能够在文件夹中新增“.skin”文件以及“.css”文件和图形图像文件来修饰主题，这样一个主题就制作完毕并能够在页面中使用了。

很多情况下，在 Web 开发中需要定义全局主题，这样 Web 应用程序就能够使用这个主题，全局主题通常放在一个特殊的目录下，放在这个目录下的主题能够被服务器上的任何网站以及网站中的任何应用所引用。全局主题存放的目录如下：

```
Iisdefaultroot\aspnet_client\system_web\version\Themes
```

在全局主题目录下，可以创建任何主题文件，这样在网站上的其他 Web 应用也能够使

用全局主题作为主题。在主题的编写过程中，通常需要以下几个步骤。

① 添加项目，包括 .skin、.css 以及其他文件。

② 创建样式，包括对控件属性的定义。

③ 在页面中声明并使用样式。

通过以上 3 个步骤能够创建并使用样式，但是值得注意的是，在创建样式文件时，必须保存为 .skin 文件并且主题中控件的定义必须包括 SkinID 属性且不能包括 ID。在样式中，对控件属性的描述同样必须要包括 runat="server" 标记，这样才能保证样式文件中控件样式描述是正确和可读的，示例代码如下：

```
<asp:Calendar runat="server" BackColor="White" BorderColor="Black" BorderStyle="Solid" CellSpacing ="1"
Font-Names="Verdana" Font-Size="9pt" ForeColor="Black" Height="250px" NextPrevFormat= "ShortMonth"
SkinID="blue" Width="330px">
    <SelectedDayStyle BackColor="#333399" ForeColor="White" />
    <TodayDayStyle BackColor="#999999" ForeColor="White" />
    <OtherMonthDayStyle ForeColor="#999999" />
    <DayStyle BackColor="#CCCCCC" />
    <NextPrevStyle Font-Bold="True" Font-Size="8pt" ForeColor="White" />
    <DayHeaderStyle Font-Bold="True" Font-Size="8pt" ForeColor="#333333" Height="8pt" />
    <TitleStyle BackColor="#333399" BorderStyle="Solid" Font-Bold="True" Font-Size="12pt" ForeColor= "White"
Height="12pt" />
</asp:Calendar>
```

在定义控件的样式后，就可以在单个页面进行样式的声明和使用，示例代码如下：

```
<%@ Page Language="C#" AutoEventWireup="true" CodeBehind="default.aspx.cs" Inherits="EXtheme2._default"
Theme="Skin1" %>
```

同样也可以使用 StyleSheetTheme 属性进行页面主题的设置，修改代码如下：

```
<%@ Page Language="C#" AutoEventWireup="true" CodeBehind="default.aspx.cs" Inherits="EXtheme2._default"
StylesheetTheme="Skin1" %>
```

如果需要使用全局主题，则要在 Web.config 配置文件中定义全局主题，示例代码如下：

```
<system.web>
        <pages theme="MyTheme1">
        </pages>
</system.web>
```

在使用主题后，对于控件属性的编写是没有任何效果的，示例代码如下：

```
    <asp:Calendar ID="Calendar1" runat="server" SkinID="blue" BackColor="#FFFFCC" BorderColor= "#FFCC66"
BorderWidth="1px" DayNameFormat="Shortest" Font-Names="Verdana" Font-Size="8pt" ForeColor="#663399"
Height="200px" ShowGridLines="True" Width="220px">
        <SelectedDayStyle BackColor="#CCCCFF" Font-Bold="True" />
```

```
        <SelectorStyle BackColor="#FFCC66" />
        <TodayDayStyle BackColor="#FFCC66" ForeColor="White" />
        <OtherMonthDayStyle ForeColor="#CC9966" />
        <NextPrevStyle Font-Size="9pt" ForeColor="#FFFFCC" />
        <DayHeaderStyle BackColor="#FFCC66" Font-Bold="True" Height="1px" />
        <TitleStyle BackColor="#990000" Font-Bold="True" Font-Size="9pt" ForeColor="#FFFFCC" />
    </asp:Calendar>
```

上述代码编写了一个控件的属性，其中某些属性被主题覆盖。简单地说，局部的设置将会服从全局的设置，即页面上的控件已经具备自己的属性设置，但是当指定了 SkinID 属性后，部分属性将会服从全局属性设置，如图 6.22 所示。

图 6.22　运行后的控件样式

虽然本地属性设置为另一种样式，但是运行后的控件样式却不是本地属性配置的样式，因为其中的某些属性已经被主题更改。在设置页面或者全局主题的 StyleSheetTheme 属性时，将主题作为样式表主题应用的话，本地页的设置将优先于主题中定义的设置，即局部设置将会覆盖全局设置。

对于主题而言，如果本地主题及全局主题都存在，并且控件本身的属性和使用的主题属性都一样，则其本身的属性将会被全局属性更改，全局属性中没有的属性将继续保留。而相对于 CSS 文件而言，如果本地 CSS 描述和全局 CSS 描述都存在，包括控件本身的 CSS 描述和内嵌式 CSS 文件的描述都一样时，相反地，本地 CSS 描述会替代全局的 CSS 描述。

对于有些情况，主题会重写控件外观的本地设置。当控件或页面已经定义了外观，而又不希望全局主题将本地主题进行重写和覆盖时，可以禁用主题的覆盖行为。对于页面，可以用声明的方法进行禁用，在页面中加入代码如下：

```
    <%@ Page Language="C#" AutoEventWireup="true" EnableTheming="false" %>
```

当页面需要某个主题的属性描述，而又希望单个控件不被主题描述时，同样可以通过EnableTheming属性进行主题禁止，在页面中加入代码如下：

```
<asp:Calendar ID="Calendar3" runat="server" EnableTheming="False">
</asp:Calendar>
```

这样就可以保证该控件不会被主题描述和控制，而页面和页面的其他元素可以使用主题描述中的相应属性。

6.3.4 用编程的方法控制主题

在主题制作完成后，很多时候用户希望能够根据需要自行更改主题，通过编程手段，只要更改StyleSheetTheme属性就能够对页面的主题进行更改。通过这种方法不仅能够更改页面的主题，同样可以更改控件的主题，达到动态更改控件主题的效果。StyleSheetTheme属性的更改代码只能编写在PreInit事件中，示例代码如下：

```
protected void Page_PreInit(object sender, EventArgs e)
{
    switch (Request.QueryString["theme"]) {
            case "MyTheme1":            // 判断主题
                Page.Theme = "MyTheme1"; break;              // 更改主题
            case "MyTheme2":            // 判断主题
                Page.Theme = "MyTheme2"; break;      // 更改主题
        }
    }
```

上述代码是通过更改Page的StyleSheetTheme属性对页面的主题进行更改，在编程的过程中，同样可以使用更加复杂的编程方法实现主题的更改。在更改页面的代码中，必须首先重写StyleSheetTheme属性，然后通过其中的get访问器返回样式表的主题名称，示例代码如下：

```
public override String StyleSheetTheme
{
    get// 获取主题
    {
        return "MyTheme1";     // 返回主题名称
    }
}
```

对于控件，可以通过更改控件的SkinID属性来对控件的主题进行更改，示例代码如下：

```
protected void Page_PreInit(object sender, EventArgs e)
{
    Calendar3.SkinID = "blue";      // 更改 SkinID 属性
}
```

上述代码通过修改控件的 SkinID 属性修改控件的主题，在控件中，SkinID 属性是能够将控件与主题进行联系的关键属性。

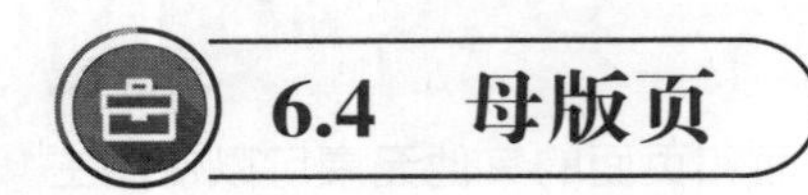

6.4 母版页

在 Web 应用开发过程中，经常会遇到 Web 应用程序中的很多页面的布局都相同这种情况。在 ASP.NET 中，可以使用 CSS 和主题减少多页面的布局问题，但是 CSS 和主题在很多情况下还无法胜任多页面的开发，这时就需要使用母版页。

6.4.1 在 ASP.NET 中创建母版页

开发人员能够使用母版页定义某一组页面的呈现样式，甚至能够定义整个网站页面的呈现样式，Visual Studio 2015 能够轻松地创建母版页文件，对网站的全部或部分页面进行样式控制。单击“添加项”选项，选择“母版页”项目，即可向项目中添加一个母版页，如图 6.23 所示。

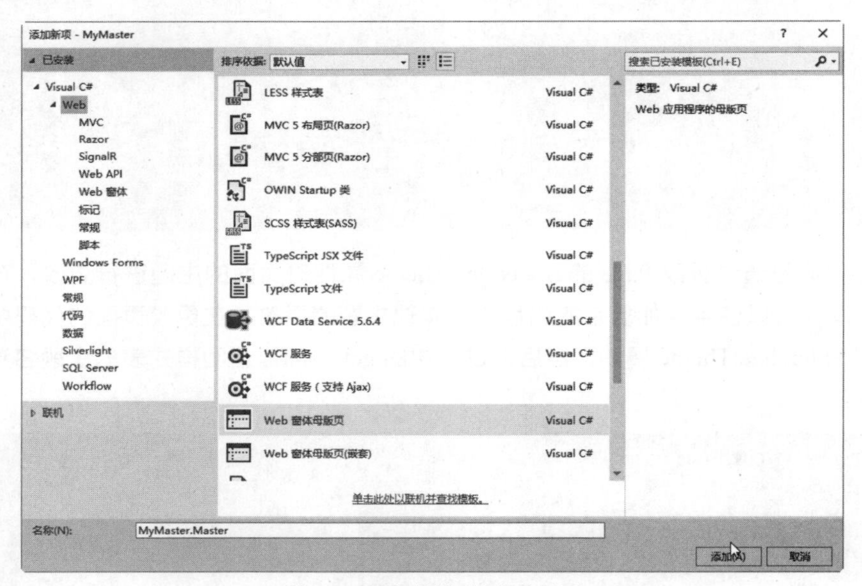

图 6.23　添加母版页的操作界面

母版页的后缀名为 .master。母版页与 Web 窗体在结构上基本相同，与 Web 窗体不同的是，母版页不是使用 Page 的方法声明，而是使用 Master 关键字进行声明，其语法如下：

```
<%@ Page Title="" Language="C#" MasterPageFile="~/MyMaster.Master" AutoEventWireup="true"
CodeBehind="default.aspx.cs" Inherits="MyMaster._default" %>
```

母版页的结构基本同 Web 窗体，但是母版页通常情况下是用来进行页面布局。当 Web 应用程序中的很多页面的布局都相同，甚至中间需要使用的用户控件、自定义控件、样式

表都相同时，则可以在一个母版页中定义和编码，对一组页面进行样式控制。编写母版页的方法非常简单，只需要像编写 HTML 页面一样就可以编写母版页。在编写网站页面时，首先需要确定通用的结构，并且确定需要使用控件或 CSS 页面，如图 6.24 所示。

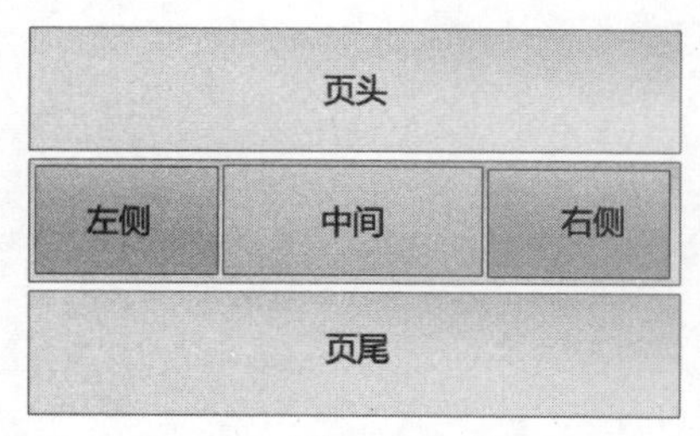

图 6.24　母版页的页面布局

在确定了母版页布局的通用结构后，就可以编写母版页的结构了。这里使用 Table 进行布局，在布局前，首先需要定义若干样式，示例代码如下：

```
<style type="text/css">
    body
    {
     font-size:12px;
     text-align:center;
    }
    .style1
    {
        width: 100%;
        height: 129px;
    }
    .style2
    {
        background:url('images/bg.jpg') repeat-x;
        height: 111px;
        text-align: center;
        font-size:18px;
        font-weight:bolder;
    }
    .style3
    {
    background:url('images/bg.jpg') repeat-x;
        height: 94px;
    }
    .style4
    {
    background:url('images/bg2.jpg') repeat-x;
        width: 129px;
```

```
        }
        .style5
        {
        background:url('images/bg2.jpg') repeat-x;
            width: 476px;
        }
        .style6
        {
        background:url('images/bg2.jpg') repeat-x;
        }
    </style>
```

这些代码规定了一些基本样式，用来制表以及页面的布局，整页布局代码如下：

```
<body>
    <form id="form1" runat="server">
    <div>
        <table class="style1">
            <tr>
                <td class="style2">
                    标题 </td>
            </tr>
            <tr>
                <td>
                    <table class="style1">
                        <tr>
                            <td class="style4">
                                左侧 </td>
                            <td class="style5">
                                中间 </td>
                            <td class="style6">
                                右侧 </td>
                        </tr>
                    </table>
                </td>
            </tr>
            <tr>
                <td class="style3">
                底部说明
                </td>
            </tr>
        </table>
    </div>
```

```
        </form>
    </body>
```

上述代码对页面进行了布局，并定位了头部、中部和底部三部分，而中部又分为左侧、中间和右侧三部分，布局完成后效果如图 6.25 所示。

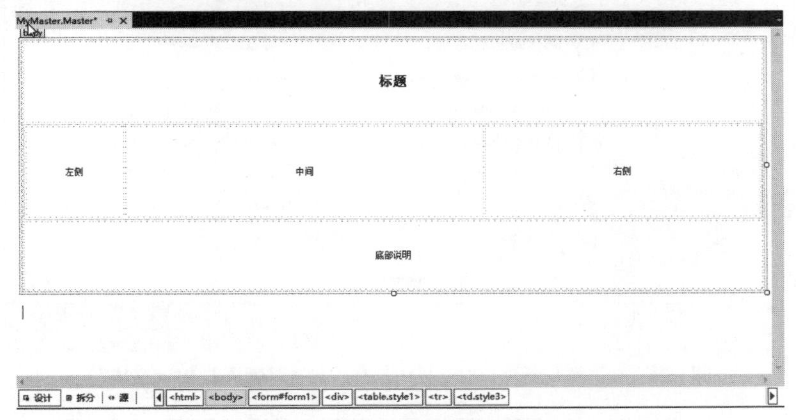

图 6.25　母版页的最终布局效果

通过编写 HTML，就能够进行母版页的布局，不仅如此，母版页还能够嵌入控件、用户控件和自定义控件，方便母版页中通用模块的编写。母版页提供一个对象模型，其他页面能够通过母版页快速地进行样式控制和布局，使用母版页具有以下好处。

① 母版页可以集中地处理页面的通用功能，包括布局和控件定义。

② 使用母版页可以定义通用性的功能，包括页面中某些模块的定义，这些模块通常由用户控件和自定义控件实现。

③ 母版页允许控制占位符控件的呈现方式。

④ 母版页能够为其他页面提供项目模型，其他页面能够使用母版页进行二次开发。

⑤ 母版页能够将页面布局集中到一个或若干个页面中，这样无须在其他页面中过多地关心页面布局。

6.4.2　使用母版页创建内容窗体

使用母版页的页面被称为内容窗体 (也称为内容页)。内容窗体不是专门负责设计的页面，它们只需要关注一般页面的布局、事件以及窗体结构即可，所以内容窗体无须过多地考虑页面布局。当用户请求内容窗体时，内容窗体将与母版页合并，并且将母版页的布局和内容窗体的布局组合在一起呈现到浏览器。

创建内容窗体的方法基本与 Web 窗体一样，在 Visual Studio 2015 中创建 Web 窗体时，可以选择单独的内容页，如图 6.26 所示。

单击“添加”按钮，系统会提示选择相应的母版页，选择相应的母版页后，单击“确定”按钮即可创建内容窗体，如图 6.27 所示。

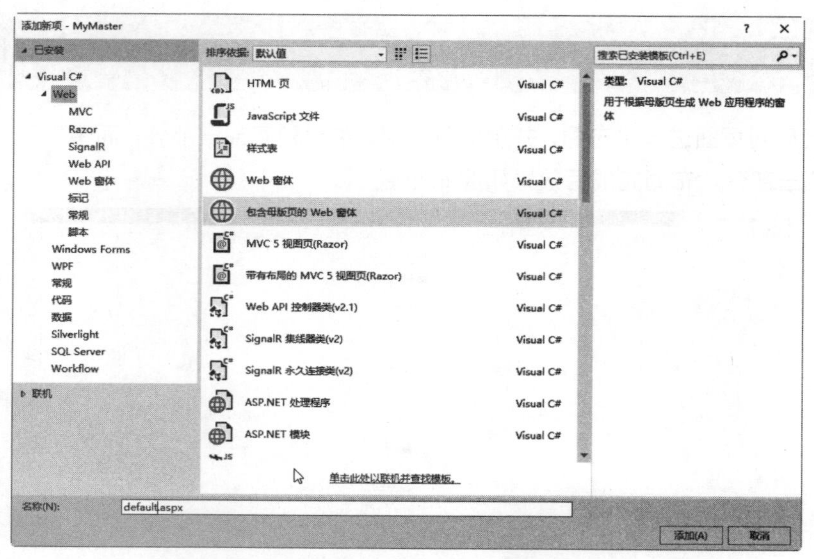

图 6.26　在“添加新项”对话框中选择“包含母版页的 Web 窗体”

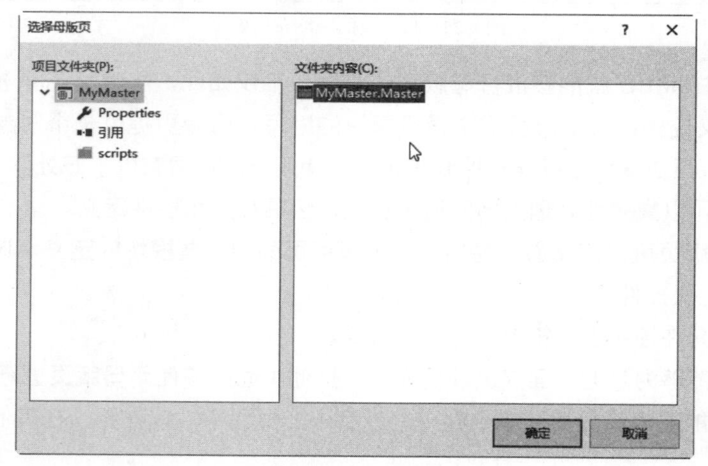

图 6.27　选择母版页

选择母版页后，系统会自动将母版页和内容整合在一起，如图 6.28 所示。

图 6.28　使用母版页整合内容

在使用母版页之后，内容窗体不能修改母版页中的内容，也无法向母版页中新增 HTML 标签，在编写母版页时，必须使用容器让相应的位置能够在内容页中被填充。按照其方法编写母版页，内容窗体不能够对其中的文字进行修改，也无法在母版页中插入文字。在编写母版页时，如果需要在某一区域能够允许内容窗体新增内容，就必须使用 ContentPlaceHolder 控件作占位，在母版页中示例代码如下：

```
<asp:ContentPlaceHolder ID="ContentPlaceHolder1" runat="server">
</asp:ContentPlaceHolder>
```

在母版页中无须编辑此控件，当内容窗体使用了相应的母版页后，则能够通过编辑此控件并向此占位控件中添加内容或控件。单击 ContentPlaceHolder 控件，并单击 Content 任务，可在占位控件中增加控件或自定义内容。

编辑完成后，整个内容窗体就编写完毕了。内容窗体无须进行页面布局，也无法进行页面布局；否则会抛出异常。在内容窗体中，只需要按照母版页中的布局进行控件的拖放即可。

6.4.3 母版页的运行方法

在使用母版页时，母版页和内容页通常是协调运作的。在母版页运行后，内容窗体中 ContentPlaceHolder 控件会被映射到母版页的 ContentPlaceHolder 控件，并向母版页中的 ContentPlaceHolder 控件填充自定义控件。运行后，母版页和内容窗体将会整合形成结果页面，然后呈现给用户的浏览器。母版页运行的具体步骤如下。

◎ 通过 URL 指令加载内容页面。

◎ 页面指令被处理。

◎ 将更新过内容的母版页合并到内容页面的控件树里。

◎ 单独的 ContentPlaceHolder 控件的内容被合并到相对的母版页中。

◎ 合并的页面被加载并在浏览器中显示。

从浏览者的角度来说，母版页和内容窗体的运行并没有本质的区别，因为在运行过程中，其 URL 是唯一的。而从开发人员的角度来说，实现的方法不同，母版页和内容窗体分别是单独而离散的页面，分别进行各自的工作，在运行后合并生成相应的结果页面呈现给用户。在内容页中使用，母版页无须存放在特殊的目录中，只需放在普通的目录文件中即可，内容页需要使用母版页时，只需使用 MasterPageFile 属性即可，示例代码如下：

```
<%@ Page Language="C#" MasterPageFile="~/MyMaster.Master" AutoEventWireup="true" CodeBehind="default.aspx.cs" Inherits="MyMaster._default" Title=" 无标题页 " %>
```

使用 MasterPageFile 属性能够声明母版，Page 指令中的 MasterPageFile 属性会解析为一个 .master 页面，在运行时，就能够将母版页和内容窗体合并为一个 Web 窗体并在浏览器中显示。

强化练习

本章对 CSS、DIV 标签、样式和主题做了详细的介绍，通过使用 CSS，能够优化网页代码布局，提高网页的友好度，增加用户黏度。同样，使用 DIV 标签、样式和主题能够有效地控制控件的样式，并能够通过编程的方法动态地更改样式和主题，增强了代码的复用性。同时，本章还介绍了母版页，通过母版页能够将页面布局和控件进行分离，母版页只需对页面进行布局和样式控制，而内容窗体只需要镶嵌相应的控件即可。本章还介绍了 CSS 常用属性、在文本和控件上使用 CSS、使用主题和禁用主题的方法、母版页的运行方法以及母版页的嵌套操作。

练习 1：

练习 CSS 规则。该练习参考 6.1 节讲解的知识。

创建一个 CSS 规则，将占位中所有二级标题 (h2) 的样式设置如下。

◎ 字体使用 Arial Black。

◎ 字体颜色设置为蓝色。

◎ 字体大小设置为 21px。

◎ 字体使用斜体。

练习 2：

练习主题。该练习参考 6.3 节讲解的知识。

在 ASP.NET 项目中新建主题文件，对项目中控件进行主题配置。

练习 3：

练习母版页。该练习参考 6.4 节讲解的知识。

在 ASP.NET 项目中新建母版页文件，在项目中使用母版页创建内容窗体。

常见疑难解答

问：什么是 CSS ?

答：CSS(Cascading Style Sheets，层叠样式表)是一系列格式设置规则，内容与表现形式相互分开。使用 CSS 可以非常灵活并更好地控制页面的外观，从精确的布局定位到特定的字体和样式等。

问：什么是主题？

答：主题是属性设置的集合，通过使用主题的设置能够定义页面和控件的样式，然后在某个 Web 应用程序中应用到所有的页面以及页面上的控件，以简化样式控制。

问：主题和样式有什么关系？

答：主题包括一系列元素，这些元素分别是样式、级联样式表 (CSS)、图像和其他资源。

问：什么是母版页？在什么情况下会用到母版页？

答：在 Web 应用开发过程中，经常会遇到 Web 应用程序中的很多页面布局都相同这种情况。在 ASP.NET 中，可以使用 CSS 和主题减少多页面的布局问题，但是 CSS 和主题在很多情况下还无法胜任多页面的开发，这时就需要使用母版页。

问：母版页和内容页之间的关系如何建立？

答：内容页不是专门负责设计的页面，它们只需要关注一般页面的布局、事件以及窗体结构即可，所以内容窗体无须过多地考虑页面布局。当用户请求内容页时，内容页将与母版页合并，并且将母版页的布局和内容窗体的布局组合在一起在浏览器中显示。

第7章 使用ADO.NET访问数据库

内容导读

ADO.NET 是 .NET Framework 中的一套类库，对数据库的操作进行封装，它将会使您更加方便地在应用程序中使用数据。在 ASP.NET 页面中读取或者写入数据时，只需编写少量代码即可。

本章将讲解数据库的基本知识、ADO.NET 模型以及在 ASP.NET 中如何使用 ADO.NET 对象建立数据库连接并操作数据库数据。

通过本章的学习，读者应该重点掌握 ADO.NET 模型和如何使用 ADO.NET 模型对象。并且可以通过 ADO.NET 模型来操作数据库的数据。

学习目标

- ◆ 了解数据库的基础知识
- ◆ 熟悉结构化查询语句 SQL
- ◆ 熟悉 ADO.NET 模型
- ◆ 掌握连接到不同数据库的方法及数据库访问的方法
- ◆ 掌握使用数据适配器操作数据的方法

课时安排

- ◆ 理论学习 4 课时
- ◆ 上机操作 4 课时

7.1 数据库的基础知识

数据库是实现在应用程序中承载数据的重要工具，通过数据库可以让 ASP.NET 网站程序中用来动态交互的数据得以存储，本节将对其进行详细讲解。

7.1.1 数据库概述

1. 数据库的定义

对于数据库的定义，不同的人给出的定义是不同的。例如，有人称数据库是一个“记录保存系统”(该定义强调了数据库是若干记录的集合)。也有人称数据库是“人们为解决特定的任务，以一定的组织方式存储在一起的相关的数据集合”(该定义侧重于数据的组织)。也有人称数据库是“一个数据仓库”。当然，对于这些说法，虽然很形象，但并不严谨。

严格地说，数据库是“按照数据结构来组织、存储和管理数据的仓库”。在日常工作中，人们常常需要把某些相关的数据放进这样的“仓库”，并根据管理的需要进行相应的处理。例如，在一个学校的人事部门常常要把本单位教师的基本情况(教师号、姓名、年龄、性别、籍贯、工资、简历等)存放在表中，这张表就可以看成一个数据库。有了这个“数据仓库”，就可以根据需要随时查询某个教师的基本情况，也可以查询工资在某个范围内的教师人数等。如果这些工作都能在计算机上进行，那人事管理就可以达到极高的水平。此外，在财务管理、仓库管理、生产管理中也同样需要建立众多的这种“数据库”，使其可以利用计算机实现财务、仓库、生产的自动化管理。

结合以上数据仓库的特点，J.Martin 给数据库下了一个相对完整的定义：数据库是存储在一起的相关数据的集合，这些数据是结构化的、有组织的并为多种应用所服务的；数据的存储是独立的；对数据库原有数据的更新均能按一种公用的和可控制的方式进行。

2. 数据库的基本结构

数据库的基本结构分 3 个层次，反映了观察数据库的 3 种不同角度。

(1) 物理数据层。它是数据库的最内层，是物理存储设备上实际存储数据的集合。这些数据是原始数据，是用户加工的对象，由内部模式描述的指令操作处理的位串、字符和字组成。

(2) 概念数据层。它是数据库的中间层，是数据库的整体逻辑表示。指出了每个数据的逻辑定义及数据间的逻辑联系，是存储记录的集合。它所涉及的是数据库所有对象的逻辑关系，而不是它们的物理情况，是数据库管理员概念下的数据库。

(3) 逻辑数据层。它是用户所看到和使用的数据库，表示了一个或一些特定用户使用的数据集合，即逻辑记录的集合。

3. 数据库的特点

数据库不同层次之间的联系是通过映射进行转换的。数据库具有以下主要特点。

(1) 实现数据共享。数据共享包含所有用户可同时存取数据库中的数据，也包括用户可以用各种方式通过接口使用数据库，并提供数据共享。

(2) 减少数据的冗余度。同文件系统相比，由于数据库实现了数据共享，从而避免了用户各自建立应用文件。减少了大量重复数据，也减少了数据冗余，维护了数据的一致性。

(3) 数据的独立性。数据的独立性包括数据库中数据的逻辑结构和应用程序相互独立，也包括数据物理结构的变化不影响数据的逻辑结构。

(4) 数据实现集中控制。文件管理方式中，数据处于一种分散的状态，不同的用户或同一用户在不同处理中其文件之间毫无关系。利用数据库可对数据进行集中控制和管理，并通过数据模型表示各种数据的组织以及数据间的联系。

(5) 数据一致性和可维护性，以确保数据的安全性和可靠性。主要包括：①安全性控制，以防止数据丢失、错误更新和越权使用；②完整性控制，保证数据的正确性、有效性和相容性；③并发控制，使在同一时间周期内，允许对数据实现多路存取，又能防止用户之间的不正常交互作用；④故障的发现和恢复，由数据库管理系统提供一套方法，可及时发现故障和修复故障，从而防止数据被破坏。

4. 关系型数据库

关系型数据库是建立在关系模型基础上的数据库，借助集合代数等数学概念和方法来处理数据库中的数据。现实世界中的各种实体以及实体之间的各种联系均用关系模型来表示。关系模型是由埃德加·科德于 1970 年首先提出的，并配合“科德十二定律”。现如今虽然对此模型有一些批评意见，但它还是数据存储的传统标准。标准数据查询语言 SQL 就是一种基于关系数据库的语言，这种语言执行对关系数据库中数据的检索和操作。

关系模型由关系数据结构、关系操作集合、关系完整性约束三部分组成。关系模型就是指二维表格模型，因而一个关系型数据库就是由二维表及其之间的联系组成的一个数据组织。当前主流的关系型数据库有 Oracle、Microsoft SQL Server、Microsoft Access、MySQL 等。

7.1.2 SQL Server 数据库的基础知识

SQL Server 是一个关系数据库管理系统。它最初是由 Microsoft、Sybase 和 Ashton-Tate 三家公司共同开发的，于 1988 年推出了第一个 OS/2 版本。在 Windows NT 推出后，Microsoft 与 Sybase 在 SQL Server 的开发上就分道扬镳了。Microsoft 将 SQL Server 移植到 Windows NT 系统上，专注于开发推广 SQL Server 的 Windows NT 版本。Sybase 则较专注于 SQL Server 在 UNIX 操作系统上的应用。

1. SQL Server 的版本

常见的 SQL Server 版本有 SQL Server 2014 和 SQL Server 2017，依据功能作用的不同，各分支又将分为以下几个版本。

1）企业版 (Enterprise Edition)

支持所有的 SQL Server 2017 特性，可作为大型 Web 站点、企业 OLTP(联机事务处理) 以及数据仓库系统等的产品数据库服务器。

2) 标准版 (Standard Edition)

用于小型的工作组或部门的数据库服务器使用。

3) 学习版 (Express Edition)

用于单机系统或客户机，提供给移动的客户使用，这些用户可以随时从网络上断开，但所运行的应用程序需要 SQL Server 数据存储。在客户端计算机上运行需要本地 SQL Server 数据存储的独立应用程序也使用学习版。

SQL Server Express 是免费的，可以再分发 (受制于协议)，还可以充当客户端数据库以及基本服务器数据库。SQL Server Express 是独立软件供应商 ISV、服务器用户、非专业开发人员、Web 应用程序开发人员、网站主机和创建客户端应用程序的编程爱好者的理想选择。如果需要使用更高级的数据库功能，可以将 SQL Server Express 无缝升级到更复杂的 SQL Server 版本。

4) 开发者版 (Developer Edition)

程序员用来开发将 SQL Server 2017 用作数据存储的应用程序。虽然开发版支持企业版的所有功能，使开发人员能够编写和测试可使用这些功能的应用程序，但是只能将开发版作为开发和测试系统使用，而不能作为实际服务器使用。

2. SQL Server 的特性

SQL Server 2017 是一个典型的具有客户机 / 服务器体系架构的数据库管理系统，它使用 Transact-SQL(T-SQL) 语句在服务器和客户机之间传送请求和回应。Microsoft SQL Server 具有可靠性、可管理性、可用性等特点，为用户提供完整的数据库解决方案。

1) 可视化管理工具

大多数 SQL Server 2017 的管理任务都可以通过一个叫做企业管理器的图形化用户界面完成，使数据库管理员的操作变得简单。

2) 集中管理

不管企业中有多少个 SQL Server 2017 服务器，也不管它们的分布位置如何，管理员都可以在一个集中的位置来管理，这将大大降低维护多台服务器的费用。

3) 多种前端 (客户端) 的支持

在客户机 / 服务器概念中，SQL Server 2017 是后端部分，而客户端是前端部分。SQL Server 2017 支持多种客户端 (如 PowerBuilder、VB、Delphi、VC 等开发的应用程序)。通过这些客户端，用户可以插入、更新、删除和查询存储在 SQL Server 2017 数据库中的数据。SQL Server 2017 本身也包含客户端工具，如查询分析器。SQL Server 2017 提供了一组标准，如 ODBC(Open DataBase Connectivity，开放式数据库连接)。使用 ODBC，可以建立一个定制的应用程序来连接到其他类型的 RDBMS。

4) SQL Server 与 Windows NT 完全集成

SQL Server 2017 被设计成与 Windows NT 服务器紧密地集成，这意味着 SQL Server 2017 已经在 Windows NT 下被优化，从而使 SQL Server 2017 的处理速度有保证，也使 SQL Server 2017 易于使用。Windows NT 服务器提供了许多可被 SQL Server 2017 利用的特性，

如对多处理器的支持、抢占式多任务、集成安全性、对性能监视器计数器的支持等。

5) 具有很好的可伸缩性

SQL Server 2017 可在 Windows 2000/NT 企业版的计算机上运行，也可在安装了 Windows 98 的小型计算机上运行。

6) 支持数据复制

SQL Server 2017 具有自动数据复制的特点。这种特性使得 SQL Server 可以将数据复制到其他的 SQL Server 上，或者 DB2、Oracle、Informix、Sybase，甚至 Access 这样的数据库中。利用复制功能，可以向远程站点分发数据，可以平衡负载，缩短用户获得所需数据的时间。

7) 支持分布式事务复制

分布式事务管理指几个服务器同时进行的事务处理。如果分布式事务处理系统中任意一个服务器不能响应所请求的改动，那么系统中所有的服务器都不能改动。例如，如果银行将所有客户的存款账户存储在一个服务器中，而他们的支票账户存储在另一个服务器中，则分布式事务处理系统将会保证两个服务器进行同时改动，而没有数据丢失。

8) 支持数据仓库

数据仓库通常是一些海量数据库，SQL Server 2017 提供了一个综合的平台， 这个平台使设计、创建、维护及使用数据仓库解决方案更加容易、更加快捷。这样，用户就可以依靠及时、准确的信息做出有效的商业决策。SQL Server 2017 将 OLAP(在线分析处理) 服务内建于服务器中，在线分析处理为综合报告、分析、决策支持以及数据仿真等功能提供了很高的性能和效率。

9) 对 Web 技术的支持

SQL Server 可以很方便地通过 Web 站点共享数据，使用户通过 Web 浏览服务器就能直接从 SQL Server 数据库中安全地访问数据。

3. 结构化查询语言

要操作数据源中的数据，可以使用结构化查询语言 (Structured Query Language，SQL)。SQL 几乎是所有大型数据服务器都支持的数据操作语言，它提供可以帮助读者快速执行数据查询、更新、删除等数据操作的语句；要编写操作数据的应用程序，SQL 语言是非常重要的，它的用法非常灵活，这里不作深入讨论，只介绍比较常用的 SQL 语句。

1) SQL 简单查询

Select 简单查询可以从数据源中选择并传回读者所指定的字段，其语法如下：

```
Select 字段 1 [, 字段 N] From 数据表名称
```

例如，读者想要传回 Users 数据表中 UId 以及 Pwd 这两个字段的数据，可以使用以下语句：

```
Select UId, Pwd   From   Users
```

如果要将该表中所有的数据字段传回，则可以使用“*”来代替。例如，要将 Users 数据表中的所有字段传回，则使用下列 SQL 语句：

```
Select * From  Users
```

2) SQL 条件查询

利用 Where 子句可以限制读者所要过滤的记录，其语法如下：

```
Select 字段 |[, 字段 N] From 数据表名称 Where 条件
```

条件可以是=、>、<、>=、<=等比较运算符，其中如果所要判断的数据是日期或是字符串，必须用单引号“'”括起来。例如，读者要将会员数据中 UId 字段值为 admin 的数据全部传回，则需使用下列语句来实现：

```
Select * From Users Where UId = 'admin'
```

另外，读者也可以搭配逻辑运算符来过滤两个字段的条件。比如，读者要将 UId 字段值 admin 以及 Pwd 字段为 1234 的数据传回来，则需使用下列语句：

```
Select * From Users Where UId = 'admin' And Pwd = '1234'
```

如果读者只要符合某些条件的数据，则可以使用 Where In 语句。比如，下列语句用于传回使用者名称为 admin 或是 dgq 的记录：

```
Select * From Users Where UserId In ('admin', 'dgq')
```

3) SQL 模糊条件查询

如果读者想查询所有家庭地址在郑州市的用户，则可以使用 Like 语句实现。Like 关键词需要配合通配符来实现模糊条件查询，常用通配符有“%”等符号。读者可以找出以特定字符串为开头或是结尾的字段。例如，下列 SQL 语句将住在郑州市的所有用户列出：

```
Select * From Users Where  address Like '郑州市 %'
```

4) 查询结果排序

若要将查询后的数据进行排序，则可以使用 Order By 子句。Order By 子句是依照数据字段内数据的顺序进行排序，其语法如下：

```
Select 字段 |[, 字段 N] From 数据表 [Where 子句 ] [Order By 子句 ]
```

Order By 依照数据表字段顺序排序的方式有升序及降序，如果要由小排到大，则在最后指定 Asc；若是由大排到小，则是 Desc。例如，获取所有使用者数据，并依 UId 字段作升序排列，其代码如下：

```
Select * From Users Order By UId ASC
```

5) 插入数据

Insert 语句可以将新的数据记录加入数据源中，其语法如下：

```
Insert Into 数据表名称 ( 字段 1, 字段 2,…, 字段 N) Values( 字段 1, 字段 2,…, 字段 N)
```

数据表后面的字段可以省略。如果省略表示全部的字段都要输入，并且必须按照字段

的顺序来输入。例如，增加一位新的用户，代码如下：

```
Insert Into Users Values('elvira','wxyz','刘德华','0935123000','郑州市','elvira@hotmail.com')
```

6) 数据更新

Update 语句可以更新数据源中记录的数据，其语法如下：

```
Update 数据表名称 Set 字段一 = 值 [, ... 字段 N= 值 ] [Where 子句 ]
```

例如，下列语句将用户数据表中 UId 字段为 elvira 的记录，将其 Pwd 更改为 zyxw：

```
Update Members Set Pwd = 'zyxw' Where UId = 'elvira'
```

7) 删除数据

Delete 语句可以删除数据源中的记录，其语法如下：

```
Delete From 数据表名称 [Where 子句 ]
```

需特别注意，如果没有设定 Where 子句的条件，会将所有数据表中的记录全部删除。

7.2 ADO.NET 模型

ADO.NET 是 .NET 框架下的一种新的数据访问编程模型，是一组处理数据的类，它用于实现数据库中数据的交互，同时提供对 XML 的强大支持。在 ADO.NET 中，使用的是数据存储的概念，而不是数据库的概念。简言之，ADO.NET 不但可以处理数据库中的数据，而且还可以处理其他数据存储方式中的数据，如 XML 格式、Excel 格式和文本文件的数据，应用程序可以使用 ADO.NET 来连接到这些数据源，并检索、操作和更新数据。

7.2.1 ADO.NET 模型概述

ADO(ActiveX Data Object) 对象是继开放数据库连接架构 ODBC(Open DataBase Connectivity) 之后 Microsoft 主推存取数据的技术，ADO 对象是程序开发平台用来和 OLEDB 沟通的媒介，ADO 目前的最新版本为 ADO.NET。

1. ADO.NET 的特色

ADO.NET 不像以前的 ADO 版本是站在为了存取数据库的观点而设计的，ADO.NET 是为了顺应广泛的数据控制而设计，所以使用起来比以前的 ADO 更灵活、有弹性，也提供了更多的功能。ADO.NET 的出现并不是要来取代 ADO，而是要提供更有效率的数据存取。Microsoft 透过最新的 .NET 技术提供了可以满足众多需求的架构，这个架构就是 .NET 共享对象类别库。这个共享对象类别库不但涵盖了 Windows API(Windows Application Programming Interface) 的所有功能，并且还提供更多的功能及技术。另外，它还将以前放在不同 COM 组件上，读者常常使用的对象及功能一并囊括进来。此外，ADO.NET 还将

XML 整合进来，这样数据的交换就变得非常轻松容易了。所以，ADO.NET 的架构及新功能是为了能满足广泛的数据交换需求所产生的新技术，这就是 ADO.NET。

2. ADO.NET 的架构

ADO.NET 对象可以让读者快速、简单地存取各种数据。传统的主从式应用程序在执行时，都会保持和数据源的连接。但是在某些状况下和数据库一直保持连接是不需要的，而且一直保持和数据源的连接会浪费系统资源。有些时候只需要很单纯地将数据取回，这时就不需要保持对数据源的连接。ADO.NET 被设计成对于数据处理不用一直保持连接的架构，应用程序只有在要取得数据或是更新数据时才对数据源进行连接，所以应用程序所要管理的连接减少；数据源就不用一直和应用程序保持连接，负载减轻了，效能自然也就提升了。不过有些情况下应用程序也需要和数据源一直保持连接，如在线订票系统，此时可以使用 ADO 对象和数据源随时保持连接状态。

3. ADO.NET 的对象模型

ADO.NET 对象模型中有 5 个主要的组件，分别是 Connection 对象、Command 对象、DataAdapter、DataSet 及 DataReader。这些组件中，负责建立连接和数据操作的被称为数据操作组件 (Managed Providers)，分别由 Connection 对象、Command 对象、DataAdapter 对象以及 DataReader 对象所组成。数据操作组件主要是当作 DataSet 对象以及数据源之间的桥梁，负责将数据源中的数据取出后填充到 DataSet 对象中，以及将数据更新回数据源的工作。图 7.1 是显示这些对象关系的 ADO.NET 对象模型。

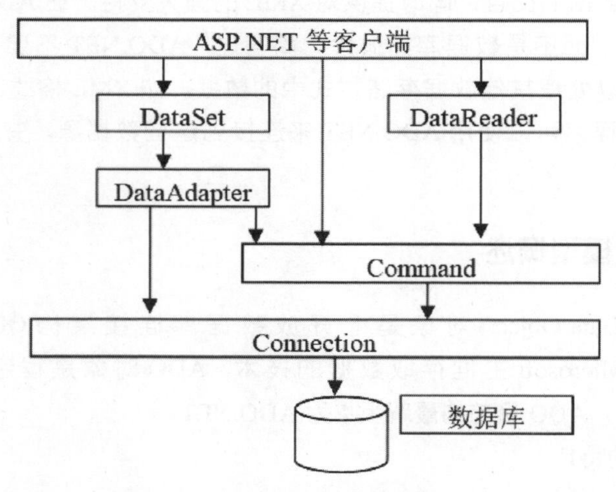

图 7.1　ADO.NET 对象模型

7.2.2　ADO.NET 的结构分析

1. ADO.NET 的对象介绍

1) Connection 对象

Connection 对象主要是开启程序和数据库之间的连接。没有利用连接对象将数据库打开，是无法从数据库中取得数据的。这个对象在 ADO.NET 的最底层，通常在程序中可以自己产生这个对象，或是由其他的对象自动产生。

2) Command 对象

Command 对象主要可以用来对数据库发出一些指令，如可以对数据库下达查询、新增、修改、删除数据等 SQL 语句指令，以及启动存在数据库中的存储过程等预存程序。这个对象是架构在 Connection 对象上的，也就是 Command 对象是透过连接到数据源的 Connection 对象来下达命令的。所以，Connection 连接到哪个数据库，Command 对象的命令就下达到哪里。

3) DataAdapter 对象

DataAdapter 对象主要是在数据源以及 DataSet 之间执行数据传输工作，它可以透过 Command 对象下达命令后，并将取得的数据放入 DataSet 对象中。这个对象是架构在 Command 对象上，并提供了许多配合 DataSet 使用的功能，类似于一个桥梁。

4) DataSet 对象

DataSet 对象可以视为一个暂存区 (Cache)，它可以把从数据库中所查询到的数据在本机内存中保留起来，甚至可以将整个数据库显示出来。DataSet 的能力不只是可以储存多个数据库中的 Table 而已，还可以透过 DataAdapter 对象取得一些如主键等的数据表结构，并可以记录数据表间的关联。DataSet 对象可以说是 ADO.NET 中最重的对象，这个对象架构在 DataAdapter 对象上，其本身不具备和数据源沟通的能力；也就是 DataAdapter 对象是被当作 DataSet 对象以及数据源之间传输数据的桥梁。

5) DataReader 对象

当应用程序只需要顺序地读取数据而不需要其他操作时，可以使用 DataReader 对象。DataReader 对象只是一次前向性地读取数据源中的数据，而且这些数据是只读的，并不允许做其他的操作。因为 DataReader 在读取数据时限制了每次只读取一条记录，而且只能读取，所以使用起来不但节省资源而且效率较高。使用 DataReader 对象除了效率较高外，因为不用把数据全部传回，故可以降低网络的负载，是一种面向连接的数据库操作对象。

2. ADO.NET 的组件分析

ADO.NET 的数据存取和之前的版本不一样。最早的 ADO 存取数据的方式只有一种，那就是透过 OLEDB 来存取数据；而现在的 ADO.NET 则分为很多种，一种是通过 SQLClient 直接存取 MSSQL Server 中的数据，另一种是透过 OLEDB 来存取其他数据库中的数据，还有通过 ODBC 来访问 ODBC 存取其他数据库中的数据。前面章节中曾经提到过：要存取数据源中的数据，需要透过数据操作对象。这个数据操作对象就是 Connection 对象、Command 对象、DataAdapter 对象及 DataReader 对象。

由于读者可以选择 OLEDB、ODBC 和 SQLClient 等进行数据库连接，因此所使用的数据操作对象略有不同，但是每组数据操作组件内都有 Connection 对象、Command 对象、DataAdatper 对象及 DataReader 对象。为了容易区分这些数据操作对象，开发者将这 4 个对象分别加上前缀 ODBC、OLEDB 及 SQL 等，如表 7.1 所示。

表 7.1　数据操作对象比较表

OLEDB 数据操作组件	SQL 数据操作组件
OLEDBConnection	SQLConnection
OLEDBCommand	SQLCommand
OLEDBDataAdapter	SQLDataAdapter
OLEDBDataReader	SQLDataReader

这些数据操作对象虽然针对的数据源不一样，但是这些对象的架构都一样。例如，OLEDBConnection 和 SQLConnection 对象虽然一个是针对 OLEDB，而另一个是针对 MS SQLServer，但是这两个对象都有一样的属性、事件及方法，所以使用起来并不会造成困扰；读者只要针对所要建立的数据源种类来选择相应的数据操作对象就可以了。虽然有时读者也可以透过 OLEDB 来存取 MSSQLServer 中的数据，但是透过 SQL 类别对象来存取 MSSQLServer 中的数据效率最好。这是因为 SQL 类别不经过 OLEDB 层，而是直接调用 MSSQLServer 中的 API，所以效率比较高。ADO.NET 对于这两种数据存取方式所使用的对象完全不一样，在使用时必须特别注意。

7.3 连接数据库

要使用 ADO.NET 中的数据操作对象，必须先引入 ADO.NET 的命名空间 (Namespace)。因为 Microsoft 为 .NET 框架做了相当多的类别对象，针对不同的数据源所要使用的命名空间是不一样的，所以引入命名空间地址是必要的。命名空间中记录了对象的名称及位置，这样编译器在编译应用程序时才能知道这些对象要到哪里去加载，和 VB6 的设定 Reference 很类似。下面为引入命名空间的语法：

```
Using System.Data;
Using System.Data.SqlClient;
```

1. OLEDB 数据

要使用 OLEDB 数据操作对象来存取数据，必须引入 System.Data.OLEDB 命名空间。数据操作组件是透过 OLEDB 和数据源连接，故 System.Data.OLEDB 命名空间定义了 OLEDB 数据操作组件的对象类别，如 OLEDBConnection 对象、OLEDBCommand 对象、OLEDBDataAdapter 对象及 OLEDBDataReader 对象。所以，读者可以在 ASP.NET 网页的 CS 代码编辑中加入下列内容：

```
Using System.Data;
Using System.Data.Oledb;
```

2. MSSQLServer 数据

要使用 MSSQLServer 数据操作组件来存取数据，必须引入 System.Data.SQLClient 命名空间。SQL 数据操作对象是直接与 MSSQLServer 连接，故 System.Data.SQLClient 命

名空间定义了 SQL 数据操作的对象类别，如 SQLConnection 对象、SQLCommand 对象、SQLDataAdapter 对象及 SQLDataReader 对象。所以，要想使用 SQL 数据源，必须在 ASP.NET 网页的 CS 中加入下列内容：

```
Using System.Data;
Using System.Data.SqlClient;
```

7.3.1 Connection 对象介绍

要存取数据源内的数据，首先要建立程序和数据源之间的连接，这个工作可以由 Connection 对象来完成。Connection 对象可以使用下列语法来产生：

```
OledbConnection    con=New OledbConnection();
```

接下来设定 Connection 对象属性，表 7.2 列出了 Connection 对象常用的属性。

表 7.2　Connection 对象的属性及说明

属　性	说　明
ConnectionString	指明要如何连接至数据源
ConnectionTimeout	连接超时时间
Database	开启连接时指明要连接的数据库，或目前开启的数据库
DataSource	要连接的数据库
UserID	登录数据库的账号
Password	登录数据库的密码
Provider	要连接数据库的种类

(1) ConnectionString。

要开启一个数据库，必须指明要开启数据库的种类、数据库服务器名称、要开启数据库名称、登录使用者名称及密码等信息，这些信息可以直接赋值在这个属性里。在开启 Connection 对象之前要先设定 ConnectionString 属性才可以打开数据库连接，这个属性有表 7.3 所示参数。

表 7.3　ConnectionString 属性的参数及说明

联机参数	说　明
Provider	所要连接的数据源种类
UserID	登录数据源的使用者账号
Password	登录数据源的使用者密码
DataSource	数据库文件：数据库文件所在地址 数据服务器：指定数据服务器中所要连接的数据库名称
InitialCatalog	指定数据服务器中所要连接的数据库名称

(2) 由于不同的数据库需要通过不同的数据引擎来驱动，因此这里需要设定 Provider 参数来确定数据库引擎，可以支持许多数据源的设定值，如表 7.4 所示。

表 7.4　不同驱动说明表

数据源种类	说　明
SQLOLEDB	MS SQL Server(建议不要用 OLE DB 操作数据库)
MSDASQL	ODBC
Microsoft.Jet.OLEDB.4.0	MS Jet 引擎 4.0(连接 Access 的 mdb 数据库)
MSIDXS	MS Index Server
ADSDSOObject	MS Active Directory Services

另外，参数和参数之间要用分号“;”作分隔，其中密码没有可以省略。连接字符串设定好后，就可以用 Open 方法和数据源连接了。

7.3.2　连接 Microsoft Access 数据库

下面以与 Access 2017 数据库连接为例来介绍如何实现数据库的连接。

(1) 新建一个 ASP.NET Web 应用程序，创建一个 ConnectToAccess.aspxWeb 页面，然后在其 CS 代码文件中引入命名空间，如图 7.2 所示。

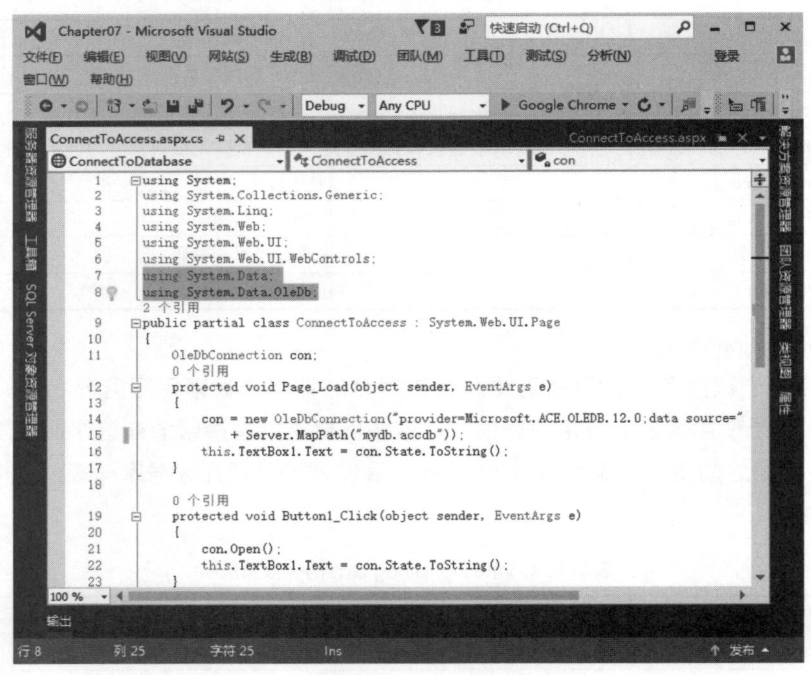

图 7.2　引入命名空间

(2) 引入命名空间后，就可以使用 Connection 对象了。这里首先在 Web 项目目录中新建一个 Access 数据库 mydb.mdb，然后使用 Connection 对象，由于不同的数据源使用的 Connection 对象略微有所不同，又由于是连接 Access 数据库，所以这里使用 OledbConnection 对象。实例化代码如下：

```
OleDbConnection conn=new OleDbConnection("provider=Microsoft.Jet.OleDb.4.0;data source="+Server。
MapPath("mydb.mdb"));
```

如果使用 Access 2007 及之后的版本，需要注意数据库的扩展名为 accdb，相应地 provider 的值修改为 Microsoft.ACE.OLEDB.12.0，其实例化代码如下：

```
OleDbConnection conn=new OleDbConnection("provider= Microsoft.ACE.OLEDB.12.0;data source="
+Server.MapPath("mydb.accdb"));
```

具体实现代码如下：

```
using System;
using System.Collections.Generic;
using System.Linq;
using System.Web;
using System.Web.UI;
using System.Web.UI.WebControls;
using System.Data;
using System.Data.OleDb;
public partial class ConnectToAccess : System.Web.UI.Page
{
    OleDbConnection con;
    protected void Page_Load(object sender,  EventArgs e)
    {
        con = new OleDbConnection("provider=Microsoft.ACE.OLEDB.12.0;data source="
            + Server.MapPath("mydb.accdb"));
        this.TextBox1.Text = con.State.ToString();
    }

    protected void Button1_Click(object sender,  EventArgs e)
    {
        con.Open();
        this.TextBox1.Text = con.State.ToString();
    }
}
```

(3) 在窗体上面新添加一个 TextBox 文本框和一个 Button 按钮，并在 Button 按钮事件中打开数据库连接，使用 Conncetion 对象的 State 属性来查看数据库连接的状态。数据库未打开前状态如图 7.3 所示，单击 Button 按钮执行 Connection 对象的 Open() 方法，打开数据库连接状态如图 7.4 所示。

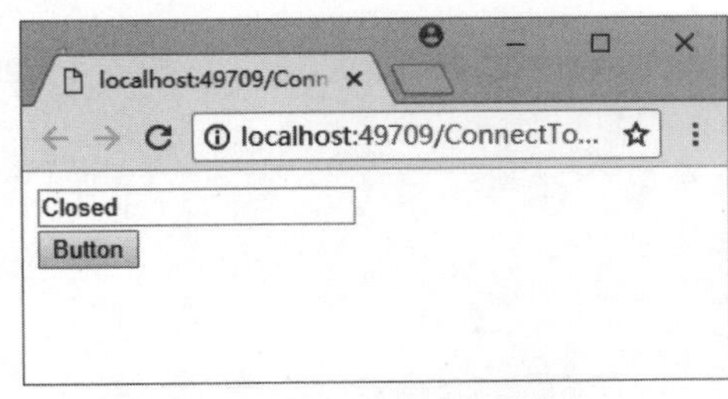

图 7.3 未打开数据库连接状态

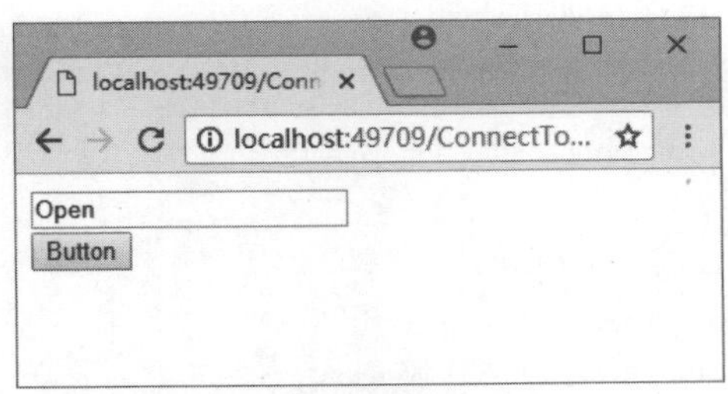

图 7.4 打开数据库连接状态

7.3.3 连接 Microsoft SQL Server 数据库

连接 MS SQL Server 数据库的方法与 Access 相似，均可以使用 Connection 对象来实现，所不同的是需要引入不同的命名空间和使用不同的操作对象而已。

(1) 在创建的 Web 应用程序中新建一个 ConnectToSQLServer.aspx 页面，在后台 CS 程序中引入连接 MS SQL Server 数据库的命名空间，如图 7.5 所示。

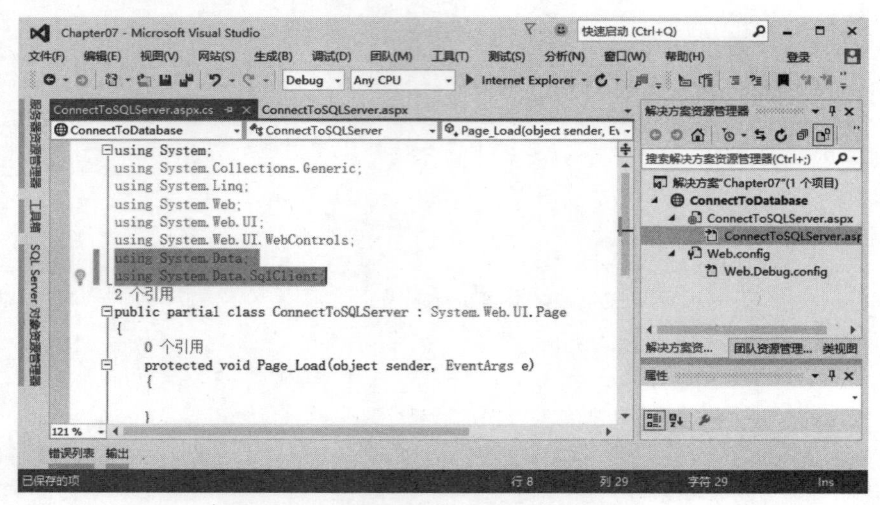

图 7.5 引入 MS SQL 命名空间

(2) 在窗体上添加一个 TextBox 文本框和一个 Button 按钮，并在 Button 按钮事件中打开数据库连接，使用 Conncetion 对象的 State 属性来查看数据库连接的状态。

(3) 使用 Connection 对象来实现数据库的连接，由于是连接 MS SQL Server，所以使用 SqlConnection 对象来实现数据库的连接；连接 SQL Server 数据库有两种连接方式，第一种方式使用用户名和密码进行验证，实现代码如下：

```
SqlConnection con = new SqlConnection("Server=.;database=pubs;uid=sa;pwd=");
```

第二种方式使用 Windows 集成身份验证，实现代码如下：

```
SqlConnection con = new SqlConnection("Data Source = .;Initial Catalog = pubs; Integrated Security = True;");
```

说明：Server 和 DataSource 等价、database 和 Initial Catalog 等价，Integrated Security = True 即使用 Windows 集成身份验证。

具体实现代码如下：

```
using System;
using System.Collections.Generic;
using System.Linq;
using System.Web;
using System.Web.UI;
using System.Web.UI.WebControls;
```

```
using System.Data;
using System.Data.SqlClient;
public partial class ConnectToSQLServer : System.Web.UI.Page
{
    SqlConnection con;
    protected void Page_Load(object sender, EventArgs e)
    {
        con = new SqlConnection("Data Source = (localdb)\\MSSQLLocalDB;"+
            "Initial Catalog = pubs; Integrated Security = True;");
        this.TextBox1.Text = con.State.ToString();
    }

    protected void Button1_Click(object sender, EventArgs e)
    {
        con.Open();
        this.TextBox1.Text = con.State.ToString();
    }
}
```

数据库未打开前状态如图 7.6 所示，单击 Button 按钮执行 Connection 对象的 Open() 方法，打开数据库连接状态如图 7.7 所示。

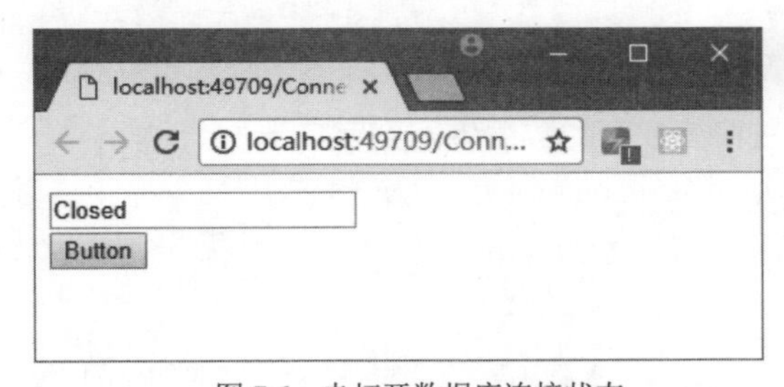

图 7.6 未打开数据库连接状态

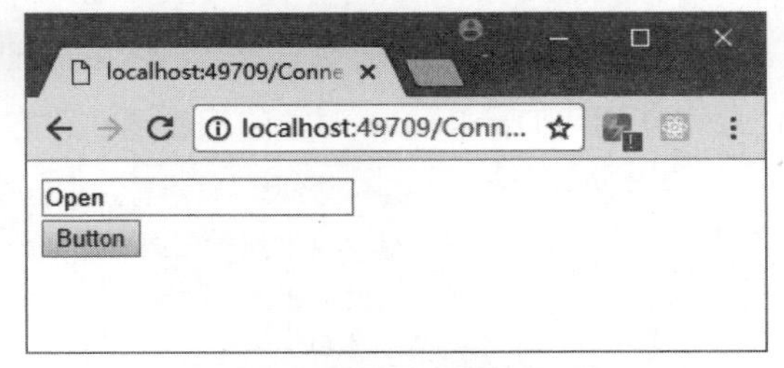

图 7.7 打开数据库连接状态

7.4 基于 ADO.NET 的数据库访问

数据库访问主要可以分为两大类，即面向连接的访问和面向无连接的访问。面向连接的访问即在整个数据访问过程中数据库连接不能中断。所使用数据访问对象就是 DataReader，而面向无连接的数据库访问所使用的数据库访问对象是 DataSet。

7.4.1 使用 DataReader 对象访问数据库

如果利用 Command 对象所执行的命令是有传回数据的 Select 语句，此时 Command 对象会自动产生一个 DataReader 对象。读者可以在 Command 执行 ExecuteReader() 方法时传入一个 DataReader 型的变量来接收。DataReader 对象一次只读取一条记录，而且只能前向

只读，所以效率很好，而且可以降低网络负载。由于 Command 对象会自动产生 DataReader 对象，所以读者只要声明一个 DataReader 对象的变量来接收即可，并不需要使用 New 运算子来产生。另外，要注意的是 DataReader 对象只能配合 Command 对象使用，而且 DataReader 对象在操作时 Connection 对象必须要保持连接的状态。下列程序代码片段传回可以读取 pubs 数据库的 authors 数据表中所有记录的 DataReader 对象。

(1) 新建一个 Web 应用程序，创建一个 Web 页面 DataReaderDemo.aspx，并使用 SQL Server 2017 中的示例数据库 pubs，在 DataReaderDemo.aspx 页面的 PageLoad 事件中开始编写以下程序，先创建数据库连接对象。

```
            String sqlconn = "Data Source = (localdb)\\MSSQLLocalDB;Initial Catalog = pubs; Integrated Security
= True;";
            SqlConnection myConnection = new SqlConnection(sqlconn);
            // 打开数据库连接
            myConnection.Open();
```

(2) 创建 Command 对象来执行 SQL 语句：

```
SqlCommand myCommand = new SqlCommand("select * from authors",  myConnection);
```

(3) 使用 Command 对象 ExecuteReader() 方法来执行上面的 SQL 命令，并返回一个 DataReader 对象：

```
SqlDataReader myReader; // 声明一个 DataReader 对象
    myReader = myCommand.ExecuteReader(); //command 返回 DataReader
```

(4) 利用 DataReader 对象的相应属性和方法将读取到的数据传回到客户端：

```
// 获取数据之前，必须不断地调用 Read 方法，它负责前进到下一条记录
            Response.Write("<h3> 使用 SqlCommand 类读取数据 </h3><hr>");
            Response.Write("<table border=1 cellspacing=0 cellpadding=2>");
            // 显示列名字
            Response.Write("<tr bgcolor=#DAB4B4>");
            for(int i=0;i<myReader.FieldCount;i++)
            {// 使用 read 对象的 getname() 方法来读取数据表的属性
                Response.Write("<td>" + myReader.GetName(i) + "</td>");
            }
            Response.Write("</tr>");
            // 输出所有的字段值
            while (myReader.Read())   // 调用 DataReader 的 Read() 方法获取数据
            {
                Response.Write("<tr>");
                // 输出取到的数据
                for(int i=0;i<myReader.FieldCount;i++)
                {
                    Response.Write("<td>"+myReader[i].ToString()+"</td>");
                }
```

```
                Response.Write("</tr>");
            }
            Response.Write("</table>");
            // 关闭 SqlDataReader
            myReader.Close();
```

其执行结果如图 7.8 所示。

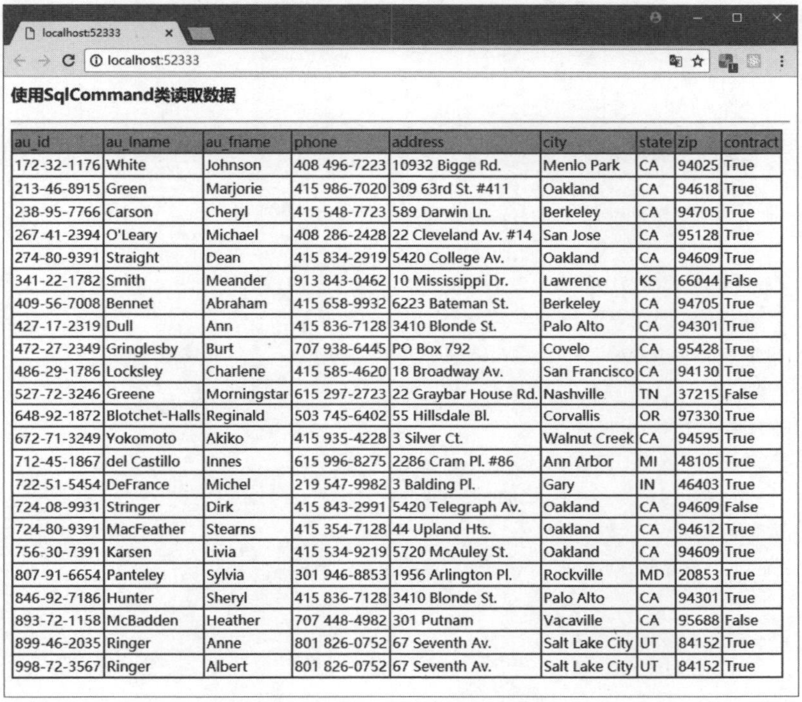

localhost:52333

使用SqlCommand类读取数据

au_id	au_lname	au_fname	phone	address	city	state	zip	contract
172-32-1176	White	Johnson	408 496-7223	10932 Bigge Rd.	Menlo Park	CA	94025	True
213-46-8915	Green	Marjorie	415 986-7020	309 63rd St. #411	Oakland	CA	94618	True
238-95-7766	Carson	Cheryl	415 548-7723	589 Darwin Ln.	Berkeley	CA	94705	True
267-41-2394	O'Leary	Michael	408 286-2428	22 Cleveland Av. #14	San Jose	CA	95128	True
274-80-9391	Straight	Dean	415 834-2919	5420 College Av.	Oakland	CA	94609	True
341-22-1782	Smith	Meander	913 843-0462	10 Mississippi Dr.	Lawrence	KS	66044	False
409-56-7008	Bennet	Abraham	415 658-9932	6223 Bateman St.	Berkeley	CA	94705	True
427-17-2319	Dull	Ann	415 836-7128	3410 Blonde St.	Palo Alto	CA	94301	True
472-27-2349	Gringlesby	Burt	707 938-6445	PO Box 792	Covelo	CA	95428	True
486-29-1786	Locksley	Charlene	415 585-4620	18 Broadway Av.	San Francisco	CA	94130	True
527-72-3246	Greene	Morningstar	615 297-2723	22 Graybar House Rd.	Nashville	TN	37215	False
648-92-1872	Blotchet-Halls	Reginald	503 745-6402	55 Hillsdale Bl.	Corvallis	OR	97330	True
672-71-3249	Yokomoto	Akiko	415 935-4228	3 Silver Ct.	Walnut Creek	CA	94595	True
712-45-1867	del Castillo	Innes	615 996-8275	2286 Cram Pl. #86	Ann Arbor	MI	48105	True
722-51-5454	DeFrance	Michel	219 547-9982	3 Balding Pl.	Gary	IN	46403	True
724-08-9931	Stringer	Dirk	415 843-2991	5420 Telegraph Av.	Oakland	CA	94609	False
724-80-9391	MacFeather	Stearns	415 354-7128	44 Upland Hts.	Oakland	CA	94612	True
756-30-7391	Karsen	Livia	415 534-9219	5720 McAuley St.	Oakland	CA	94609	True
807-91-6654	Panteley	Sylvia	301 946-8853	1956 Arlington Pl.	Rockville	MD	20853	True
846-92-7186	Hunter	Sheryl	415 836-7128	3410 Blonde St.	Palo Alto	CA	94301	True
893-72-1158	McBadden	Heather	707 448-4982	301 Putnam	Vacaville	CA	95688	False
899-46-2035	Ringer	Anne	801 826-0752	67 Seventh Av.	Salt Lake City	UT	84152	True
998-72-3567	Ringer	Albert	801 826-0752	67 Seventh Av.	Salt Lake City	UT	84152	True

图 7.8 使用 DataReader 读取数据

其完整代码如下：

```
using System;
using System.Collections.Generic;
using System.Linq;
using System.Web;
using System.Web.UI;
using System.Web.UI.WebControls;
using System.Data;
using System.Data.SqlClient;
public partial class DataReaderDemo : System.Web.UI.Page
{
    protected void Page_Load(object sender,  EventArgs e)
    {
        // 连接字符串
        String sqlconn = "Data Source = (localdb)\\MSSQLLocalDB;Initial Catalog = pubs; Integrated Security = True;";
        SqlConnection myConnection = new SqlConnection(sqlconn);
```

```
            // 打开数据库连接
            myConnection.Open();
            SqlCommand myCommand = new SqlCommand("select * from authors",  myConnection);
            SqlDataReader myReader; // 声明一个 DataReader 对象
            myReader = myCommand.ExecuteReader(); //command 返回 DataReader
                        // 获取数据之前，必须不断地调用 Read 方法，它负责前进到下一条记录
            Response.Write("<h3> 使用 SqlCommand 类读取数据 </h3><hr>");
            Response.Write("<table border=1 cellspacing=0 cellpadding=2>");
            // 显示列名字
            Response.Write("<tr bgcolor=#DAB4B4>");
            for (int i = 0; i < myReader.FieldCount; i++)
            {
                Response.Write("<td>" + myReader.GetName(i) + "</td>");
            }
            Response.Write("</tr>");
            // 输出所有的字段值
            while (myReader.Read())   // 调用 DataReader 的 Read() 方法获取数据
            {
                Response.Write("<tr>");
                // 打印取到的数据
                for (int i = 0; i < myReader.FieldCount; i++)
                {
                    Response.Write("<td>" + myReader[i].ToString() + "</td>");
                }
                Response.Write("</tr>");
            }
            Response.Write("</table>");
            // 关闭 SqlDataReader
            myReader.Close();
            // 关闭与数据库的连接
            myConnection.Close();
        }
    }
```

当将 DataReader 对象传入 ExecuteReader() 方法后，就可以使用 DataReader 对象来读取数据了。表 7.5 所示为 DataReader 对象的常用属性。

表 7.5　DataReader 对象的常用属性

属性	说明
FieldCount	只读，表示记录中有多少字段
HasMoreRows	只读，表示是否还有数据未读取
IsClosed	只读，表示 DataReader 是否关闭
Item	只读，本对象是集合对象，以键值 (Key) 或索引值 (Index) 的方式取得记录中某个字段的数据

了解 DataReader 对象的属性后，就可以利用 DataReader 所提供的方法来取回数据了。表 7.6 所示为 DataReader 对象的常用方法。

7.6 DataReader 对象的常用方法

方 法	说 明
Close	将 DataReader 对象关闭
GetName	取得指定字段的名称
GetValues	取得全部字段的数据
Read	让 DataReader 读取下一条记录，如果读到数据则传回 True，若没有记录则传回 False

1. Read 方法

在取得 Command 对象执行 ExecuteRead 方法所产生的 DataReader 对象后，就可以将记录中的数据取出使用。DataReader 一开始并没有取回任何数据，所以需要首先使用 Read 方法让 DataReader 先读取一笔数据回来。如果 DataReader 对象成功取得数据则传回 True，若没有取得数据则传回 False。这样就可以利用 While 循环来取得所有的数据，程序如下：

```
while (myReader.Read())   // 调用 DataReader 的 Read() 方法获取数据
                          {
                                  Response.Write("<tr>");
                                  // 输出取到的数据
                                  for(int i=0;i<myReader.FieldCount;i++)
                                  {
                                          Response.Write("<td>"+myReader[i].ToString()+"</td>");
                                  }
                                  Response.Write("</tr>");
                          }
```

上述程序代码片段利用 Read 方法将数据取回后，再利用 Item 集合以键值 (Key) 的方式取出 au_id 字段的数据，以及利用索引值 (Index) 取得使用者 au_lname 字段的数据；索引值是由 0 开始计数，故第一个字段的索引值为 0。依次类推。当数据读取完毕后 Read 方法会传回 False，所以就跳出循环。

2. Close 方法

Close 方法可以关闭 DataReader 对象和数据源之间的连接。除非把 DataReader 对象关闭；否则当 DataReader 对象尚未关闭时，DataReader 所使用的 Connection 对象就无法执行其他的动作。

7.4.2 使用 DataSet 对象访问数据库

DataSet 对象是 ADO.NET 架构中非常重要的对象。可以把 DataSet 对象想象成一个保留从数据库取回数据的内存暂存区，这个暂存区可以用来群组以及管理数据表。DataSet 对象让读者可以灵活地操作数据表内的数据，它的架构如图 7.9 所示。

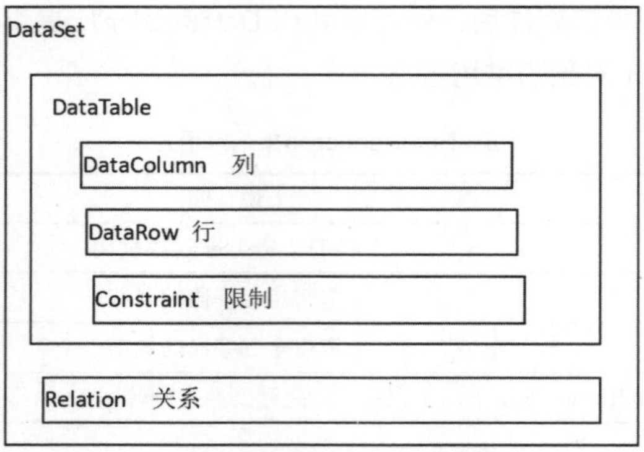

DataSet
DataTable
DataColumn 列
DataRow 行
Constraint 限制
Relation 关系

图 7.9 DataSet 对象结构框图

DataSet 对象是由许多数据表、数据表关联 (Relation)、限制 (Constraint)、记录 (Row) 及字段 (Column) 对象的集合所组成，这意味着 DataSet 架构内所有的成员都是类对象，可以让读者方便地操作这些对象。

DataSet 对象本身没有和数据源连接的能力，它只是一个暂时存放数据的容器，数据的存取都是通过数据操作组件 (Managed Providers) 来执行，所以数据操作组件可以说是 DataSet 对象和数据源间的沟通桥梁，没有数据操作组件就无法从数据源取回数据。不过 DataSet 的数据可以不用通过数据操作组件对象从数据源取得，而可以利用程序自行设计产生，或是来自一般数据表以及 XML 文档等，这样 DataSet 对象的运用就更灵活了。

DataSet 对象被设计成不和数据源一直保持连接的架构，也就是说，和数据源的连接发生得很短暂，即属于面向无连接的数据操作组件，读者可以通过 DataAdapter 对象取得数据，然后填充到 DataSet 中就立即和数据源断开连接，等到数据修改完毕或是要操作数据源内的数据时才会再建立连接。这意味着程序和数据源要管理的连接就会变少，网络频宽不但可以得到舒缓，服务器的负载也会减轻。所以，多出来的网络频宽以及服务器资源，就可以额外服务其他需要服务的客户端。DataSet 内的数据可以从数据源取回，也可以自己产生。要使用 DataSet 对象，对 DataSet 内部的对象要有相当程度的了解。

1. DataTable 对象

DataTable 是构成 DataSet 最主要的对象。DataTable 对象是由 DataColumns 集合以及 DataRows 集合所组成，读者可以通过数据操作组件将数据从数据源取回，被取回的数据就是存放在 DataTable 对象中。读者也可以自定义数据表，只要先将数据表的字段定义好，就可以利用 DataTable 中 DataRows 集合对象的 Add 方法加入新的数据。DataTable 的对象模型如图 7.10 所示。

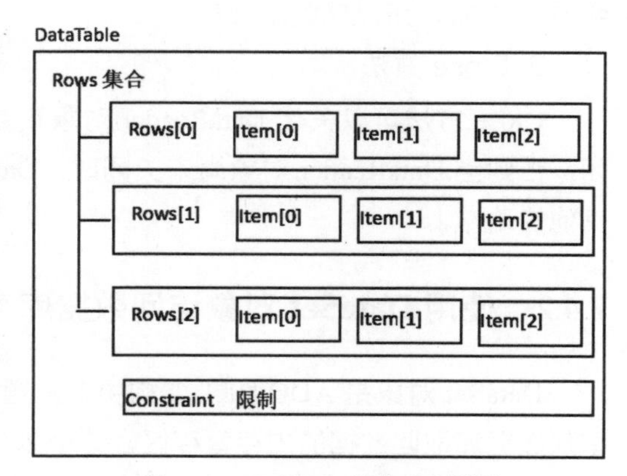

图 7.10 DataTable 结构对象框图

表 7.7 所示为 DataTable 对象的常用属性。

表 7.7 DataTable 对象的常用属性

属　性	说　明
Columns	传回 DataTable 内的字段集合
Constraints	传回 DataTable 的限制集合
DefaultView	传回 DataTable 对象的视图，可用来排序、过滤及搜寻数据
Name	传回或设定数据表的 Name 属性
PrimaryKey	设定或传回字段在 DataTable 对象中的功能是否如主键
Rows	传回 DataTable 内的记录集合
TableName	设定或传回 DataTable 的名称

要产生 DataTable 对象，使用以下语句：

```
DataTable dt = new DataTable();
```

同样，读者也可以产生一个自定义的 DataTable 对象，只需把数据表的 DataColumn 的属性设定好即可，所以这里接下来介绍 DataColumn 对象。

2. DataColumn 对象

DataColumn 对象就是字段对象，是组成数据表的最基本单位。DataColumn 有些属性可以帮读者取得或设定 DataTable 中的 DataColumn 属性，如表 7.8 所示。

表 7.8 DataColumn 对象的属性

属　性	说　明
AllNull	传回或设定 DataColumn 是否接受 Null 值
ColumnName	传回或设定在 DataColumns 集合中字段的名称
DataType	传回或设定 DataColumn 的数据类型
DefaultValue	传回或设定 DataColumn 的默认值
ReadOnly	传回或设定 DataColumn 是否为只读
Unique	传回或设定 DataColumn 是否不允许重复的数据

了解 DataColumn 对象的属性后，先来产生一个 DataTable 对象：

```
DataTable dt = new DataTable();                          // 产生一个表对象
DataColumn dc1 = new DataColumn();                       // 产生一个数据列对象
dc1.ColumnName = "UID";                                  // 为表格定义列名
dc1.DataType = System.Type.GetType("String");            // 为列名定义数据类型
dc1.AllowNull = false;                                   // 该列值不能为空值
dt.Columns.Add(dc1);                                     // 将该列添加到表格中
DataColumn dc2 = new DataColumn();                       // 再产生一个数据列
dc2.ColumnName = "PWd";
dc2.DataType = System.Type.GetType("String");
dc2.AllowNull = false;
88dt.Columns.Add(dc2);
```

上述程序产生了一个自定义的 DataTable 对象，并为之添加了两个字符串类型的字段，即 UId 和 Pwd，并且不允许字段值为空。这个 DataTable 的架构如图 7.11 所示。

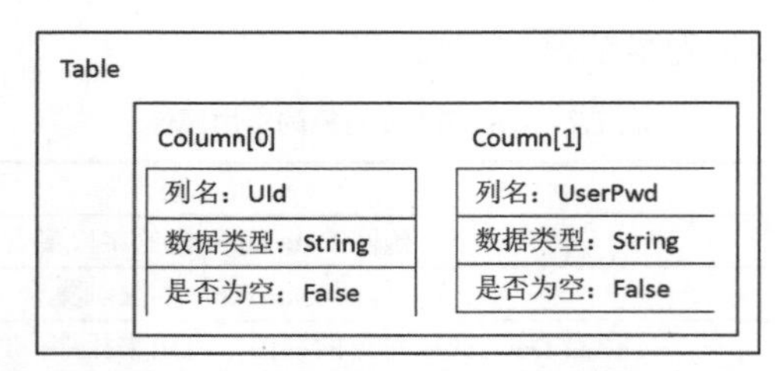

图 7.11　自定生成 DataTable 结构框图

了解 DataTable 对象的属性之后，表 7.9 是 DataTable 对象的常用方法。

表 7.9　DataTable 对象方法

方　法	说　明
AcceptChanges	确定 DataTable 所作的改变
Clear	清除 DataTable 内所有的数据
NewRow	增加一笔新的记录

3. DataRow 对象

字段定义好后，接下来就可以加入记录了。要为 DataTable 加入记录首先要产生 DataRow 对象，这个对象是由 DataTable 的 NewRow 方法所产生。例如，下列程序代码片段：

```
DataRow dr ;
dr = dt.NewRow();
```

在利用 DataTable 产生 DataRow 时，DataTable 会依照 Columns 集合中的字段架构的定义来产生一个独立的 DataRow 对象。因为 DataTable 是依照字段的架构来产生 DataRow 对象的，所以新产生的 DataRow 对象中会有一个和 DataTable 内的 Columns 集合架构一样的 Columns 集合。

表 7.10 所示为 DataRow 对象常用的属性。

表 7.10　DataRow 对象的属性及说明

属　性	说　明
ItemArray	以数组的方式传回或设定所有 DataColumn 内容
RowState	传回或设定 DataRow 的状态

读者可以利用 DataRow 对象的 Item 属性来设定或传回记录中字段的数据，程序代码片段如下：

```
dr.ItemArray[0] = "Charles"; // 以传入 Key 来指定
```

由于 DataRow 对象是独立的对象，DataTable 在产生 DataRow 时并没有将它加入自己的 Rows 集合内，所以，在设定完 DataRow 对象中的数据后，还必须使用 DataTable 对象中 Rows 集合的 Add 方法将 DataRow 加入到 DataTable 内，程序代码片段如下：

```
dt.Rows.Add(dr) ;// 将 DataRow 对象加入 DataTable 中
```

例如，图 7.12 所示为在 DataTable 中加入了两条记录。

Table

Rows 集合

Rows[0] Columns Item[0] Item[1]

Rows[1] Columns Item[0] Item[1]

图 7.12 DataTable 中新增加记录结构框图

在 DataTable 对象中有许多条记录，每条记录中都有许多字段。要取得指定的记录可以利用 DataTable 对象中 Rows 集合来指定。例如，下列程序代码片段将数据表中第一行第一列的值取回：

```
string s=dt.Rows[0][0].ToString();
```

下列范例是使用 DataTable、DataRow 及 DataColumn 对象来操作数据源中的数据，并将数据在 Web 页面上显示出来，如图 7.13 所示。

localhost:52333/DataSetDemo.aspx

使用DataTable、DataColumn和DataRow

au_id	au_lname	au_fname	phone	address	city	state	zip	contract
172-32-1176	White	Johnson	408 496-7223	10932 Bigge Rd.	Menlo Park	CA	94025	True
213-46-8915	Green	Marjorie	415 986-7020	309 63rd St. #411	Oakland	CA	94618	True
238-95-7766	Carson	Cheryl	415 548-7723	589 Darwin Ln.	Berkeley	CA	94705	True
267-41-2394	O'Leary	Michael	408 286-2428	22 Cleveland Av. #14	San Jose	CA	95128	True
274-80-9391	Straight	Dean	415 834-2919	5420 College Av.	Oakland	CA	94609	True
341-22-1782	Smith	Meander	913 843-0462	10 Mississippi Dr.	Lawrence	KS	66044	False
409-56-7008	Bennet	Abraham	415 658-9932	6223 Bateman St.	Berkeley	CA	94705	True
427-17-2319	Dull	Ann	415 836-7128	3410 Blonde St.	Palo Alto	CA	94301	True
472-27-2349	Gringlesby	Burt	707 938-6445	PO Box 792	Covelo	CA	95428	True
486-29-1786	Locksley	Charlene	415 585-4620	18 Broadway Av.	San Francisco	CA	94130	True
527-72-3246	Greene	Morningstar	615 297-2723	22 Graybar House Rd.	Nashville	TN	37215	False
648-92-1872	Blotchet-Halls	Reginald	503 745-6402	55 Hillsdale Bl.	Corvallis	OR	97330	True
672-71-3249	Yokomoto	Akiko	415 935-4228	3 Silver Ct.	Walnut Creek	CA	94595	True
712-45-1867	del Castillo	Innes	615 996-8275	2286 Cram Pl. #86	Ann Arbor	MI	48105	True
722-51-5454	DeFrance	Michel	219 547-9982	3 Balding Pl.	Gary	IN	46403	True
724-08-9931	Stringer	Dirk	415 843-2991	5420 Telegraph Av.	Oakland	CA	94609	False
724-80-9391	MacFeather	Stearns	415 354-7128	44 Upland Hts.	Oakland	CA	94612	True
756-30-7391	Karsen	Livia	415 534-9219	5720 McAuley St.	Oakland	CA	94609	True
807-91-6654	Panteley	Sylvia	301 946-8853	1956 Arlington Pl.	Rockville	MD	20853	True
846-92-7186	Hunter	Sheryl	415 836-7128	3410 Blonde St.	Palo Alto	CA	94301	True
893-72-1158	McBadden	Heather	707 448-4982	301 Putnam	Vacaville	CA	95688	False
899-46-2035	Ringer	Anne	801 826-0752	67 Seventh Av.	Salt Lake City	UT	84152	True
998-72-3567	Ringer	Albert	801 826-0752	67 Seventh Av.	Salt Lake City	UT	84152	True

图 7.13 利用 DataTable、DataRow、DataColumn 对象操作数据

(1) 创建一个 Web 应用程序，并新建一个 DataSetDemo.aspx 页面，在该页面的 Page_Load 事件中编写代码。先要创建数据库连接，并使用 SQL Server 中的 Pubs 数据库的 authors 表。

```
// 连接字符串
        String sqlconn = "Data Source = (localdb)\\MSSQLLocalDB;Initial Catalog = pubs; Integrated Security =
True;";
        SqlConnection myConnection = new SqlConnection(sqlconn);
        // 打开数据库连接
        myConnection.Open();
```

(2) 创建 Command 对象为了执行 SQL 命令到数据库服务器：

```
SqlCommand myCommand = new SqlCommand("select * from authors", myConnection);
```

(3) 使用 DataAdapter 数据适配器生成一个 DataSet 数据集，以便于使用 DataTable 对象操作：

```
SqlDataAdapter Adapter=new SqlDataAdapter();
                Adapter.SelectCommand=myCommand;
                DataSet myDs=new DataSet();
                Adapter.Fill(myDs);
```

(4) 使用 DataTable、DataColumn 和 DataRow 对象的相关属性和方法来读取数据并传回到客户端显示出来，完整代码如下：

```
// 程序源代码
using System;
using System.Collections.Generic;
using System.Linq;
using System.Web;
using System.Web.UI;
using System.Web.UI.WebControls;
using System.Data;
using System.Data.SqlClient;
public partial class DataSetDemo : System.Web.UI.Page
{
    protected void Page_Load(object sender, EventArgs e)
    {
        // 连接字符串
        String sqlconn = "Data Source = (localdb)\\MSSQLLocalDB;Initial Catalog = pubs; Integrated Security = True;";
        SqlConnection myConnection = new SqlConnection(sqlconn);
        // 打开数据库连接
        myConnection.Open();
        SqlCommand myCommand = new SqlCommand("select * from authors", myConnection);
        SqlDataAdapter Adapter = new SqlDataAdapter();
        Adapter.SelectCommand = myCommand;
        DataSet myDs = new DataSet();
        Adapter.Fill(myDs);
        // 通过 DataTable、DataColumn 和 DataRow 显示数据库中的数据
        Response.Write("<h3> 使用 DataTable、DataColumn 和 DataRow </h3 ><hr/> ");
```

```
            Response.Write("<table border=1 cellspacing=0 cellpadding=2>");
            // 获取 DataTable
            DataTable myTable = myDs.Tables[0];
            // 显示列名字
            Response.Write("<tr bgcolor=#DAB4B4>");
            foreach (DataColumn myColumn in myTable.Columns)
            {
                Response.Write("<td>" + myColumn.ColumnName + "</td>");
            }
            Response.Write("</tr>");
            for (int i = 0; i < myTable.Rows.Count; i++)
            {
                Response.Write("<tr>");
                DataRow myRow;
                myRow = myTable.Rows[i];
                for (int j = 0; j < myTable.Columns.Count; j++)
                {
                    Response.Write("<td>" + myRow[j] + "</td>");
                }
                Response.Write("</tr>");
            }
            Response.Write("</table>");
            // 关闭与数据库的连接
            myConnection.Close();
        }
    }
```

7.5 使用数据适配器操作数据库

数据适配器是数据操作的重要组件之一，通过它可以将数据源中的数据取出来，并且将数据填充到本地的 DataSet 组件中，从而充当一个良好的桥梁，将远程数据输送到本地，并将本地数据更新回远程服务器。

7.5.1 数据适配器概述

DataSet 对象可以很方便地管理 DataTable 对象，但其本身并不能直接与数据源连接，必须依靠 DataAdapter 对象；因为 DataAdapter 对象是帮助 DataSet 对象和数据源沟通的桥梁。其执行流程如图 7.14 所示。

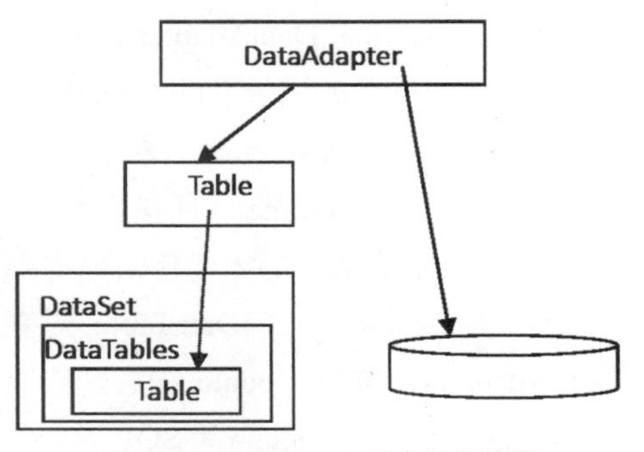

图 7.14　DataAdapter 对象执行流程

通过 DataAdapter 对象取得数据源的数据后，它会先依照数据在数据源中的架构产生一个 DataTable 对象，然后将数据源中的数据取回后填入 DataRow 对象，再将 DataRow 对象填入 DataTable 的 Rows 集合，直到数据源中的数据取完为止。DataAdapter 对象将数据源中的数据取出，并将这些数据都填入自己所产生的 DataTable 对象后，立即将 DataTable 对象加入 DataSet 对象的 DataTables 集合，并结束与数据源的连接。

7.5.2 创建 DataAdapter 对象

依据不同的数据源，需要创建的 DataAdapter 对象方式也略有不同。具体分为两个步骤。

1. OLEDB 数据

(1) 引入命名空间。

如果是 Oledb 数据源，需要引入以下的命名空间：

```
Using System.Data
Using System.Data.oledb
```

(2) 使用 new 命令。

```
OleDbDataAdapter dr = new OleDbDataAdapter();
```

2. SQL 数据

(1) 引入命名空间。

如果是 MS SQL Server 数据源，需要引入以下的命名空间：

```
Using System.Data
Using System.Data.sqlclient
```

(2) 使用 new 命令。

```
SqlDataAdapter dr = new SqlDataAdapter();
```

7.5.3 基于 DataAdapter 对象的数据库操作

读者可以利用 DataAdapter 对象来执行下列操作。

(1) 将数据源的记录取回，并填充到 DataSet 对象来管理。

可以利用 DataAdapter 对象的 Fill 方法将取得的数据填入 DataSet 对象中。当执行这个方法时，它会将 Command 所执行 SQL 语言的 Select 语句送至数据源并执行。

(2) 将 DataTable 的内容传回数据源。

要将 DataSet 中的 DataTable 对象所作的变更传回数据源进行更新，可以使用 DataAdapter 对象的 Update 方法。当使用这个方法时，它会将所需要的 Command 中的 Insert、Update 或是 Delete 等 SQL 语句传回数据源。Update 方法会检查每个 DataRow 的状态，

若 DataRow 是新增加的，该方法就下达 Insert 的 SQL 命令；若 DataRow 被修改过，该方法就下达 Update 的 SQL 命令；若 DataRow 被删除，则下达 Delete 的 SQL 命令。

1. DataAdapter 对象的属性

DataAdapter 对象有 4 个属性，而这 4 个属性都是 Command 对象；分别是 Select Command、InsertCommand、UpdateCommand 及 DeleteCommand 属性，如图 7.15 所示。虽然可以明确表明 DataAdapter 中这些对数据源执行更新操作的 Command 命令对象，然后设定好该 Command 对象的 CommandText 属性，并指定适当的 SQL 命令来达到对数据源更新的目的；但是实际上 DataAdapter 对象会自动产生它所需要的 SQL 命令，并不需要特别指定。

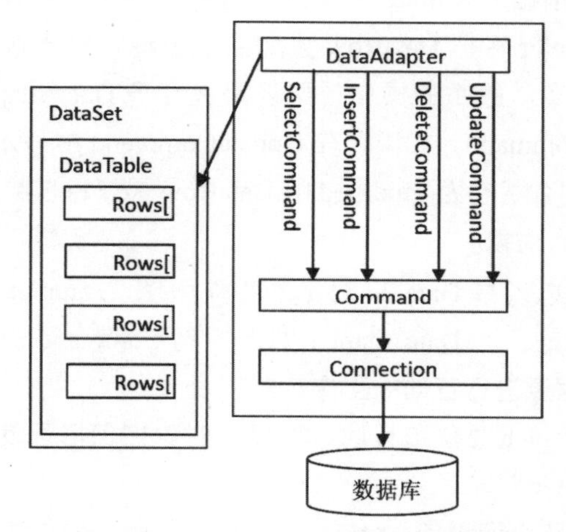

图 7.15　DataAdapter 对象操作数据结构

例如，读者需要将数据从数据源取回，放到 DataSet 对象中的 DataTable 对象中，其数据表内容如表 7.11 所示。

表 7.11　数据记录表

记录状态 (RowState)	UId	Pwd	Name	Phone
未改变 (Unchanged)	admin	6789	刘德华	2008600011
未改变 (Unchanged)	Dgq	5678	曾志伟	3345500022
未改变 (Unchanged)	Whl	abcd	林子祥	3950700033

其中 DataRow 对象中有一个用来表示记录内的数据有无改变的 RowState 属性，预设都是未改变 (Unchanged)。RowState 是 DataRow 很重要的一个属性， 表示 DataRow 当前的状态。RowState 有 Added、Modified、Unchanged、Deleted、Detached 几种，分别表示 DataRow 被添加、修改、无变化、删除、从表中脱离。在调用一些方法或者进行某些操作之后，这些状态可以相互转化。

假设程序将 whl 的 Phone 字段内容改掉，其字段状态就会变成已改变 (Modified)；同理，删除第二条记录，其状态就会变成已删除 (Deleted)，新增一条记录，其状态为新增 (Added)，如表 7.12 所示。

表 7.12　数据状态改变记录表

记录状态 (RowState)	UId	Pwd	Name	Phone
未改变 (Unchanged)	admin	6789	黄淑媛	2008600011
已删除 (Deleted)	Dgq	5678	曾志远	3345500022
已改变 (Modified)	Whl	abcd	林子祥	3950711133
新增 (Added)	Zxy	1000	张学友	1234234567

当使用 DataAdapter 对象的 Update 方法，将 DataSet 的状态更新回数据源时，DataAdapter 对象会去检查 DataTable 中每条记录的 RowState。当 DataSet 对象检查第一条时，并不会产生任何 SQL 命令，因为 RowState 属性标示为未改变 (Unchanged)；当检查到后 3 条时，DataAdapter 可以根据 RowState 来决定如何将修改保存到数据库。如果 DataRow 的状态为 Added，DataAdapter 将把 DataRow 添加到数据库，对于 Modified、Deleted 则将执行更新和删除操作。其实，最终的操作效果还是决定于 DataAdapter 的 SelectCommand、UpdateCommand 等 DbCommand。如果，在 UpdateCommand 中写入 Delete 语句或者执行有删除操作的存储过程，那么状态为 Modified 的 DataRow 最终将在数据库中删除而不是更新。

2. 使用 DataAdapter 对象

DataAdapter 对象可以说是 DataSet 对象的工作引擎，DataSet 和数据源的互动都是由 DataAdapter 对象来执行的；而 DataAdapter 则是控制 Command 对象通过 Connection 对象对数据源下命令，和数据源进行互动的工作。

首先来了解 DataAdapter 对象和其他数据操作对象如何搭配使用，可以通过以下 3 种方法来创建 SqlDataAdapter 对象。

(1) 通过连接字符串和查询语句：

```
String sqlconn = "Data Source = (localdb)\\MSSQLLocalDB;Initial Catalog = pubs; Integrated Security = True;";
    SqlDataAdapter Adapter=new SqlDataAdapter("select * from authors", sqlconn );
    DataSet myDs=new DataSet();
    Adapter.Fill(myDs);// 将数据填充到数据集
    DataGrid1.DataSource=myDs.Tables[0].DefaultView;    // 数据库控件指定数据源
    DataGrid1.DataBind(); // 进行数据邦定
```

这种方法有一个潜在的缺陷：假设应用程序中需要多个 SqlDataAdapter 对象，用这种方式来创建，会导致创建每个 SqlDataAdapter 时都同时创建一个新的 SqlConnection 对象，方法 (2) 可以解决这个问题。

(2) 通过查询语句和 SqlConnection 对象来创建：

```
String sqlconn = "Data Source = (localdb)\\MSSQLLocalDB;Initial Catalog = pubs; Integrated Security = True;";
    SqlConnection myConnection = new SqlConnection(sqlconn);
    // 数据适配器的构造函数的一种重载
    SqlDataAdapter Adapter=new SqlDataAdapter("select * from authors", myConnection);
    DataSet myDs=new DataSet();
    Adapter.Fill(myDs);// 将数据填充到数据集
```

```
        DataGrid1.DataSource=myDs.Tables[0].DefaultView;   // 数据库控件指定数据源
        DataGrid1.DataBind(); // 进行数据邦定
```

(3) 通过 SqlCommand 对象来创建：

```
String sqlconn = "Data Source = (localdb)\\MSSQLLocalDB;Initial Catalog = pubs; Integrated Security = True;";
        SqlConnection myConnection = new SqlConnection(sqlconn);
        // 打开数据库连接
        myConnection.Open();
        // 使用 SqlDataAdapter 时没有必要从 Connection.open() 打开，
//SqlDataAdapter 会自动打开、关闭它
SqlCommand myCommand = new SqlCommand("select * from authors", myConnection);
        SqlDataAdapter Adapter=new SqlDataAdapter(myCommand );
 DataSet myDs=new DataSet();
        Adapter.Fill(myDs); // 将数据填充到数据集
        DataGrid1.DataSource=myDs.Tables[0].DefaultView;
        DataGrid1.DataBind();
        // 关闭与数据库的连接
        myConnection.Close();
```

上述范例将数据所取回的 DataTable 对象填充到 DataSet 对象中的 Tables 集合，就可以利用 Index 或是 DataTable 名称的方式来取出集合中的对象。取出 DataTable 对象后，可以利用 DataTable 中 Rows 集合的 Count 属性取得总共有几条记录，并将这些记录全部显示出来。由于 Rows 集合是由 0 开始计算，所以最后一个 DataRow 对象的 Index 值总是比 Count 属性少 1。

取回第一个数据表后要从数据源再取回第二个数据表，要修改 DataAdapter 对象中 SelectCommand 属性的 CommandText 属性，将 CommandText 的内容改成要从数据源取回数据的 SQL 命令语句。因为 SelectCommand 属性本身就是 Command 对象，所以设定 SelectCommand 的方法和设定 Command 对象的方法一样；修改完毕后就可以再利用 DataAdapter 对象的 Fill 方法将数据取回。数据从数据源取回后，填充入名为 myDS 的 DataSet 对象中。第一个 DataTable 在 Tables 集合中的 Index 值为 0，而第二个填入的 DataTable 在 Tables 集合中的 Index 值为 1，如图 7.16 所示。

DataSet
Tables 集合
Tables[0] Members
Tables[1] Orders

图 7.16　Tables 集合内表对象

3. 利用 DataAdapter 对象更新数据

在处理数据时，DataRow 对象会自动记录目前记录的状况。只要记录一有改变便作标记，当调用 DataAdapter 对象的 Update 方法时，DataAdapter 会自动产生适当的 SQL 命令将修改更新至数据源，以下为 Update 方法的语法：

```
SqlDataAdapter Adapter = new SqlDataAdapter("select * from authors", myConnection);
    DataSet myDs = new DataSet();
    Adapter.Fill(myDs, "auth");
    myDs.Tables[0].Rows[0][0] = "1111111111";// 修改 myDS 表中的值
// 产生 INSERT、DELETE、UPDATE 命令
    SqlCommandBuilder but = new SqlCommandBuilder(Adapter);
    Adapter.Update(myDs, "auth");
```

上述程序代码叙述在 DataAdapter 对象调用 Update 方法时，会自动产生适当的 SQL 命令来执行更新动作。接下来作一个完整的范例，这个范例一开始会先将所有会员数据显示出来，并准备一些文本输入框。读者可以在文本输入框内输入所要修改的记录编号、字段名称以及要替代的新值，输入完毕后可单击“确定”按钮执行更新工作，具体实现步骤如下。

(1) 首先创建一个 Web 应用程序，在新建的 Web 页面上添加 3 个 TextBox 文本框和 (3) 个 Button 按钮以及一个用于显示数据的 GridView 控件，如图 7.17 所示。

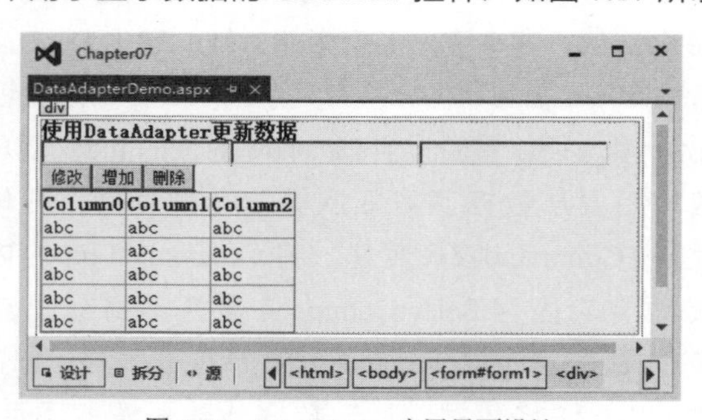

图 7.17　DataAdapter 应用界面设计

(2) 在 Web 页面的 PageLoad 事件中编写代码用于初始化该页面。

```
private SqlDataAdapter adapter;
        private DataSet myDs;
        protected void Page_Load(object sender, EventArgs e)
        {
            // 连接字符串
            String sqlconn = "Data Source = (localdb)\\MSSQLLocalDB;Initial Catalog = pubs; Integrated Security =
True;";
            SqlConnection myConnection = new SqlConnection(sqlconn);
            adapter = new SqlDataAdapter("select * from authors", myConnection);
// 自动生成 INSERT、DELETE、UPDATE 命令
            SqlCommandBuilder but = new SqlCommandBuilder(adapter);
```

```
            myDs = new DataSet();
            adapter.Fill(myDs, "auth");// 将数据填充到数据集
            GridView1.DataSource = myDs.Tables[0].DefaultView;    // 数据库控件指定数据源
            GridView1.DataBind(); // 进行数据邦定
            if (!IsPostBack)
            {
                TextBox1.Text = (string)myDs.Tables[0].Rows[0][0];
                TextBox2.Text = (string)myDs.Tables[0].Rows[0][1];
                TextBox3.Text = (string)myDs.Tables[0].Rows[0][2];
            }
        }
```

(3) 在修改按钮事件中编写代码如下，用于更新数据库：

```
protected void Button1_Click(object sender, EventArgs e)
    {
        myDs.Tables[0].Rows[0][0] = this.TextBox1.Text;
        myDs.Tables[0].Rows[0][1] = this.TextBox2.Text;
        myDs.Tables[0].Rows[0][2] = this.TextBox3.Text;
        adapter.Update(myDs,"auth");
        // 刷新数据显示
        GridView1.DataSource = myDs.Tables[0].DefaultView;    // 数据库控件指定数据源
        GridView1.DataBind(); // 进行数据邦定
    }
```

(4) 在增加按钮事件中编写代码如下，用于增加一条新的记录：

```
protected void Button2_Click(object sender, EventArgs e)
    {
        // 新增记录
        DataRow row = myDs.Tables[0].NewRow();//RowState 为 Detached
        // 为所有的非空列赋值
        row[0] = TextBox1.Text;
        row[1] = TextBox2.Text;
        row[2] = TextBox3.Text;
        row[8] = true;
        myDs.Tables[0].Rows.Add(row);//RowState 为 Added
        adapter.Update(myDs,"auth");
        // 刷新数据显示
        GridView1.DataSource = myDs.Tables[0].DefaultView;    // 数据库控件指定数据源
        GridView1.DataBind(); // 进行数据邦定
    }
```

(5) 在删除按钮事件中编写代码如下，用于删除指定的记录：

```
protected void Button3_Click(object sender, EventArgs e)
    {
        // 删除记录
        // 第一种方法：使用 Find 方法查找，要求表 auth 要有主键
        DataRow row;
        row = myDs.Tables[0].Rows.Find(TextBox1.Text);
        row.Delete();
        // 第二种方法：使用 Select 方法查找，返回一个数组
        //DataRow[] rows = myDs.Tables[0].Select("au_id='" + TextBox1.Text+"'");
        //if (rows.Length==0) return;
        //rows[0].Delete();
        adapter.Update(myDs, "auth");
        // 刷新数据显示
        GridView1.DataSource = myDs.Tables[0].DefaultView;    // 数据库控件指定数据源
        GridView1.DataBind(); // 进行数据邦定
    }
```

上面提供了两种方法进行记录的定位，如果使用第一种方法，就必须为表 auth 添加主键，只需在首次 Fill 之后定义数据表的主键约束即可，代码如下：

```
        adapter.Fill(myDs, "auth");// 将数据填充到数据集
        // 为表 auth 添加主键
        myDs.Tables[0].PrimaryKey = new DataColumn[] { myDs.Tables[0].Columns[0] };
```

运行结果如图 7.18 所示。

localhost:52333/DataAdapterDemo.aspx

使用DataAdapter更新数据

172-32-1176　White　Johnson

修改　增加　删除

au_id	au_lname	au_fname	phone	address	city	state	zip	contract
172-32-1176	White	Johnson	408 496-7223	10932 Bigge Rd.	Menlo Park	CA	94025	☑
213-46-8915	Green	Marjorie	415 986-7020	309 63rd St. #411	Oakland	CA	94618	☑
238-95-7766	Carson	Cheryl	415 548-7723	589 Darwin Ln.	Berkeley	CA	94705	☑
267-41-2394	O'Leary	Michael	408 286-2428	22 Cleveland Av. #14	San Jose	CA	95128	☑
274-80-9391	Straight	Dean	415 834-2919	5420 College Av.	Oakland	CA	94609	☑
341-22-1782	Smith	Meander	913 843-0462	10 Mississippi Dr.	Lawrence	KS	66044	☐
409-56-7008	Bennet	Abraham	415 658-9932	6223 Bateman St.	Berkeley	CA	94705	☑
427-17-2319	Dull	Ann	415 836-7128	3410 Blonde St.	Palo Alto	CA	94301	☑
472-27-2349	Gringlesby	Burt	707 938-6445	PO Box 792	Covelo	CA	95428	☑
486-29-1786	Locksley	Charlene	415 585-4620	18 Broadway Av.	San Francisco	CA	94130	☑
527-72-3246	Greene	Morningstar	615 297-2723	22 Graybar House Rd.	Nashville	TN	37215	☐
648-92-1872	Blotchet-Halls	Reginald	503 745-6402	55 Hillsdale Bl.	Corvallis	OR	97330	☑
672-71-3249	Yokomoto	Akiko	415 935-4228	3 Silver Ct.	Walnut Creek	CA	94595	☑
712-45-1867	del Castillo	Innes	615 996-8275	2286 Cram Pl. #86	Ann Arbor	MI	48105	☑
722-51-5454	DeFrance	Michel	219 547-9982	3 Balding Pl.	Gary	IN	46403	☑
724-08-9931	Stringer	Dirk	415 843-2991	5420 Telegraph Av.	Oakland	CA	94609	☐
724-80-9391	MacFeather	Stearns	415 354-7128	44 Upland Hts.	Oakland	CA	94612	☑
756-30-7391	Karsen	Livia	415 534-9219	5720 McAuley St.	Oakland	CA	94609	☑
807-91-6654	Panteley	Sylvia	301 946-8853	1956 Arlington Pl.	Rockville	MD	20853	☑
846-92-7186	Hunter	Sheryl	415 836-7128	3410 Blonde St.	Palo Alto	CA	94301	☑
893-72-1158	McBadden	Heather	707 448-4982	301 Putnam	Vacaville	CA	95688	☐
899-46-2035	Ringer	Anne	801 826-0752	67 Seventh Av.	Salt Lake City	UT	84152	☑
998-72-3567	Ringer	Albert	801 826-0752	67 Seventh Av.	Salt Lake City	UT	84152	☑

图 7.18　使用 DataAdapter 对象更新数据

强化练习

本章主要讲解了ADO.NET模型中Connection、Command、DataAdapter、DataSet及DataReader对象特点，并通过实例在ASP.NET中使用ADO.NET对象建立数据库连接并操作数据库中的数据。通过对本章内容的学习，读者应该能够使用ADO.NET来实现对各种数据库进行操作，对各种数据库操作组件对象有一个较好的认识，本章难点在于面向无连接数据操作对象DataSet的应用。

练习1　练习面向连接的数据库访问方法。

在VS2015中新建一个ASP.NET网站项目，然后新建一个网页，在已经安装好的SQL Server中建立一个数据库并建立一个数据表。然后在Web页面的CS代码page_Load()事件中利用DataCommand命令和DataReader对象来实现对数据库中数据的读取。该练习参考7.4.1小节的内容。

练习2　练习面向无连接的数据库访问方法。

在VS2015中新建一个ASP.NET网站项目，然后新建一个网页，在已经安装好的SQL Server中建立一个数据库并建立一个数据表。然后在Web页面的CS代码page_Load()事件中利用DataAdapter和DataSet对象来实现对数据库中数据的读取。该练习参考7.4.2小节的内容。

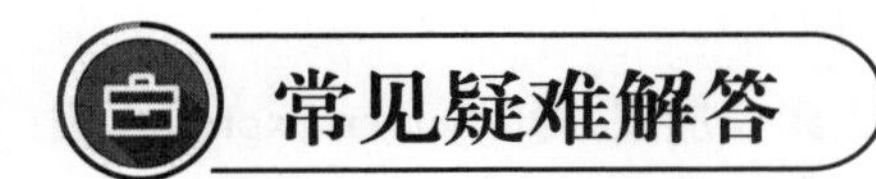

常见疑难解答

问：连接Access 2007创建的数据库时，提示错误：未在本地计算机上注册“microsoft.ACE.oledb.12.0”提供程序。

答：下载Microsoft 2007 Office System驱动程序：数据连接组件安装http://download.microsoft.com/download/7/0/3/703ffbcb-dc0c-4e19-b0da-1463960fdcdb/AccessDatabaseEngine.exe。

此下载将安装一组组件，非Microsoft Office应用程序可以使用它们从2007 Office system文件中读取数据，如从Microsoft Office Access 2007(mdb和accdb)文件以及Microsoft Office Excel 2007(xls、xlsx和xlsb)文件中读取数据。这些组件还支持与Microsoft Windows SharePoint Services和文本文件建立连接。

此外，还会安装ODBC和OLEDB驱动程序，供应用程序开发人员在开发与Office文件格式连接的应用程序时使用。

问：安装了VS2015，怎么才能用VS2015本身自带的SQL创建数据库？

答：VS2015默认安装中，自带的SQL部分组件并没有创建和管理数据库的功能，这些组件只用于连接和管理数据库。可以通过以下方法解决。

(1) 可以选择加装SQL Server Data Tools。运行VS2015的安装程序，单击“修改”按钮，在图7.19所示界面中选中Microsoft SQL Server Data Tools复选框，更新即可。

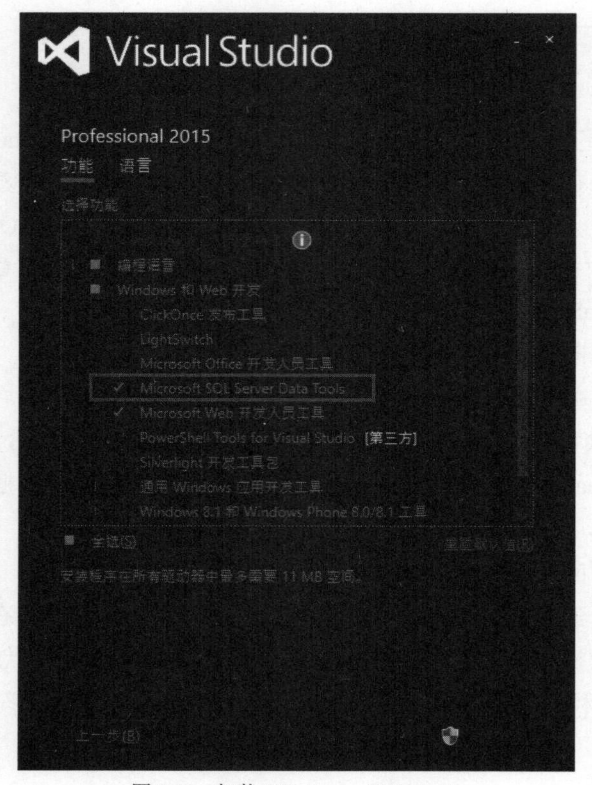

图 7.19 加装 SQL Server Data Tools

(2) 另行加装 SQL Server 的单机版或服务器版。个人建议加装 SQL Server Express，因为要针对 SQL Server 进行开发的话，很多工作不去 SQL Server 中的 SQL Server Management Studio 中是难以完成甚至无法完成的。

问：DataAdapter.Update() 无法更新数据表中删除的数据行。

答：DataAdapter.Update() 方法主要用来：对数据库数据进行批量更新(插入、更新、删除)。当对数据库查出的数据表 dataTable 进行相关的插入、更新、删除操作后，使用 DataAdapter.Update() 更新数据之前，不能调用 DataTable.AcceptChanges() 方法。因为 AcceptChanges() 方法会提交自上次调用 AcceptChanges 以来对该表进行的所有更改。DataRowState 也发生更改：所有 Added 和 Modified 行都变为 Unchanged，Deleted 行则被移除。这样，DataAdapter.Update() 检测不到数据的变化，就不能更新数据。

DataTable.Rows.Remove(DataRow) 和 DataTable.Rows.RemoveAt(DataRowIndex) 方法删除 DataRow 时，等同于先调用 DataTable.Rows[rowIndex].Delete()，再调用 DataTable.AcceptChanges()。

因此，在需要更新到数据源时，需要使用 DataTable.Rows[rowIndex].Delete() 方法删除数据。

第8章 ASP.NET中的数据绑定

内容导读

使用 ASP.NET 数据绑定，可以将任何服务器控件绑定到简单的属性、集合、表达式和/或方法。如果使用数据绑定，则当用户在数据库中或通过其他方法使用数据时，会具有更大的灵活性。

本章将讲解 ASP.NET 数据绑定基本知识，实现简单数据及控件数据绑定，使用 GridView、DataList、FormView、DataPager、DetailsView 等控件实现在 ASP.NET Web 页面上进行数据绑定，从而将数据源中数据在页面上显示出来。

通过本章的学习，读者应该重点掌握数据绑定的基本知识和如何使用 ASP.NET 控件来实现数据绑定，读取数据源中数据并在页面上显示。

学习目标

◆ 了解数据绑定的基础知识

◆ 熟悉单值和列表控件的数据绑定

◆ 掌握 GridView 控件的数据绑定、模板列、排序和分页方法

◆ 掌握 DataList 和 FormView 以及其他控件数据绑定的方法

课时安排

◆ 理论学习 6 课时

◆ 上机操作 4 课时

8.1 数据绑定概述

在第7章的ADO.NET中已经介绍过如何与Access及MS SQL Server数据源进行互操作，接下来介绍如何将这些数据源的数据通过数据控件在客户端显示出来。要将数据通过数据控件显示，可撰写一些程序进行手动的数据绑定 (Data Binding)，或是通过控件本身的数据绑定能力，让控件自动呈现数据。

对于数据库中已经取得的数据，可以通过数据绑定以便于让数据能够在前台网页中得以显示。前台网页数据绑定具体实现主要有以下几种方式。

(1) 绑定简单属性： Customer: <%# custID %>。

(2) 绑定集合： Orders:<asp:ListBox id="List1" datasource='<%# myArray %>'。

(3) 绑定表达式：Contact: <%# (customer.First Name + " " + customer.LastName) %>。

(4) 绑定方法结果：Outstanding Balance: <%# GetBalance(custID) %>。

其中，“#”表示要进行数据绑定操作。ASP.NET 页面不会自动执行数据绑定操作，只有在程序中调用 DataBind() 方法时才会执行绑定操作。每个控件都有 DataBind() 方法，而且 Page 对象也有 DataBind() 方法。当调用 Page 对象的 DataBind() 方法时，ASP.NET 页面会自动调用页面中每个控件的 DataBind() 方法，从而最终实现数据的绑定并显示出来。

另外，ASP.NET 框架提供了一种静态方法——DataBinder.Eval()，用于计算后期绑定的数据绑定表达式，并且可选择将结果格式转换为字符串。使用 DataBinder.Eval() 方法很方便，因为它消除了用户为强迫将值转换为所需的数据类型而必须做的显式转换数据转换。这对数据绑定模板列表内的控件时尤其有用，因为通常数据行和数据字段的类型都必须转换。

DataBinder.Eval() 方法只是一个具有 3 个参数的方法，即数据项的命名容器、数据字段名和格式字符串。在像 DataList、GridView 或 DetailsView 这样的模板列表中，命名容器始终是 Container.DataItem。

```
<%# DataBinder.Eval(Container.DataItem,"IntegerValue","{0:c}") %>
```

格式字符串参数是可选的。如果省略它，则 DataBinder.Eval 返回对象类型的值，示例代码如下：

```
<%# DataBinder.Eval(Container.DataItem,"BoolValue") %>
```

8.2 单值和列表控件的数据绑定

对于后台公有变量及列表控件，在具体的应用过程中经常会用到，需要将它们进行数据绑定，以便让数据能够在前台网页中得以显示。

8.2.1 单值绑定

单值绑定指在页面的后台 CS 代码中定义公有变量，代码如下：

```
public string gongYou = " 声明的公有成员 ";
```

如果要在前台 Web 页面上将该变量的值及时显示出来，则需要用到单值绑定的方式，具体操作方法如下。

(1) 在页面的源代码中完成数据绑定，代码如下：

```
<asp:Label ID="lblMgs" runat="server" Text="<%#gongYou%>"></asp:Label>
```

(2) 要记得进行数据绑定方法的调用才可以完成数据的显示：

```
protected void Page_Load(object sender, EventArgs e)
    {
        Page.DataBind();
    }
```

8.2.2 列表控件的数据绑定

对于常用的列表控件，同样可以实时地将后台的数据给它，以便于动态选择一些后台数据。像 DropDownList、ListBox 等列表服务器控件将集合用于数据源。下面的示例说明如何绑定到通常的公共语言运行库集合类型。这些控件只能绑定到支持 IEnumerable、ICollection 或 IListSource 接口的集合。最常见的是绑定到 ArrayList、Hashtable 和 DataReader 等。以下示例说明如何将 DropDownList 控件绑定到 ArrayList，其运行结果如图 8.1 所示。

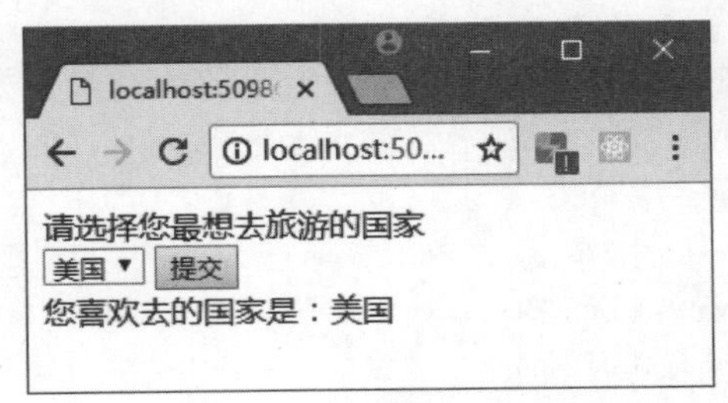

图 8.1　集合数据的绑定结果

(1) 在 Web 应用程序中新建一个 Web 页面，在页面上添加图 8.1 所示的 DropDownList 和 Button 按钮。

(2) 在后台 CS 文件的 Page_Load 事件中首先创建一个 ArrayList 集合对象，并在该对象中添加一些数据，具体代码如下：

```
ArrayList values=new ArrayList();
values.Add(" 英国 ");
values.Add(" 美国 ");
values.Add(" 中国 ");
```

(3) 将该集合对象作为数据源并绑定到 DropDownList 控件上，实现代码如下：

```
DropDownList1.DataSource=values;
DropDownList1.DataBind();
```

(4) 在 Button 控件的事件中添加以下代码用于调用 DropDownList 选定的值：

```
private void Button1_Click(object sender, System.EventArgs e)
{
Label1.Text=" 您喜欢去的国家是："+DropDownList1.SelectedValue;
}
```

该示例完整的代码如下：

```
using System;
using System.Collections;
using System.Collections.Generic;
using System.Linq;
using System.Web;
using System.Web.UI;
using System.Web.UI.WebControls;
namespace ListDataBind
{
    public partial class DropDownListDemo : System.Web.UI.Page
    {
        protected void Page_Load(object sender, EventArgs e)
        {
            if (!Page.IsPostBack)  // 判断是否第一次提交页面
            {
                ArrayList values = new ArrayList();  // 产生一个数据集合对象
                values.Add(" 英国 ");   // 往该集合对象中添加数据
                values.Add(" 美国 ");
                values.Add(" 中国 ");
                DropDownList1.DataSource = values;  // 为 DropDownList 控件指明数据源
                DropDownList1.DataBind();   // 为 DropDownList 控件实现数据绑定
            }
        }
        protected void Button1_Click(object sender, EventArgs e)
        {
          Label1.Text = " 您喜欢去的国家是： " + DropDownList1.SelectedValue; // 获取列表选定的值
        }
    }
}
```

8.3 GridView 控件

GridView 是 ASP.NET 中功能非常丰富的控件之一，它可以以表格的形式显示数据库的内容，并通过数据源控件自动绑定和显示数据。开发人员能够通过配置数据源控件对

GridView 中的数据进行选择、排序、分页、编辑和删除功能进行配置。GridView 控件还能够指定自定义样式，在没有任何数据时可以自定义无数据时的外观样式。

8.3.1　GridView 控件的数据绑定

GridView 控件的数据绑定方式主要分为视图状态和后台程序两大类数据绑定方式。其一是使用 DataSourceID 进行数据绑定，这种方法通常情况下是绑定数据源控件；而另一种则是使用 DataSource 属性进行数据绑定，这种方法能够将 GridView 控件绑定到包括 ADO.NET 数据和数据读取器内的各种对象。

1. 视图数据绑定

GridView 控件为开发人员提供了强大的管理方案，同样 GridView 也支持内置格式。下面演示如何在 Web 页面中利用视图方式添加数据绑定，实现过程如下。

(1) 首先在 DataBindByView.aspx 的页面上添加一个 GridView 控件，单击 GridView 控件右上角的小三角弹出 GridView 任务对话框，然后再单击”选择数据源”右侧的下拉按钮，选择“新建数据源”选项，如图 8.2 所示。

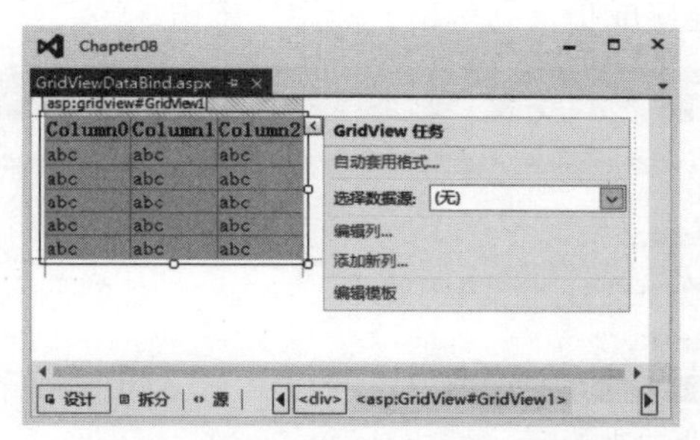

图 8.2　选择视图数据绑定自动套用格式

(2) 由于要连接 pubs 数据库，故选择“SQL 数据库”，然后单击“确定”按钮，如图 8.3 所示。

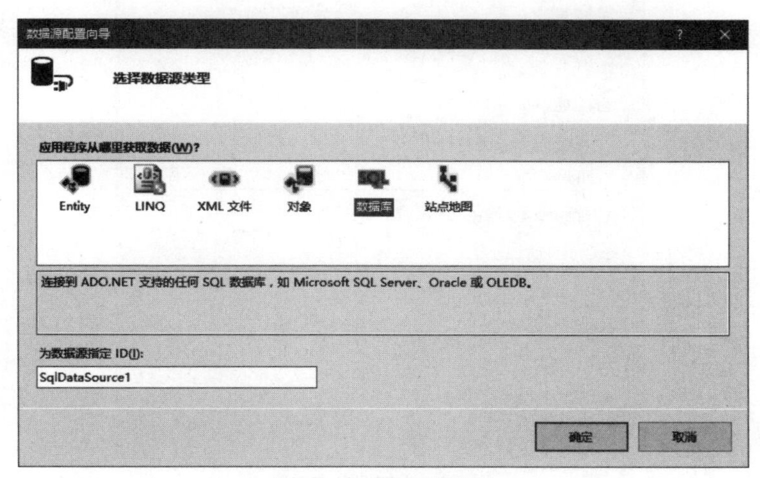

图 8.3　数据源配置向导

(3) 在打开的对话框中选择“新建连接”，打开“选择数据源”对话框，选择 Microsoft SQL Server 选项，单击“继续”按钮，如图 8.4 所示。

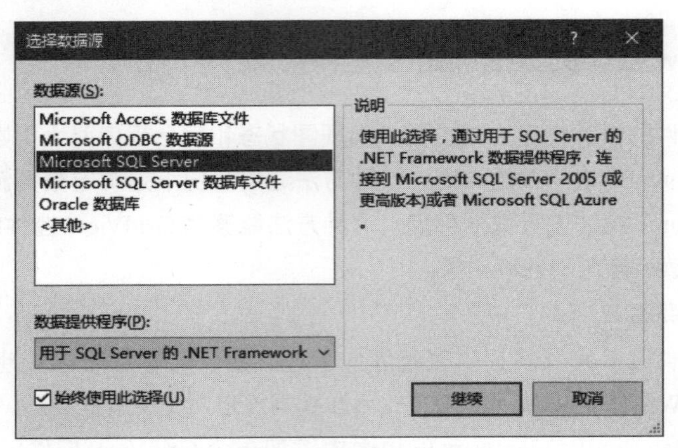

图 8.4　选择数据源

(4) 在打开的图 8.5 所示对话框中，输入或者选择要连接的 SQL Server 服务器名，然后选择 pubs 数据库，测试连接成功，则单击“确定”按钮。

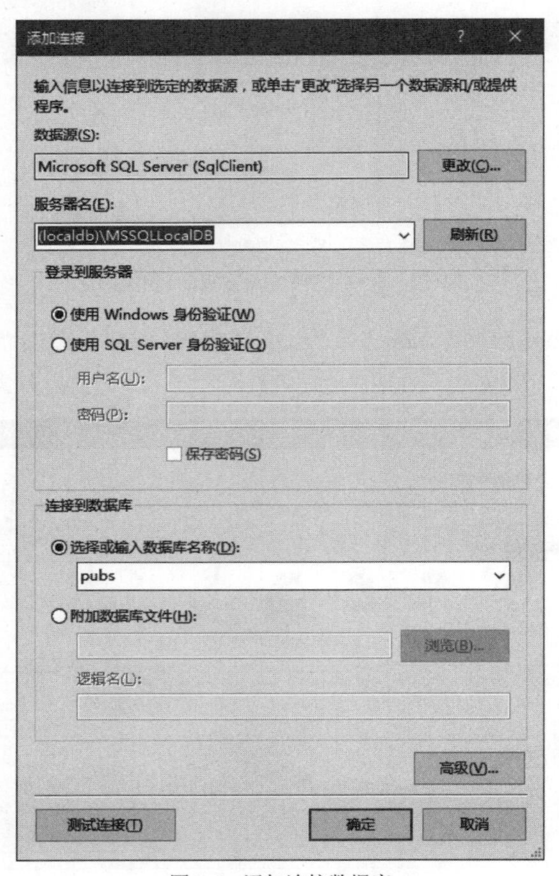

图 8.5　添加连接数据库

(5) 然后在图 8.6 所示对话框中配置 Select 语句，选择 authors 表的所有列；在图 8.7 所示对话框中单击“测试查询”按钮，成功后即可完成数据源的配置。

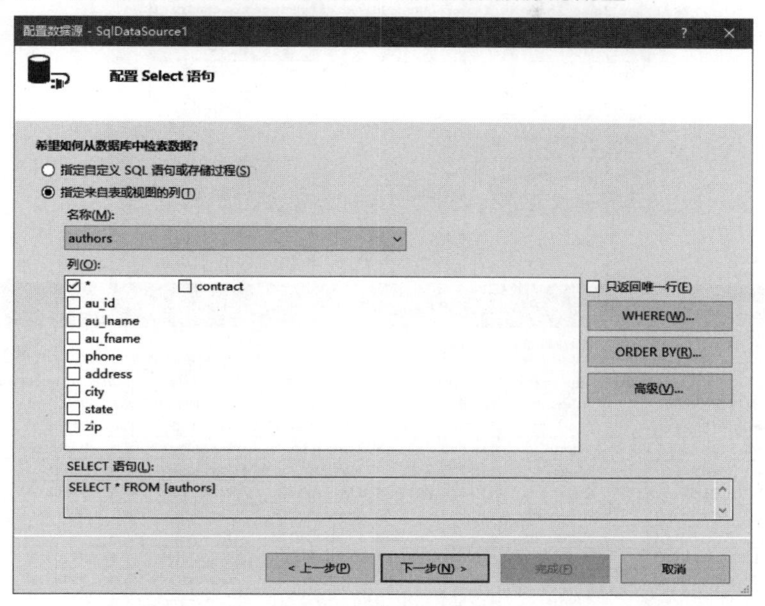

图 8.6　配置 Select 语句

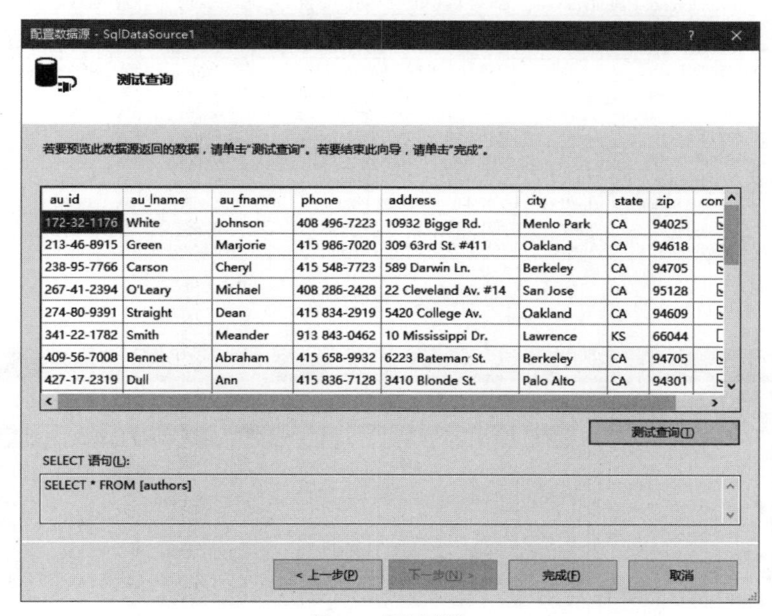

au_id	au_lname	au_fname	phone	address	city	state	zip	con
172-32-1176	White	Johnson	408 496-7223	10932 Bigge Rd.	Menlo Park	CA	94025	
213-46-8915	Green	Marjorie	415 986-7020	309 63rd St. #411	Oakland	CA	94618	
238-95-7766	Carson	Cheryl	415 548-7723	589 Darwin Ln.	Berkeley	CA	94705	
267-41-2394	O'Leary	Michael	408 286-2428	22 Cleveland Av. #14	San Jose	CA	95128	
274-80-9391	Straight	Dean	415 834-2919	5420 College Av.	Oakland	CA	94609	
341-22-1782	Smith	Meander	913 843-0462	10 Mississippi Dr.	Lawrence	KS	66044	
409-56-7008	Bennet	Abraham	415 658-9932	6223 Bateman St.	Berkeley	CA	94705	
427-17-2319	Dull	Ann	415 836-7128	3410 Blonde St.	Palo Alto	CA	94301	

图 8.7　测试查询

(6) 选择数据源后，GridView 的结果如图 8.8 所示，无须编写任何代码，运行程序即可查看 authors 表的数据，如图 8.9 所示。

(7) 由于显示的运行结果比较单调，可以在“GridView 任务”(见图 8.2) 中选择“自动套用格式 ...”命令，在弹出的对话框中选择读者喜欢的视图显示格式后确定即可，如图 8.10 所示。

Chapter08 - DataBindByView.aspx

au_id	au_lname	au_fname	phone	address	city	state	zip	contract
abc	abc	abc	abc	abc	abc	abc	abc	☐
abc	abc	abc	abc	abc	abc	abc	abc	☑
abc	abc	abc	abc	abc	abc	abc	abc	☐
abc	abc	abc	abc	abc	abc	abc	abc	☑
abc	abc	abc	abc	abc	abc	abc	abc	☐

SqlDataSource - SqlDataSource1

设计 拆分 源 <form#form1> <div> <asp:GridView#GridView1>

图 8.8　设置成功结果

localhost:51535/DataBindByView.aspx

au_id	au_lname	au_fname	phone	address	city	state	zip	contract
172-32-1176	White	Johnson	408 496-7223	10932 Bigge Rd.	Menlo Park	CA	94025	☑
213-46-8915	Green	Marjorie	415 986-7020	309 63rd St. #411	Oakland	CA	94618	☑
238-95-7766	Carson	Cheryl	415 548-7723	589 Darwin Ln.	Berkeley	CA	94705	☑
267-41-2394	O'Leary	Michael	408 286-2428	22 Cleveland Av. #14	San Jose	CA	95128	☑
274-80-9391	Straight	Dean	415 834-2919	5420 College Av.	Oakland	CA	94609	☑
341-22-1782	Smith	Meander	913 843-0462	10 Mississippi Dr.	Lawrence	KS	66044	☐
409-56-7008	Bennet	Abraham	415 658-9932	6223 Bateman St.	Berkeley	CA	94705	☑
427-17-2319	Dull	Ann	415 836-7128	3410 Blonde St.	Palo Alto	CA	94301	☑
472-27-2349	Gringlesby	Burt	707 938-6445	PO Box 792	Covelo	CA	95428	☑
486-29-1786	Locksley	Charlene	415 585-4620	18 Broadway Av.	San Francisco	CA	94130	☑
527-72-3246	Greene	Morningstar	615 297-2723	22 Graybar House Rd.	Nashville	TN	37215	☐
648-92-1872	Blotchet-Halls	Reginald	503 745-6402	55 Hillsdale Bl.	Corvallis	OR	97330	☑
672-71-3249	Yokomoto	Akiko	415 935-4228	3 Silver Ct.	Walnut Creek	CA	94595	☑
712-45-1867	del Castillo	Innes	615 996-8275	2286 Cram Pl. #86	Ann Arbor	MI	48105	☑
722-51-5454	DeFrance	Michel	219 547-9982	3 Balding Pl.	Gary	IN	46403	☑
724-08-9931	Stringer	Dirk	415 843-2991	5420 Telegraph Av.	Oakland	CA	94609	☐
724-80-9391	MacFeather	Stearns	415 354-7128	44 Upland Hts.	Oakland	CA	94612	☑
756-30-7391	Karsen	Livia	415 534-9219	5720 McAuley St.	Oakland	CA	94609	☑
807-91-6654	Panteley	Sylvia	301 946-8853	1956 Arlington Pl.	Rockville	MD	20853	☑
846-92-7186	Hunter	Sheryl	415 836-7128	3410 Blonde St.	Palo Alto	CA	94301	☑
893-72-1158	McBadden	Heather	707 448-4982	301 Putnam	Vacaville	CA	95688	☐
899-46-2035	Ringer	Anne	801 826-0752	67 Seventh Av.	Salt Lake City	UT	84152	☑
998-72-3567	Ringer	Albert	801 826-0752	67 Seventh Av.	Salt Lake City	UT	84152	☑

图 8.9　运行结果

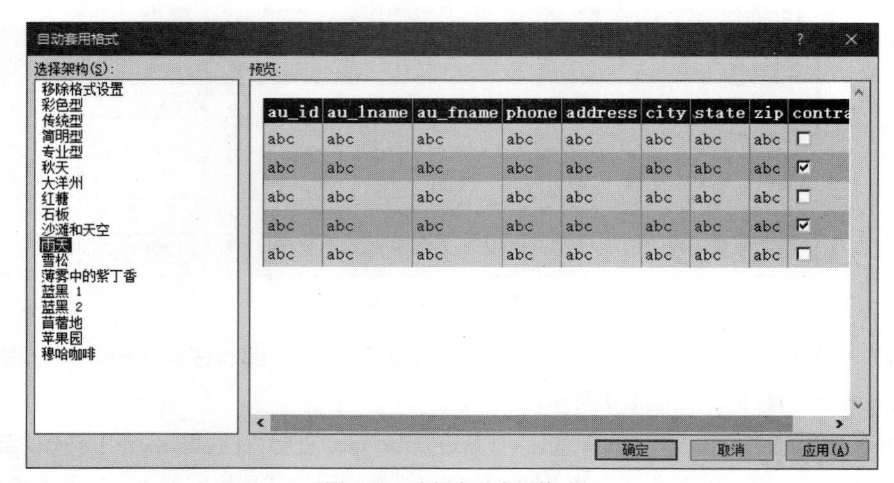

图 8.10　选择自动套用格式

(8) GridView 控件是以表格为表现形式，GridView 控件包括行和列，通过配置相应的属性能够编辑相应的行样式，同样也可以在图 8.2 所示对话框中选择“编辑列”命令来编写相应的列样式，如图 8.11 所示。

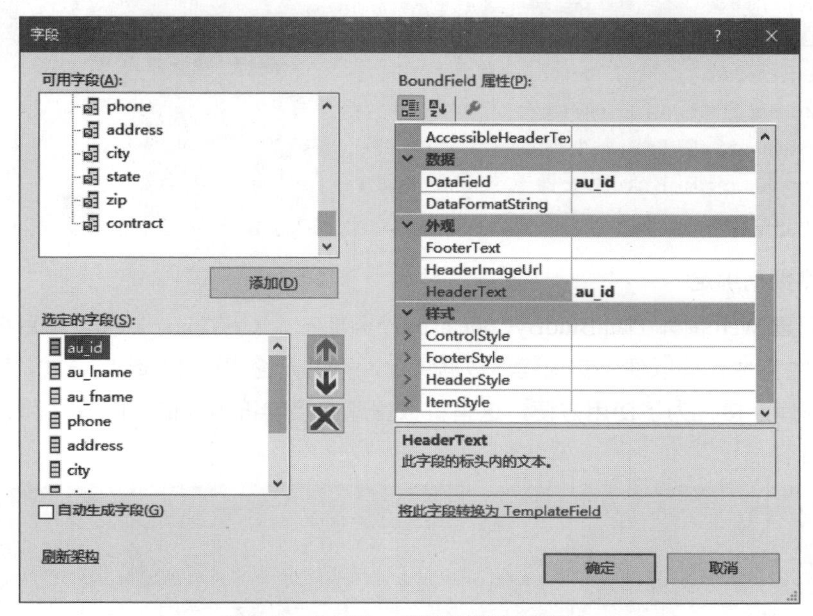

图 8.11　GridView 视图数据绑定项设定

如需将表头的英文修改为中文，只要将字段的 HeaderText 属性修改为相应的中文即可。

(9) 单击图 8.8 所示设计结果的“源”按钮即可以看到 GridView 控件的 HTML 标签所生成的代码，具体如下：

```
<asp:GridView ID="GridView1" runat="server" AutoGenerateColumns="False" BackColor="White"
BorderColor="#999999" BorderStyle="None" BorderWidth="1px" CellPadding="3" DataKeyNames="au_id"
DataSourceID="SqlDataSource1" GridLines="Vertical">
        <AlternatingRowStyle BackColor="#DCDCDC" />
 <Columns>
      <asp:BoundField DataField="au_id" HeaderText=" 编号 " ReadOnly="True" SortExpression="au_id" />
      <asp:BoundField DataField="au_lname" HeaderText="au_lname" SortExpression="au_lname" />
      <asp:BoundField DataField="au_fname" HeaderText="au_fname" SortExpression="au_fname" />
      <asp:BoundField DataField="phone" HeaderText="phone" SortExpression="phone" />
      <asp:BoundField DataField="address" HeaderText="address" SortExpression="address" />
      <asp:BoundField DataField="city" HeaderText="city" SortExpression="city" />
      <asp:BoundField DataField="state" HeaderText="state" SortExpression="state" />
      <asp:BoundField DataField="zip" HeaderText="zip" SortExpression="zip" />
      <asp:CheckBoxField DataField="contract" HeaderText="contract" SortExpression="contract" />
 </Columns>
```

```
        <FooterStyle BackColor="#CCCCCC" ForeColor="Black" />
        <HeaderStyle BackColor="#000084" Font-Bold="True" ForeColor="White" />
        <PagerStyle BackColor="#999999" ForeColor="Black" HorizontalAlign="Center" />
        <RowStyle BackColor="#EEEEEE" ForeColor="Black" />
        <SelectedRowStyle BackColor="#008A8C" Font-Bold="True" ForeColor="White" />
        <SortedAscendingCellStyle BackColor="#F1F1F1" />
        <SortedAscendingHeaderStyle BackColor="#0000A9" />
        <SortedDescendingCellStyle BackColor="#CAC9C9" />
        <SortedDescendingHeaderStyle BackColor="#000065" />
    </asp:GridView>
```

2. 程序数据绑定

首先新建 Web 窗体 DataBindByCode.aspx，添加一个 GridView 控件。然后就可以在后台 CS 程序中完成代码以便于实现程序数据绑定，不过无论哪种数据绑定方式，都必须首先要建立数据库连接，为了使用方便，这里将数据库连接字符串存储在配置文件 (web.config) 中，代码如下：

```
<configuration>
 <appSettings>
   <add key="DataBaseConnection" value="uid=sa;pwd=;Data Source=localhost; database=pubs" />
 </appSettings>
<connectionStrings>
     <add name="pubsConnectionString" connectionString="Data Source=(localdb)\MSSQLLocalDB; Initial
Catalog=pubs;Integrated Security=True"
         providerName="System.Data.SqlClient" />
   </connectionStrings>
</configuration>
```

最后必须在 page_load 中完成程序代码的编写，以便于最终完成数据源数据的取得并实现数据的绑定，具体代码如下：

```
public partial class DataBindByCode : System.Web.UI.Page
    {
        protected void Page_Load(object sender, EventArgs e)
        {
            String sqlconn = System.Web.Configuration.WebConfigurationManager.
ConnectionStrings["pubsConnectionString"].ConnectionString;
            SqlConnection myConnection = new SqlConnection(sqlconn);
            SqlCommand myCommand = new SqlCommand("select * from authors", myConnection);
            SqlDataAdapter Adapter = new SqlDataAdapter(myCommand);
            DataSet myDs = new DataSet();
            Adapter.Fill(myDs); // 将数据填充到数据集
            GridView1.DataSource = myDs.Tables[0].DefaultView;
```

```
            GridView1.DataBind();
        }
    }
```

这里使用 DataAdapter 的 Fill() 方法填充数据集，并最终实现前台数据绑定，运行结果如图 8.9 所示。

8.3.2 设定 GridView 控件的绑定列和模板列

GridView 控件的数据绑定方式非常简单，只用几句简单的代码就可以将数据集以表格的形式呈现出来，但这种方式的呈现效果很简单。事实上，可以通过设置 GridView 控件的绑定列属性使其呈现不同的列样式，实现数据的编辑和修改，或者编辑模板列，定制所需的列样式和功能等。下面介绍如何为 GridView 控件设置绑定列、调整数据呈现效果、实现数据的编辑和修改功能，以及如何通过定义列模板使其呈现自定义样式。

在 VS 2015 中，可以通过便捷任务面板进行列的配置，单击 GridView 右上角的小箭头打开面板，如图 8.2 所示。可以看到，面板上包含“自动套用格式”命令，通过“自动套用格式”可以为 GridView 控件应用一些内置的表格呈现样式。这里主要是“编辑列”和“编辑模板”命令，其中“编辑列”命令用于设置表格的绑定列属性，而“编辑模板”命令用于编辑模板列中显示项的样式。单击图 8.2 所示的“编辑列”命令打开设置 GridView 列样式的“字段”对话框，如图 8.11 所示，图中左上角“可用字段”列表框中列出了可用的绑定列类型，单击“添加”按钮即可设置 GridView 控件中显示的列及其类型。有以下 7 种类型。

◎ BoundField：以文字形式呈现数据的普通绑定列类型。

◎ CheckBoxField：以复选框形式呈现数据，绑定到该类型的列数据应该具有布尔值。

◎ HyperLinkField：以链接形式呈现数据，绑定到该类型的列数据应该是指向某个网站或网上资源的地址。

◎ ImageField：以图片形式呈现数据。

◎ ButtonField：按钮列，以按钮的形式呈现数据或进行数据的操作，如删除记录的按钮列。

◎ CommandField：系统内置的一些操作按钮列，可以实现对记录的编辑、修改、删除等操作。

◎ TemplateField：模板列绑定到自定义的显示项模板，因而可以实现自定义列样式。

在实际应用时，可以根据需要显示数据类型，选择要绑定的列类型并设置其映射到数据集的字段名称和呈现样式。如果读者想在 GridView 中以 BoundField 类型显示其中字段名为 password 的列，则可以作以下设置。在如图 8.11 所示的“字段”对话框中添加一个 BoundField 列，在右方字段属性编辑框中设置 DataField 数据性为 password，其中 password 对应于作为数据源的数据表中的 password 字段，通过该属性完成显示列与数据源之间的数据映射，而 HeaderText 属性表示该字段呈现在 GridView 控件中时的表头名称，这里设置为

password。在属性编辑框中还可以设置列的显示外观或行为等其他属性，这里不再赘述。通过类似的方式还可以为 GridView 控件添加其他类型的绑定列，这里 CommandField 的使用方式稍有特殊。通过 CommandField 类型，并配合事件处理程序就可以在 GridView 中完成数据的编辑、修改、插入等操作，添加并设置 CommandField 类型的方式如图 8.12 所示。

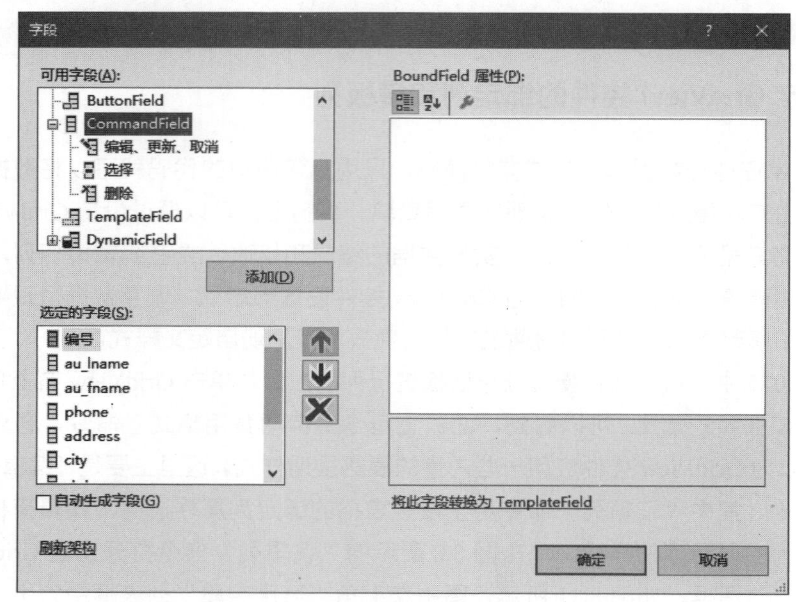

图 8.12　使用命令按钮绑定列

可见 CommandField 有 3 种类型可供选择，不同的类型意味着在 CommandField 列显示不同的命令按钮，如选择“编辑”更新“取消”，列样式如图 8.13 所示。

Chapter08
DataBindByView.aspx
body

编号	au_lname	au_fname	phone	address	city	state	zip	contract	
abc	abc	abc	abc	abc	abc	abc	abc	☐	编辑
abc	abc	abc	abc	abc	abc	abc	abc	☑	编辑
abc	abc	abc	abc	abc	abc	abc	abc	☐	编辑
abc	abc	abc	abc	abc	abc	abc	abc	☑	编辑
abc	abc	abc	abc	abc	abc	abc	abc	☐	编辑

SqlDataSource - SqlDataSource1

设计　拆分　源　<body> <form#form1> <div> <asp:GridView#GridView1>

图 8.13　命令按钮绑定列的选择

运行时单击“编辑”按钮，列中的“编辑”按钮将会被替换为“更新”和“取消”两个按钮，因此，该列在运行时实际上包含 3 个命令按钮，单击按钮所发生的行为需要通过设置相应的事件程序完成，由于 CommandField 类型是一种控件内置的用于编辑数据的绑定类型，因此其事件在 GridView 控件的属性窗口中设置，GridView 控件的属性窗口设置事件列表如图 8.14 所示。

图 8.14　命令按钮事件处理设置

其中的 RowEditing、RowUpdating、RowDeleting、RowCancelingEdit 事件分别在编辑、更新、删除、取消按钮被单击时触发。通过为这些事件添加相应的处理程序即可完成数据的编辑和修改功能。

对于 TemplateField 类型，需要先编辑模板来定义列中各项的显示样式，然后根据自定义模板绑定模板列，系统将根据模板中定义的样式呈现数据。GridView 中自定义模板的方式与 DataList 等控件的模板定义方式类似，将在后续章节中介绍。

下面的例子演示了为 GridView 控件设置绑定列来显示 authors 表中数据的完整过程，本例中将包含 4 个 BoundField 列和 3 个 CommandField 列，这里将为各个命令按钮添加事件处理程序完成数据的编辑、更新和删除功能。具体步骤如下。

(1) 在网站应用程序中新建名为 BoundField.aspx 的页面，在页面上添加一个 GridView 控件，为其添加图 8.15 所示的绑定列并设置数据映射。

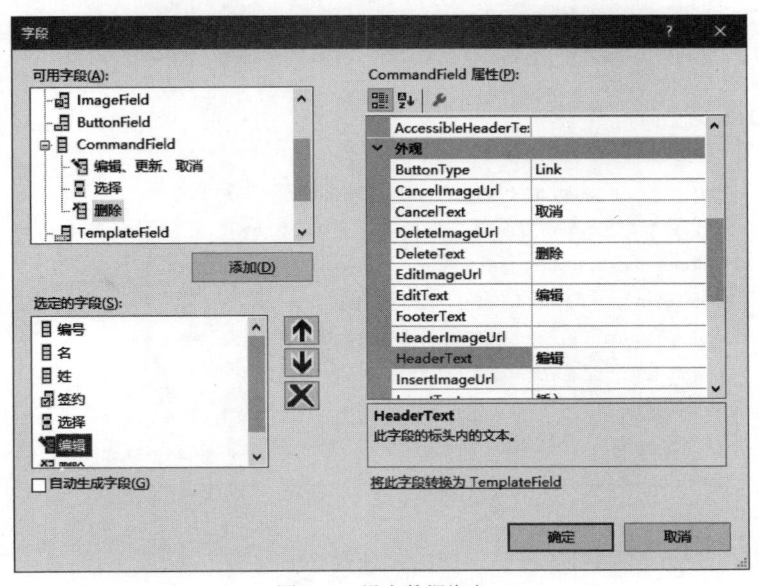

图 8.15　设定数据绑定

“编号”列：BoundField 类型，绑定字段 au_id。

“名”列：BoundField 类型，绑定字段 au_lname。

“姓”列：BoundField 类型，绑定字段 au_fname。

“签约”列：CheckBoxField 类型，绑定字段 contract。

“选择”列：CommandField 类型，实现记录的选择。

“编辑”列：CommandField 类型，子类型为编辑、更新、取消，实现数据的编辑和更新。

“删除”列：CommandField 类型，实现记录的删除。

页面设计结果如图 8.16 所示。

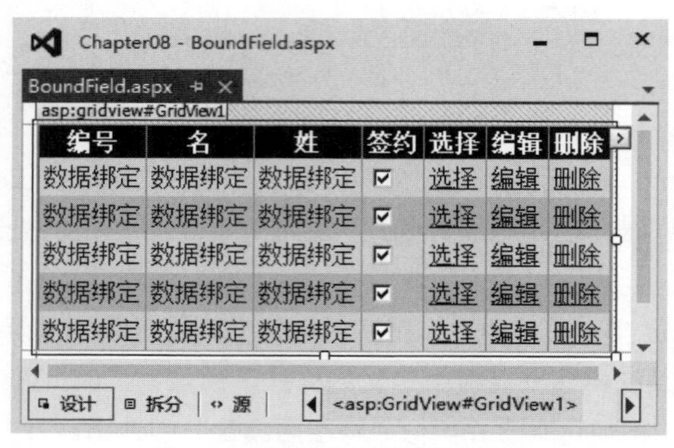

图 8.16　数据绑定页面的设计结果

(2) 在页面后台类中添加以下代码，实现数据绑定：

```
SqlConnection sqlcon; // 定义连接对象
        SqlCommand sqlcom; // 定义命令对象，为后面运行 SQL 语句
         string strCon = System.Web.Configuration.WebConfigurationManager.ConnectionStrings
["pubsConnectionString"].ConnectionString;

        // 定义数据绑定方法
        public void bind()
        {
            sqlcon = new SqlConnection(strCon);// 实例化数据连接对象
            // 创建数据操作适配器对象
            SqlDataAdapter myda = new SqlDataAdapter("select * from authors", sqlcon);
            DataSet myds = new DataSet(); // 创建数据集
            myda.Fill(myds, "authors"); // 将取得的数据填充到数据集中
            GridView1.DataSource = myds; // 为 GridView 指明数据源
            GridView1.DataKeyNames = new string[] { "au_id" };
            // 为 GridView 控件中数据指明关键字，以便于在后面更新数据时得以应用
            GridView1.DataBind(); // 数据绑定
        }
        protected void Page_Load(object sender, EventArgs e)
        {
```

```
        if (!IsPostBack)
        {
            bind();// 实现数据绑定
        }
    }
```

(3) 为命令按钮列绑定事件处理方法，如图 8.17 所示

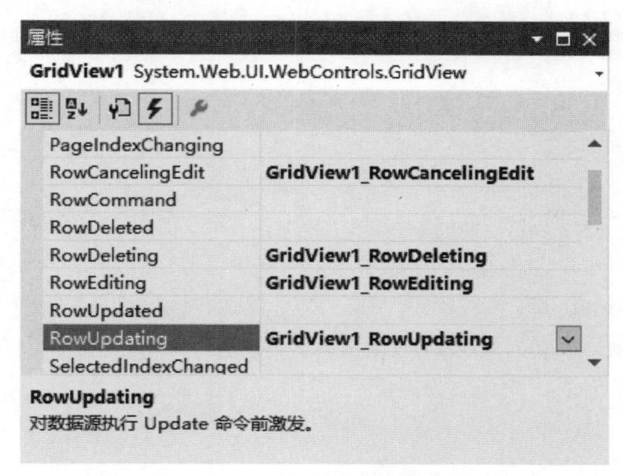

图 8.17　为命令按钮设定数据绑定事件

(4) 在页面后台 CS 代码类的相应事件处理方法中添加以下代码：

```
    protected void GridView1_RowEditing(object sender, GridViewEditEventArgs e)
    {
        GridView1.EditIndex = e.NewEditIndex; // 设定 GridView 控件当前数据行处于编辑状态
        bind(); // 数据绑定
    }

    protected void GridView1_RowUpdating(object sender, GridViewUpdateEventArgs e)
    {
        sqlcon = new SqlConnection(strCon); // 创建数据库连接对象
        string sqlstr = "update authors set au_lname = '"+ ((TextBox)(GridView1.Rows[e.RowIndex]. Cells[1].
Controls[0])).Text.ToString().Trim()
            + "', au_fname = '" + ((TextBox)(GridView1.Rows[e.RowIndex].Cells[2]. Controls[0])).Text.ToString().Trim()
            + "', contract = '" + ((CheckBox)(GridView1.Rows[e.RowIndex].Cells[3]. Controls[0])).Checked
            + "' where au_id = '" + GridView1.DataKeys[e.RowIndex].Value.ToString() + "'";
        sqlcom = new SqlCommand(sqlstr, sqlcon); // 创建数据操作命令对象
        sqlcon.Open();// 打开数据库
        sqlcom.ExecuteNonQuery(); // 执行 SQL 语句命令
        sqlcon.Close(); // 关闭数据库连接
        GridView1.EditIndex = -1; // 将 GridView 控件当前的编辑状态取消
        bind(); // 重新绑定数据
    }
```

```
        protected void GridView1_RowCancelingEdit(object sender, GridViewCancelEditEventArgs e)
        {
            GridView1.EditIndex = -1; // 将 GridView 控件当前的编辑状态取消
            bind(); // 重新绑定数据
        }

        protected void GridView1_RowDeleting(object sender, GridViewDeleteEventArgs e)
        {
            string sqlstr = "delete from authors where au_id = '"
+ GridView1.DataKeys[e.RowIndex].Value.ToString() + "'";
            sqlcon = new SqlConnection(strCon); // 创建数据库连接
// 使用数据命令对象以便于执行上面的 SQL 语句
            sqlcom = new SqlCommand(sqlstr, sqlcon);
            sqlcon.Open();// 打开数据库连接
            sqlcom.ExecuteNonQuery(); // 执行 SQL 命令
            sqlcon.Close();// 关闭数据库连接
            bind(); // 重新进行数据绑定
        }
```

(5) 页面运行结果如图 8.18 所示。

编号	名	姓	签约	选择	编辑	删除
172-32-1176	White	Johnson	☑	选择	编辑	删除
213-46-8915	Green	Marjorie	☑	选择	编辑	删除
238-95-7766	Carson	Cheryl	☑	选择	编辑	删除
267-41-2394	O'Leary	Michael	☑	选择	编辑	删除
274-80-9391	Straight	Dean	☑	选择	编辑	删除
341-22-1782	Smith	Meander	☐	选择	编辑	删除
409-56-7008	Bennet	Abraham	☑	选择	编辑	删除
427-17-2319	Dull	Ann	☑	选择	编辑	删除
472-27-2349	Gringlesby	Burt	☑	选择	编辑	删除

图 8.18　页面运行结果

(6) 单击“编辑”按钮后，出现编辑和更新界面，如图 8.19 所示。

编号	名	姓	签约	选择	编辑	删除
172-32-1176	White	Johnson	☑		更新 取消	
213-46-8915	Green	Marjorie	☑	选择	编辑	删除
238-95-7766	Carson	Cheryl	☑	选择	编辑	删除
267-41-2394	O'Leary	Michael	☑	选择	编辑	删除
274-80-9391	Straight	Dean	☑	选择	编辑	删除
341-22-1782	Smith	Meander	☐	选择	编辑	删除
409-56-7008	Bennet	Abraham	☑	选择	编辑	删除
427-17-2319	Dull	Ann	☑	选择	编辑	删除
472-27-2349	Gringlesby	Burt	☑	选择	编辑	删除

图 8.19　GridView 编辑页面效果

8.3.3 GridView 控件的排序

GridView 控件提供了用于实现排序功能的接口，通过设置相关属性并实现排序事件的处理程序就可以完成排序功能。这里是在 8.3.2 小节提供的 Web 应用程序基础上实现排序功能。

(1) 在 8.3.2 小节中的 BoundField.aspx 页面中设置 GridView 控件的属性 AllowSorting=True，如图 8.20 所示。

图 8.20　排序属性的设置

除了 AllowSorting 属性，还必须设置作为排序关键字的列的 SortExpression 属性，这是因为，GridView 控件中可以包含按钮列，按钮列一般并不映射到某个数据字段，而排序必须以某个字段作为排序关键字才能完成。

(2) 在 GridView 控件的便捷任务面板中单击“编辑列”命令，选择可以作为排序关键字的列，设置其 SortExpression 属性为排序字段名，如图 8.21 所示。

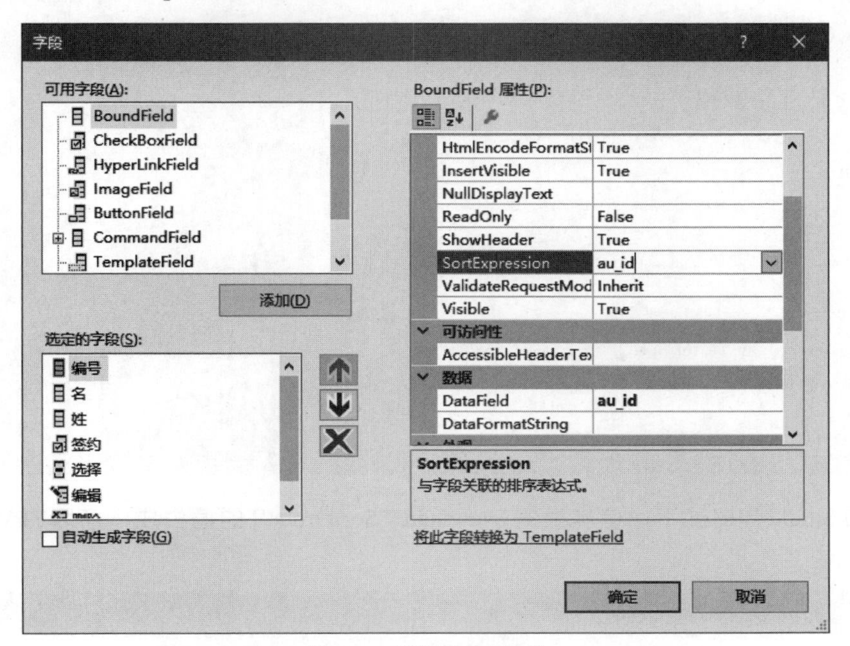

图 8.21　设置排序表达式

这时，作为排序关键字的列的列名变为超链接样式，如图 8.22 所示。

(3) 为 GridView 控件设置排序事件处理方法，如图 8.23 所示。

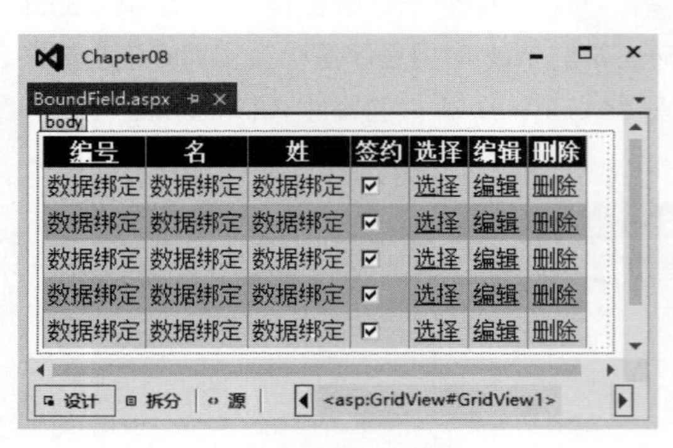

图 8.22　排序页面的结果

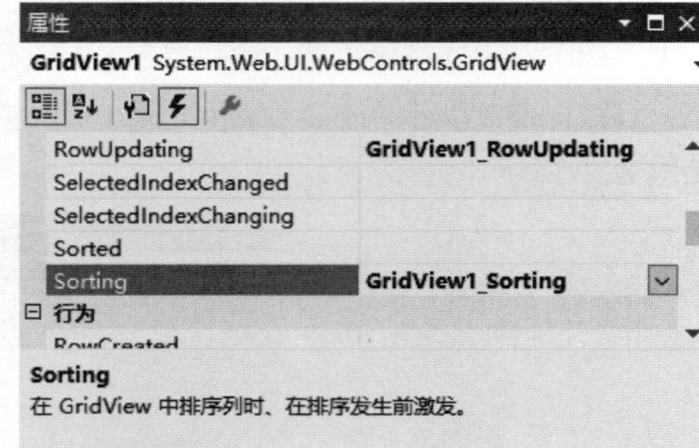

图 8.23　设置排序事件

GridView 控件的排序功能通过响应排序事件在后台生成已排序的数据源，然后重新绑定数据来完成，因此，需要在事件响应代码中获取排序字段名和排序方式(升序、降序)，然后据此对数据源进行排序后重新绑定数据。

(4) 为排序事件处理方法添加以下代码，代码中用 ViewState["OrderDire"] 来记录当前的排列顺序(如升序、降序)，用 ViewState["SortOrder"] 记录作为排序关键字的字段名，然后重新绑定数据。

```
protected void GridView1_Sorting(object sender, GridViewSortEventArgs e)
    {
        string sPage = e.SortExpression;
        if (ViewState["SortOrder"].ToString() == sPage)
        {
            if (ViewState["OrderDire"].ToString() == "Desc")
                ViewState["OrderDire"] = "ASC";
            else
                ViewState["OrderDire"] = "Desc";
        }
        else
        {
            ViewState["SortOrder"] = e.SortExpression;
        }
        bind();
    }
```

添加 bind() 代码如下，使其根据 ViewState["SortOrder"] 的值生成排序后的 View 对象作为数据源：

```
public void bind()
    {
```

```
        sqlcon = new SqlConnection(strCon);// 实例化数据连接对象
        // 创建数据操作适配器对象
        SqlDataAdapter myda = new SqlDataAdapter("select * from authors", sqlcon);
        DataSet myds = new DataSet(); // 创建数据集
        myda.Fill(myds, "authors"); // 将取得的数据填充到数据集中
        DataView view = myds.Tables["authors"].DefaultView;
        string sort = (string)ViewState["SortOrder"] + " " +(string)ViewState["OrderDire"];
        view.Sort = sort;
        GridView1.DataSource = view; // 为 GridView 指明数据源
        GridView1.DataKeyNames = new string[] { "au_id" };
        // 为 GridView 控件中数据指明关键字，以便于在后面更新数据时得以应用。
        GridView1.DataBind(); // 数据绑定
    }
```

判断是否已经进行排序，如果是则按照 ViewState 中存储的信息生成排序后的 View 对象。

```
protected void Page_Load(object sender, EventArgs e)
    {
        if (!IsPostBack)
        {
            ViewState["SortOrder"] = "au_id";
            ViewState["OrderDire"] = "ASC";
            bind();
        }
    }
```

(5) 排序结果如图 8.24 所示。

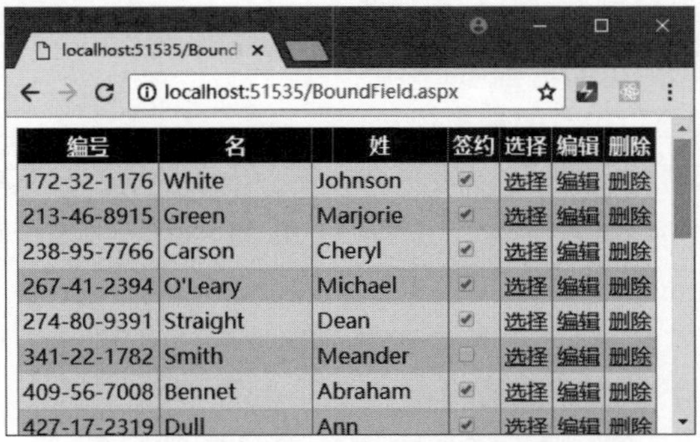

编号	名	姓	签约	选择	编辑	删除
172-32-1176	White	Johnson	☑	选择	编辑	删除
213-46-8915	Green	Marjorie	☑	选择	编辑	删除
238-95-7766	Carson	Cheryl	☑	选择	编辑	删除
267-41-2394	O'Leary	Michael	☑	选择	编辑	删除
274-80-9391	Straight	Dean	☑	选择	编辑	删除
341-22-1782	Smith	Meander	☐	选择	编辑	删除
409-56-7008	Bennet	Abraham	☑	选择	编辑	删除
427-17-2319	Dull	Ann	☑	选择	编辑	删除

图 8.24　Grid 排序结果

8.3.4　GridView 控件的分页

GridView 控件提供了内置的分页功能，绑定数据后只要设置分页相关的属性，即可自动完成分页功能，在这里只需在分页导航按钮的单击事件处理方法中添加相应代码，设置当前要显示的页索引并重新绑定数据即可。

(1) 在 8.3.3 小节中的 BoundField.aspx 页面中，设置 GridView 控件的 AllowPaging 属性值为 True 以及 PageSize 属性值为 5，这样就可以形成一个允许分页且页面显示数据记录数为 5 的 Web 页面设计。属性设置窗口如图 8.25 所示。

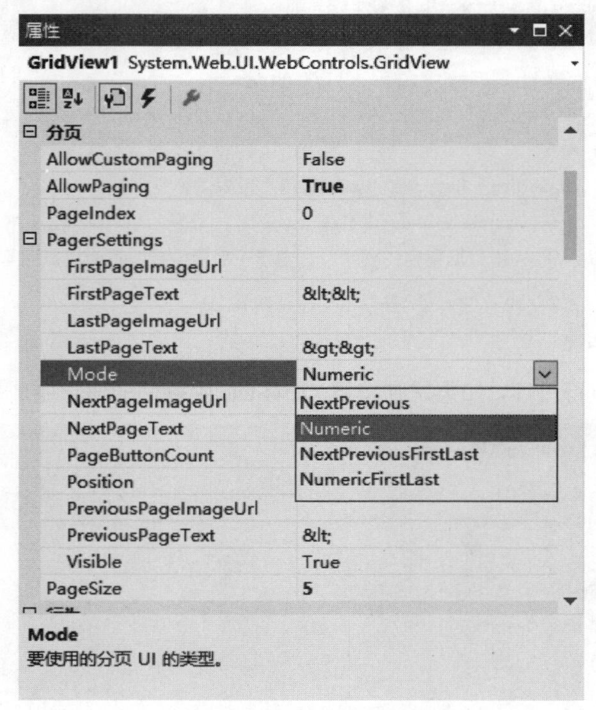

图 8.25　设置分页显示样式

分页的设置主要有以下 3 个属性。

① AllowPaging：设置是否打开分页功能。

② PageIndex：当前显示的页索引。

③ PageSize：设置每页包含的最大项数。

除了上述 3 个分页属性，还可以展开 PagerSettings 子项，在其中设置分页模式、分页按钮的显示文本等分页后的控件样式。其中 Mode 属性用于设置分页模式，共有 4 种可选模式，这里选择 Numeric 模式。页面设计如图 8.26 所示。

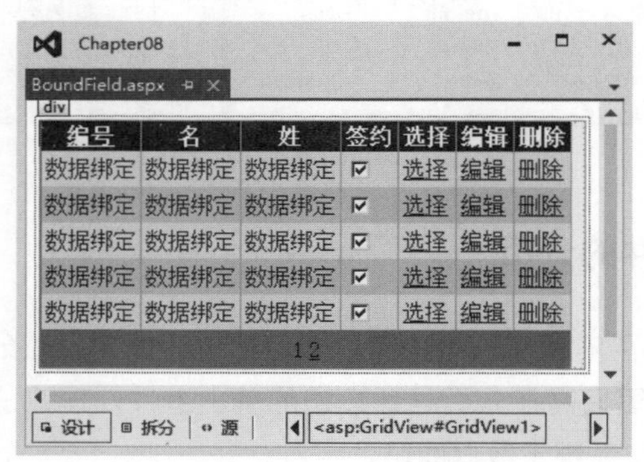

图 8.26　GridView 分页设置结果

(2) 设置完分页属性后，就可以为页导航按钮设置分页事件处理按钮，如图 8.27 所示。

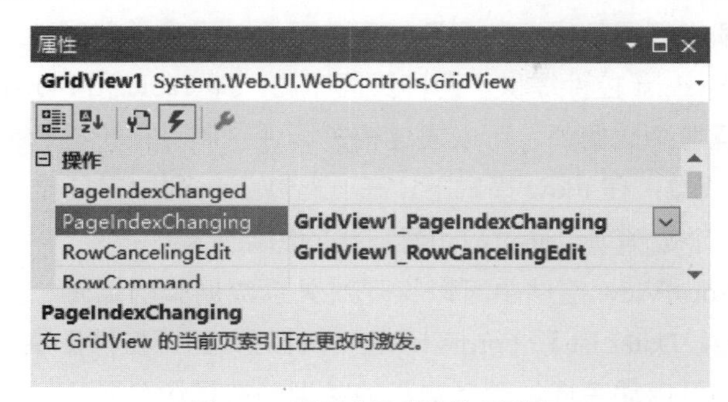

图 8.27　页面分页事件处理设置

图 8.27 中为 PageIndexChanging 事件设置了事件处理方法，该事件在分页导航按钮被单击时触发，并返回导航按钮所指示的，也就是控件中要显示的页的索引，在其事件处理方法中根据该索引设置要显示的页并重新绑定数据即可完成分页。

(3) 为事件处理程序添加以下代码：

```
protected void GridView1_PageIndexChanging(object sender, GridViewPageEventArgs e)
{
    GridView1.PageIndex = e.NewPageIndex;
    bind();
}
```

(4) 程序运行结果如图 8.28 所示。

图 8.28　分页显示运行结果

 8.4　DataList 和 FormView 控件

DataList 和 FormView 控件是另外两种较为复杂的数据绑定控件，与 GridView 控件一样，这两种服务器控件也用于呈现关系数据库集，但它们不像 GridView 控件那样以固定的表格样式显示数据，而必须以自定义模板的方式定制数据的呈现样式，这与 GridView 的自定义模板列非常类似。DataList 和 FormView 控件以项为单位组织和呈现数据，每一项对应于关

系数据集中的一条记录，通过定义和设置不同的项模板来定制每一项的显示样式，绑定数据后，控件将按照项模板重复显示数据源的每条记录。呈现数据时，这两种控件对项的显示布局各不相同。DataList 控件提供了两种页面布局，即 Table 和 Flow：在 Table 模式下，在一个行列表中重复每个数据项，可以通过相关属性控制其按行显示或按列显示并设置行 (列) 中包含的最大项数；在 Flow 模式下，在一行或者一列中重复显示数据项。FormView 控件默认每页显示一个数据项，通过分页导航访问每条记录。

在 DataList 和 FormView 控件中可以实现对关系数据集的编辑、更新、插入、删除和分页等数据处理功能。DataList 和 FormView 控件针对数据源控件提供了内置的数据处理功能，只需某些配置即可自动完成，而针对其他类型的数据源公开特定的属性和事件通过编写代码来实现。

读者通过对 GridView 控件的认识可以看出，复杂数据绑定控件的用法主要有以下 3 个方面：

◎ 数据的绑定与呈现。

◎ 数据的编辑、修改、添加和删除。

◎ 数据的分页和排序。

下面通过实例分别加以介绍，由于这两种控件的用法类似，因此在这里只针对 DataList 控件实现数据的呈现与绑定，针对 FormView 控件实现数据的编辑、增加、删除、修改及分页功能。另外还有一种基于项模板的数据绑定控件——Repeater，该控件不提供任何内置的显示布局和内置的数据处理功能，只是按照定义好的项模板简单地重复数据。由于 Repeater 控件，通常只是用于以同一样式重复显示数据记录，而其项模板样式的定义和使用方法与 FormView 和 DataList 控件极为相似，因此不再提供实例，读者可以自行演练。

8.4.1 DataList 控件的数据绑定

DataList 控件中通过自定义模板来设置数据的显示样式，它支持以下模板类型。

① ItemTemplate：一般项模板，包含一些 HTML 元素和控件，将为数据源中的每行呈现一次这些 HTML 元素和控件。

② AlternatingItemTemplate：交错项模板，包含一些 HTML 元素和控件，将为数据源中的每两行呈现一次这些 HTML 元素和控件。通常，可以使用此模板来为交替行创建不同的外观，如指定一个与在 ItemTemplate 属性中指定的颜色不同的背景色。

③ SelectedItemTemplate：选择项模板，包含一些元素，当用户选择 DataList 控件中的某一项时将呈现这些元素。通常，可以使用此模板来通过不同的背景色或字体颜色直观地区分选定的行，还可以通过显示数据源中的其他字段来展开该项。

④ EditItemTemplate：编辑项模板，指定当某项处于编辑模式时的布局。此模板通常包含一些编辑控件，如 TextBox 控件。

⑤ HeaderTemplate 和 FooterTemplate：分别是头模板和尾模板，分别包含在列表的开始和结束处呈现的文本和控件。

⑥ SeparatorTemplate：分割项模板，包含在每项之间呈现的元素。典型的示例是一条直线 (使用 HR 元素)。

通常根据不同的需要定义不同类型的项模板，DataList 控件根据项的运行时状态自动加载相应的模板显示数据。例如，当某一项被选定后将会以 SelectedItemTemplate 模板呈现数据，编辑功能被激活时将以 EditItemTemplate 模板呈现数据。下面通过例子说明如何设置模板为 DataList 控件定义数据的呈现样式并完成数据绑定。

(1) 在网站应用程序中新建一个名为 DataListDemo.aspx 的页面，在页面上添加一个 DataList 控件，如图 8.29 所示。

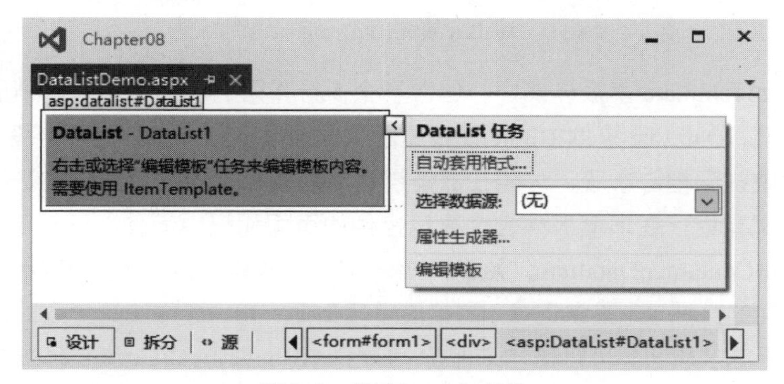

图 8.29 使用 DataList 控件

(2) 编辑 DataList 控件，并设置项模板，进行显示字段映射。

在 VS 2015 环境中使用 DataList 控件的快捷任务面板中单击“编辑模板”选项，进入模板的编辑页面，如图 8.30 所示。

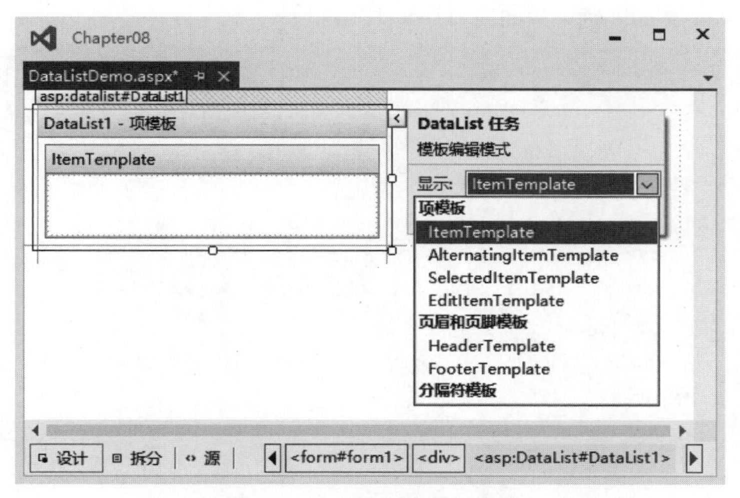

图 8.30 DataList 编辑模板效果

因为在这里只实现 DataList 控件的数据绑定功能，所以只简单地定义一个 ItemTemplate 即可，单击模板类型后编辑 ItemTemplate 模板，在上面添加一些用来显示数据的 Label 控件，样式如图 8.31 所示。

图 8.31　DataList 编辑 ItemTemplate 项的结果

在这个 ItemTemplate 模板样式中，包含一个 5 行 4 列的表格，用来分别显示数据源记录中的数据字段。DataList 控件中的项模板显示数据源每条记录中的各个字段，需要将模板中的显示控件映射到相应字段，才能在数据绑定后在模板项中显示正确的数据。数据映射通过绑定表达式完成，在项模板中各个显示控件的页面代码中添加以下绑定表达式：<%# DataBinder.Eval(Container.DataItem, "XXX") %>，其中 Eval() 方法用于读取数据绑定后当前显示项中所呈现的数据项（某条记录）的相应字段数据，Eval() 方法的参数“XXX”用于指定记录中要显示的字段名。可以这样来理解 <%# DataBinder.Eval(Container.DataItem,"XXX") %> 表达式，当在后台代码中为某种数据绑定控件（如这里的 DataList）设置数据源并进行数据绑定后，运行时数据源中的记录就会自动与显示项关联，有这种关联作为上下文，只要指定字段名就可以访问到该记录中的字段数据。因为 Eval() 方法需要在数据上下文中读取数据，所以，<%# DataBinder.Eval(Container.DataItem, "XXX") %> 表达式只能用在数据绑定控件的模板定义中，定义模板后的 aspx 页面中 HTML 代码如下：

```
<asp:DataList ID="DataList1" runat="server" Width="611px" Height="39px" RepeatColumns="1">
    <ItemTemplate>
        <br />
        <table style="width:100%; height: 98px;" border="1">
            <tr>
                <td> 编号 </td>
                <td><%# DataBinder.Eval(Container.DataItem,"au_id") %></td>
                <td> 名 </td>
                <td><%# DataBinder.Eval(Container.DataItem,"au_lname") %></td>
            </tr>
            <tr>
                <td> 姓 </td>
                <td><%# DataBinder.Eval(Container.DataItem,"au_fname") %></td>
                <td> 电话 </td>
                <td><%# DataBinder.Eval(Container.DataItem,"phone") %></td>
            </tr>
            <tr>
                <td> 住址 </td>
```

```
                <td><%# DataBinder.Eval(Container.DataItem,"address") %></td>
                <td> 市 </td>
                <td><%# DataBinder.Eval(Container.DataItem,"city") %></td>
            </tr>
            <tr>
                <td> 省 </td>
                <td><%# DataBinder.Eval(Container.DataItem,"state") %></td>
                <td> 邮编 </td>
                <td><%# DataBinder.Eval(Container.DataItem,"zip") %></td>
            </tr>
            <tr>
                <td> 签约 </td>
                  <td colspan="3"><%# DataBinder.Eval(Container.DataItem,"contract") %></td>
              </tr>
        </table>
    </ItemTemplate>
</asp:DataList>
```

项模板中的表达式 <%# DataBinder.Eval(Container.DataItem,"au_id") %> 表示读取数据源记录中员工编号 UserID 字段值作为编号名称；如果只读取数据，可以简化为：

```
<%# Eval("au_id") %>
```

(3) 添加页眉和页脚模板。页眉只需要显示一行文字，其代码如下：

```
<HeaderTemplate>
    <h2 style="text-align:center"> 作者详细信息 </h2>
</HeaderTemplate>
```

页脚模板用来进行分页控制，在图 8.30 中选择 FooterTemplate 选项，在页脚模板中添加 2 个 Label 控件、4 个 LinkButton 控件、1 个 TextBox 控件及 1 个 Button 控件，控件属性设置如表 8.1 所示，模板效果如图 8.32 所示。

表 8.1　控件的属性设置

控件类型	控　件	属　性	值
Label	当前页	ID	lblCurrentPage
	总页数	ID	lblPageCount
LinkButton	首页	ID	lbFirst
		Text	首页
		CommandName	first
	上一页	ID	lbPrior
		Text	上一页
		CommandName	prior
	下一页	ID	lbNext
		Text	下一页
		CommandName	next
	尾页	ID	lbLast
		Text	尾页
		CommandName	last

续表

控件类型	控　件	属　性	值
TextBox	跳转的页数	ID	txtPage
Button	GO	Text	GO
		CommandName	go

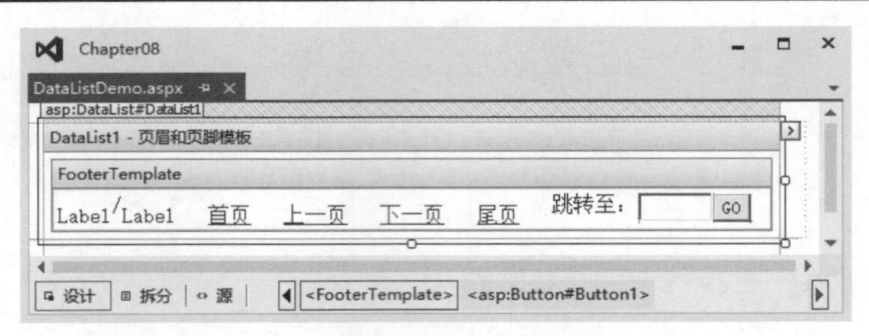

图 8.32　设置 DataList 布局属性 (1)

其代码如下：

```
<FooterTemplate>
        <asp:Label ID="lblCurrentPage" runat="server" Text="Label"></asp:Label>
        /<asp:Label ID="lblPageCount" runat="server" Text="Label"></asp:Label>
         
        <asp:LinkButton ID="lbFirst" runat="server" CommandName="first"> 首页 </asp:LinkButton>
          
        <asp:LinkButton ID="lbPrior" runat="server" CommandName="prior"> 上一页 </asp:LinkButton>
         
        <asp:LinkButton ID="lbNext" runat="server" CommandName="next"> 下一页 </asp:LinkButton>
          
         <asp:LinkButton ID="lbLast" runat="server" CommandName="last"> 尾页 </asp:LinkButton>
           跳转至：<asp:TextBox ID="txtPage" runat="server" Height="16px" Width="48px"></asp:TextBox>
         <asp:Button ID="Button1" runat="server" CommandName="go" Text="GO" />
 </FooterTemplate>
```

(4) 设置 DataList 的布局属性，采用 Table 布局，每行显示一项，按行显示，如图 8.33 所示。

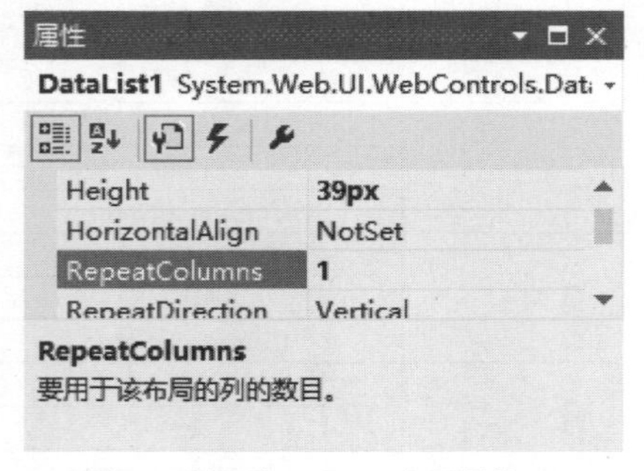

图 8.33　设置 DataList 布局属性 (2)

(5) 在页面后台类中添加数据绑定代码，具体如下：

```
SqlConnection sqlcon; // 定义连接对象
SqlCommand sqlcom; // 定义命令对象，为后面运行 SQL 语句
string strCon = System.Web.Configuration.WebConfigurationManager.ConnectionStrings ["pubsConnectionString"].
ConnectionString;
// 创建一个分页数据源对象
static PagedDataSource pds = new PagedDataSource();
// 定义数据绑定方法
public void bind(int pageNo)
{
    pds.AllowPaging = true;// 允许分页
    pds.PageSize = 2;// 每页显示 2 条记录
    pds.CurrentPageIndex = pageNo;// 设置当前页
    sqlcon = new SqlConnection(strCon);// 实例化数据连接对象
    // 创建数据操作适配器对象
    SqlDataAdapter myda = new SqlDataAdapter("select * from authors", sqlcon);
    DataSet myds = new DataSet(); // 创建数据集
    myda.Fill(myds, "authors"); // 将取得的数据填充到数据集中
    pds.DataSource = myds.Tables["authors"].DefaultView;
    DataList1.DataSource = pds; // 为 GridView 指明数据源
    DataList1.DataBind(); // 数据绑定
}
protected void Page_Load(object sender, EventArgs e)
{
    if (!IsPostBack)
    {
        bind(0);// 实现数据绑定
    }
}
```

(6) 当数据绑定到 DataList 控件上时，触发其 ItemDataBound 事件，在该事件中，首先在 Label 控件中显示当前页码和总页码，然后设置分页按钮的可用状态。代码如下：

```
protected void DataList1_ItemDataBound(object sender, DataListItemEventArgs e)
{
    if (e.Item.ItemType == ListItemType.Footer)
    {
        // 获取页脚模板中的控件
        Label curPage = e.Item.FindControl("lblCurrentPage") as Label;
        Label pageCount = e.Item.FindControl("lblPageCount") as Label;
        LinkButton firstPage = e.Item.FindControl("lbFirst") as LinkButton;
        LinkButton priorPage = e.Item.FindControl("lbPrior") as LinkButton;
        LinkButton nextPage = e.Item.FindControl("lbNext") as LinkButton;
        LinkButton lastPage = e.Item.FindControl("lbLast") as LinkButton;
        // 设置当前页和总页数
```

```
            curPage.Text = (pds.CurrentPageIndex + 1).ToString();
            pageCount.Text = pds.PageCount.ToString();
            // 设置首页和上一页是否可用
            if (pds.IsFirstPage)
            {
                firstPage.Enabled = false;
                priorPage.Enabled = false;
            }
            // 设置下一页和尾页是否可用
            if (pds.IsLastPage)
            {
                nextPage.Enabled = false;
                lastPage.Enabled = false;
            }
        }
    }
```

(7) 当进行页数切换时，需要触发 DataList 的 ItemCommand 事件，其代码如下：

```
protected void DataList1_ItemCommand(object source, DataListCommandEventArgs e)
{
    switch (e.CommandName)
    {
        case "first":// 首页
            pds.CurrentPageIndex = 0;
            bind(pds.CurrentPageIndex);
            break;
        case "prior":// 上一页
            pds.CurrentPageIndex--;
            bind(pds.CurrentPageIndex);
            break;
        case "next":// 下一页
            pds.CurrentPageIndex++;
            bind(pds.CurrentPageIndex);
            break;
        case "last":// 尾页
            pds.CurrentPageIndex = pds.PageCount-1;
            bind(pds.CurrentPageIndex);
            break;
        case "go":// 跳转到指定页
            if (e.Item.ItemType == ListItemType.Footer)
            {
                TextBox txtPage = e.Item.FindControl("txtPage") as TextBox;
                int pageCount = pds.PageCount;// 总页数
```

```
                int pageNo = 0;
                // 读取用户输入的页数
                if (!txtPage.Text.Equals(""))
                {
                    pageNo = Convert.ToInt32(txtPage.Text.ToString());
                }
                if (pageNo <= 0 || pageNo > pageCount)// 判断数据是否合法
                {
                    Response.Write("<script>alert(' 请输入正确的页数！ ')</script>");
                }
                else
                {
                    bind(pageNo - 1);// 跳转
                }
            }
            break;
    }
}
```

(8) 页面的运行结果如图 8.34 所示。

图 8.34　DataList 数据绑定示例的运行结果

8.4.2　FormView 控件的数据呈现和处理

FormView 控件提供了内置的数据处理功能，只需绑定到支持这些功能的数据源控件，并进行配置，无须编写任何代码即可实现对数据的分页和增加、删除、修改功能。要使用 FormView 控件内置的增、删、改功能，需要为更新操作提供 EditItemTemplate 和 InsertItemTemplate 模板，FormView 控件显示指定的模板以提供允许读者修改记录内容的用户界面。每个模板都包含读者可以单击以执行编辑或插入操作的命令按钮。读者单击命令按钮时，FormView 控件使用指定的编辑或插入模板重新显示绑定记录以允许用户修改记录。插入或编辑模板通常包括一个允许用户显示空白记录的“插入”按钮或保存更改的“更新”按钮。用户单击“插入”或“更新”按钮时，FormView 控件将绑定值和主键信息传递给关联的数据源控件，该控件执行相应的更新。例如，SqlDataSource 控件使用更改后的数据作为参数值来执行 SQL Update 语句。

由于 FormView 控件的各个项通过自定义模板来呈现，因此，控件并不提供内置的实现某一功能（如删除）的特殊按钮类型，而是通过按钮控件的 CommandName 属性与内置的命令相关联。FormView 控件提供以下命令类型。

Edit：引发此命令控件转换到编辑模式，并用已定义的 EditItemTemplate 呈现数据。

New：引发此命令控件转换到新建模式，并用已定义的 InsertItemTemplate 呈现数据。

Update：此命令将使用用户在 EditItemTemplate 界面中输入的值在数据源中更新当前所显示的记录。引发 ItemUpdating 和 ItemUpdated 事件。

Insert：此命令用于将用户在 InsertItemTemplate 界面中输入的值在数据源中插入一条新的记录。引发 ItemInserting 和 ItemInserted 事件。

Delete：此命令删除当前显示的记录。引发 ItemDeleting 和 ItemDeleted 事件。

Cancel：此命令在更新或插入操作中取消操作和放弃用户输入值，然后控件会自动转换到 DefaultMode 属性指定的模式。

在命令所引发的事件中，读者可以执行一些额外的操作，如对于 Update 和 Insert 命令，因为 ItemUpdating 和 ItemInserting 事件是在更新或插入数据源之前触发的，所以可以在 ItemUpdating 和 ItemInserting 事件中先判断用户的输入值，满足要求后才能访问数据库；否则取消操作。下面通过程序演示如何使用 FormView 控件完成数据的分页显示，并实现编辑、更新、删除、添加等数据处理功能。

(1) 在网站应用程序中新建名为 FormViewDemo.aspx 的页面，在页面上添加一个 FormView 控件。

(2) 为 FormView 控件添加并编辑项模板，由于要实现数据的更新和插入操作，需要 3 种项模板，即 ItemTemplate、EditItemTemplate 和 InsertItemTemplate，分别在显示、更新和插入状态下呈现数据。在 FormView 控件中也提供了模板编辑界面，这里直接在页面代码中进行编辑，首先编辑 EditItemTemplate 页面代码，具体如下：

```
<EditItemTemplate>
    <table style="width: 100%;">
        <tr>
            <td style="width: 20%;">
                <asp:Label ID="Label1" runat="server" Text=" 编号 "
```

```
                    Width="100%"></asp:Label>
                </td>
                <td style="width: 30%;">
                    <asp:Label ID="noLabel1" runat="server" Text='<%# Eval("au_id") %>'></asp:Label>
                </td>
                <td style="width: 20%;">
                    <asp:Label ID="Label5" runat="server" Text=" 名 "
                        Width="100%"></asp:Label>
                </td>
                <td style="width: 30%;">
                    <asp:TextBox  ID="txtLastName" runat="server" Text='<%# Bind("au_lname") %>'></
asp:TextBox>
                </td>
            </tr>
            <tr>
                <td style="width: 20%;">
                    <asp:Label ID="Label2" runat="server" Text=" 姓 "
                        Width="100%"></asp:Label>
                </td>
                <td style="width: 30%;">
                    <asp:TextBox  ID="txtFirstName" runat="server" Text='<%# Bind("au_fname") %>'></
asp:TextBox>
                </td>
                <td style="width: 20%;">
                    <asp:Label ID="Label4" runat="server" Text=" 电话 "
                        Width="100%"></asp:Label>
                </td>
                <td style="width: 30%;">
                    <asp:TextBox  ID="txtPhone" runat="server" Text='<%# Bind("phone") %>'></asp:TextBox>
                </td>
            </tr>
            <tr>
                <td style="width: 20%;">
                    <asp:Label ID="Label8" runat="server" Text=" 住址 "
                        Width="100%"></asp:Label>
                </td>
                <td style="width: 30%;">
                    <asp:TextBox  ID="txtAddress" runat="server" Text='<%# Bind("address") %>'></asp:TextBox>
                </td>
                <td style="width: 20%;">
                    <asp:Label ID="Label10" runat="server" Text=" 市 "
                        Width="100%"></asp:Label>
                </td>
```

```
                <td style="width: 30%;">
                    <asp:TextBox    ID="txtCity" runat="server" Text='<%# Bind("city") %>'></asp:TextBox>
                </td>
            </tr>
            <tr>
                <td style="width: 20%;">
                    <asp:Label ID="Label12" runat="server" Text=" 省 "
                        Width="100%"></asp:Label>
                    </td>
                    <td style="width: 30%;">
                        <asp:TextBox    ID="txtState" runat="server" Text='<%# Bind("state") %>'></asp:TextBox>
                </td>
                <td style="width: 20%;">
                    <asp:Label ID="Label14" runat="server" Text=" 邮编 "
                        Width="100%"></asp:Label>
                </td>
                <td style="width: 30%;">
                    <asp:TextBox    ID="txtZip" runat="server" Text='<%# Bind("zip") %>'></asp:TextBox>
                </td>
            </tr>
            <tr>
                <td style="width: 20%;">
                    <asp:Label ID="Label16" runat="server" Text=" 签约 "
                        Width="100%"></asp:Label>
                </td>
                <td style="width: 30%;">
                        <asp:CheckBox    ID="cbContract" runat="server" Text='<%# Bind("contract") %>'></
asp:CheckBox>
                </td>
                <td colspan="2" style="width: 50%;">
                </td>
            </tr>
            <tr>
                <td colspan="4" style="width: 30%;align-content:center">
                        <asp:LinkButton ID="UpdateButton" runat="server" CausesValidation="True"
CommandName="Update" Text=" 更新 "></asp:LinkButton>
                        <asp:LinkButton ID="UpdateCancelButton" runat="server" CausesValidation="False"
CommandName="Cancel" Text=" 取消 "></asp:LinkButton>
                </td>
            </tr>
        </table>
</EditItemTemplate>
```

编辑状态模板中用一个 Label 控件和一个 TextBox 控件代表数据源中的一个字段，其中，TextBox 控件为绑定字段，共 5 行，对应于数据源记录中的 7 个字段。与 DataList 控件不同，TextBox 控件的绑定表达式为 <%# Bind("au_fname") %>，表达式标记中调用了 Bind() 方法，Bind() 方法构成与数据源的双向映射，通过双向映射配合数据源控件可以完成控件内置的更新操作。而 DataList 控件中使用的 Eval 方法为单向映射不能更新数据。用于数据显示的 ItemTemplate 和用于插入的 InsertItemTemplate 与之类似，这里不再赘述。

(3) 配置完各个项模板之后，为 FormView 控件配置分页，由于分页功能是内置的，只需要设置 FormView 控件的分页属性即可，如图 8.35 所示。

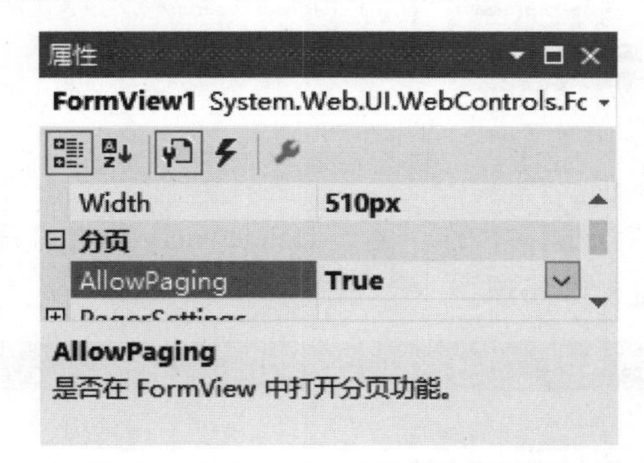

图 8.35　在 FormView 控件配置分页功能

(4) 调整 FormView 控件的外观，设置页眉模板 HeaderTemplate，完成整个页面的设计，页面设计外观如图 8.36 所示。

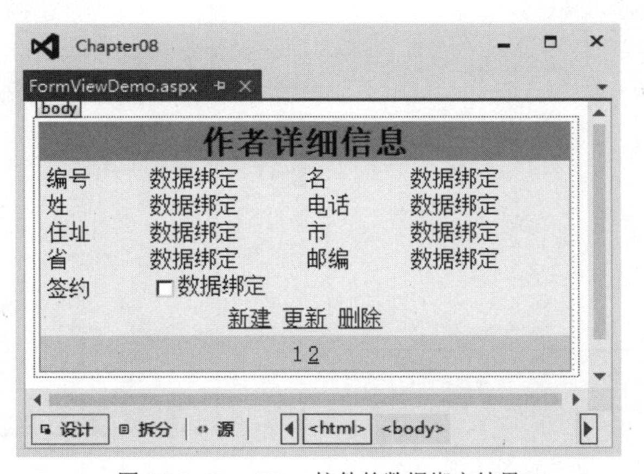

图 8.36　FormView 控件的数据绑定结果

页面设计完成后为控件创建并配置数据源控件，需要在数据源控件中配置用于实现增加、删除、修改、查询功能的查询语句，以支持 FormView 控件中的相应命令按钮。

(5) 在页面上添加一个 SqlDataSource 数据源控件，过程可参考 8.3.1 小节。

完成后为 SqlDataSource 数据源控件配置更新、插入和删除语句。首先打开数据源控件的“属性”窗口，在其数据属性部分设置 DeleteCommandType 属性，该属性支持两种枚举值，即 Text 和 StoredProcedure，前者使用 SQL 语句实现删除操作，后者用数据库中的存储过程实现，本例中设置为 Text，如图 8.37 所示。

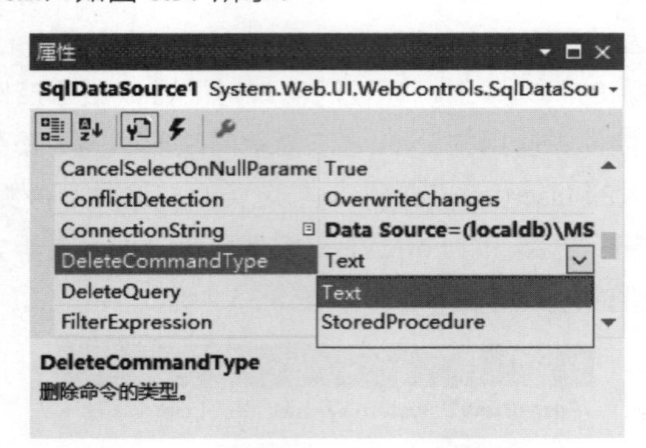

图 8.37　为删除数据命令配置操作类型

然后添加 SQL 语句完成删除操作，通过 DeleteQuery 属性打开删除命令的“命令和参数编辑器”对话框，如图 8.38 所示。

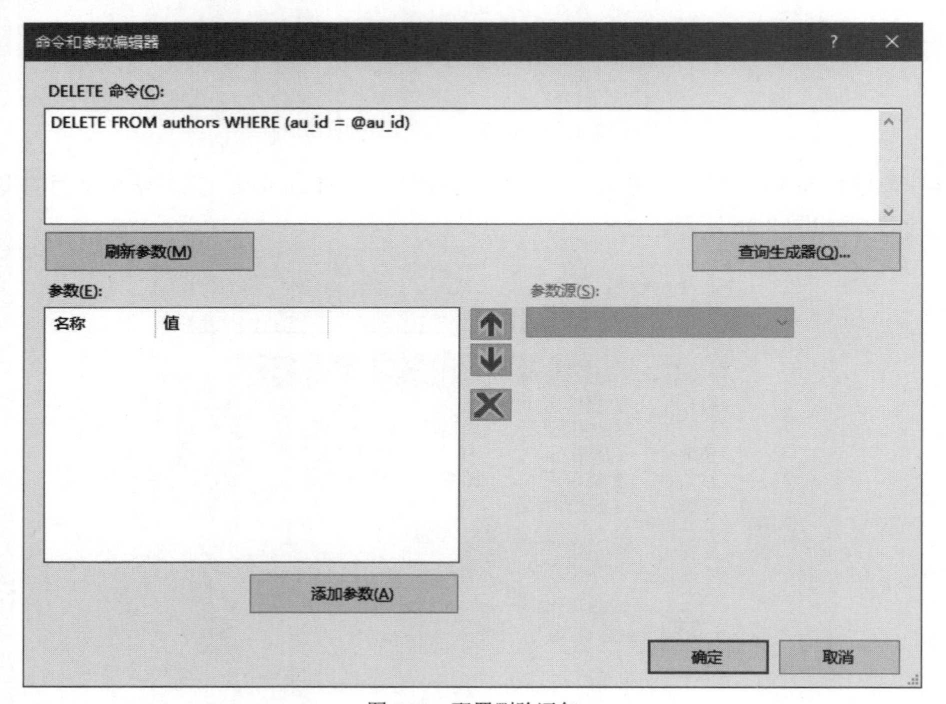

图 8.38　配置删除语句

在“DELETE 命令”栏中输入删除语句：DELETE FROM authors WHERE (au_id = @au_id)。这里需要注意，Delete 语句的参数 au_id = @au_id，正因为在编辑模板中为数据显示项和数据源记录字段之间建立了双向绑定，才可以直接将绑定字段名 id 作为参数名来实现删除操作，系统将自动获取编辑模板中的相应显示项的当前显示值 (对于插入和更新操作是输入值) 作为参数执行 SQL 语句。

用同样的方法为更新操作添加 Update 语句：

```
UPDATE authors SET au_lname = @au_lname, au_fname = @au_fname, phone = @phone, address = @address, city
= @city, state = @state, zip = @zip, contract = @contract WHERE (au_id = @au_id)
```

为插入操作添加 Insert 语句：

```
INSERT INTO authors(au_id, au_lname, au_fname, phone, address, city, state, zip, contract) VALUES (@au_id, @au_
lname, @au_fname, @phone, @address, @city, @state, @zip, @contract)
```

上述设置将会在页面前台生成以下 SqlDataSource 控件的定义代码：

```
<asp:SqlDataSource ID="SqlDataSource1" runat="server"
 ConnectionString="<%$ ConnectionStrings:pubsConnectionString %>"
DeleteCommand="DELETE FROM authors WHERE (au_id = @au_id)"
InsertCommand="INSERT INTO authors(au_id, au_lname, au_fname, phone, address, city, state, zip, contract)
VALUES (@au_id, @au_lname, @au_fname, @phone, @address, @city, @state, @zip, @contract)"
SelectCommand="SELECT * FROM [authors]" UpdateCommand="UPDATE authors SET au_lname = @au_lname, au_
fname = @au_fname, phone = @phone, address = @address, city = @city, state = @state, zip = @zip, contract = @
contract WHERE (au_id = @au_id)">
</asp:SqlDataSource>
```

(6) 至此，FormView 控件的设计已全部完成，可以运行查看其结果，如图 8.39 和图 8.40 所示。

图 8.39　运行结果

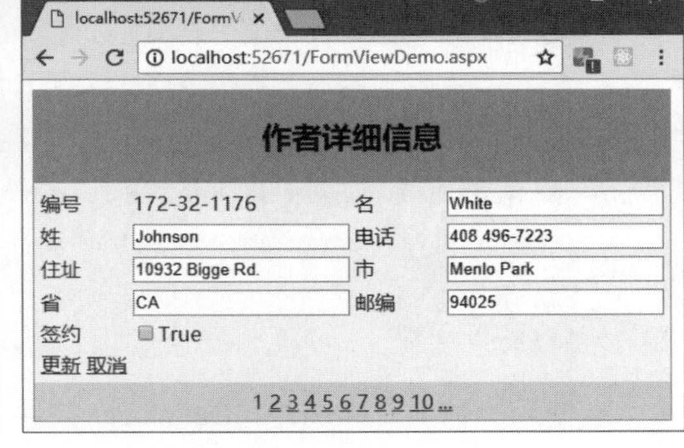

图 8.40　更新结果

8.5　DataPager 控件

DataPager 控件通过实现 IPageableItemContainer 接口实现了控件的分页功能。在 ASP.NET 中，ListView 控件适合使用 DataPager 控件进行分页操作。要在 ListView 中使用 DataPager 控件只需要在 LayoutTemplate 模板中加入 DataPager 控件即可。DataPager 控件与 ListView 控件一起使用，可以为数据源中的数据编页码，以小块的方式将数据提供给用户，而不是一次显示所有记录。将 DataPager 与 ListView 控件关联后，分页是自动完成的。将 DataPager 与 ListView 控件关联有以下两种方法。

(1) 可以在 ListView 控件的 LayoutTemplate 模板中定义它。此时，DataPager 将明确它将给哪个控件提供分页功能。

(2) 在 ListView 控件外部定义它。这种情况下，需要将 DataPager 的 PagedControlID 属性设置为有效 ListView 控件的 ID。如果想将 DataPager 控件放到页面的不同地方，如 Footer 或 SideBar 区域，也可以在 ListView 控件的外部进行定义。DataPager 控件包括两种样式：一种是“上一页 / 下一页”样式，另一种是“数字”样式，如图 8.41 所示，首先在创建好的 aspxWeb 页面上新添加一个 DataPager 控件，单击该控件的右上角的小三角按钮，出现 DataPager 任务对话框，然后就可以依据不同的选择得到任意一种。

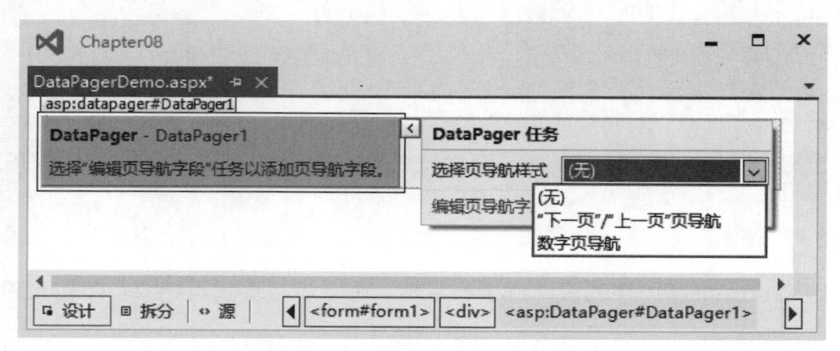

图 8.41 DataPager 控件的样式选择

当使用“上一页 / 下一页”样式时，DataPager 控件的 HTML 实现代码如下：

```
<asp:DataPager ID="DataPager1" runat="server">
  <Fields>
  <asp:NextPreviousPagerField ButtonType="Button" ShowFirstPageButton="True"
                  ShowLastPageButton="True" />
  </Fields>
</asp:DataPager>
```

当使用“数字”样式时，DataPager 控件的 HTML 实现代码如下：

```
<asp:DataPager ID="DataPager1" runat="server">
 <Fields>
  <asp:NextPreviousPagerField ButtonType="Button" ShowFirstPageButton="True"
          ShowNextPageButton="False" ShowPreviousPageButton="False" />
  <asp:NumericPagerField />
 <asp:NextPreviousPagerField ButtonType="Button" ShowLastPageButton="True"
          ShowNextPageButton="False" ShowPreviousPageButton="False" />
 </Fields>
</asp:DataPager>
```

除了采用默认的方法来显示分页样式外，还可以通过向DataPager的Fields中添加TemplatePagerField()方法来自定义分页样式。在TemplatePagerField中添加PagerTemplate()方法，在PagerTemplate中添加任何服务器控件，这些服务器控件都可以通过实现TemplatePagerField的OnPagerCommand事件来实现自定义分页。

8.6 DetailsView 控件

DetailsView控件可以一次显示一条数据记录。当需要深入研究数据库文件中的某条记录时，DetailsView控件就有明显的优势。DetailsView经常在主控/详细方案中与GridView控件配合使用。用户使用GridView控件来选择列，用DetailsView控件显示相关的数据。

DetailsView控件依赖于数据源控件的功能执行，如更新、插入和删除记录等任务。DetailsView控件不支持排序，该控件可以自动对其关联数据源中的数据进行分页，但前提是数据由支持ICollection接口的对象表示或基础数据源支持分页。DetailsView控件提供了用于在数据记录之间导航的用户界面。若要启用分页行为，需要将AllowPaging属性设置为true。多数情况下，上述操作的实现无须编写代码。例如，使用DetailsView控件和GridView控件设计主控/详细方案，实现数据绑定、对数据源数据的分页显示、选择、编辑、插入和删除操作。具体步骤如下。

(1) 创建ASP.NET网站应用程序，添加一个名为Details.aspx的页面。

(2) 使用数据库pubs中的数据表authors，在Web.config中添加以下代码：

```
<connectionStrings>
    <add name="pubsConnectionString" connectionString="Data Source=(localdb)\MSSQLLocalDB; Initial
Catalog=pubs;Integrated Security=True"
      providerName="System.Data.SqlClient" />
  </connectionStrings>
```

(3) 在Details.aspx页面的“设计”视图中添加一个SqlDataSource控件SqlDataSource1，并设置其连接的数据库为pubs，当指定Select查询时，选择“*”来查询所有列。

(4) 在Details.aspx页面的“设计”视图中添加一个GridView控件GridView1，在“GridView任务”中的“选择数据源”下拉列表框中选择SqlDataSource1。设置GridView控件的DataKeyNames属性为“au_id”。这样就可以把GridView控件的选择值与第二个SqlDataSource关联起来。GridView控件支持一个SelectedValue属性，该属性指示GridView中当前选择的行。SelectedValue求值为DataKeyNames属性中指定的第一个字段的值。通过将AutoGenerateSelectButton设置为True，或者通过向GridView控件的Columns集合添加ShowSelectButton设置为True的CommandField可以启用用于GridView控件上的选择用户界面。然后GridView控件的SelectedValue属性可以与数据源中的ControlParameter关联，以用于查询详细记录。具体实现结果如图8.42所示。

	员工号	姓名	性别	家庭地址	出日日期	工资	照片
选择	数据绑定	数据绑定	数据绑定	数据绑定	数据绑定	数据绑定	数据绑定
选择	数据绑定	数据绑定	数据绑定	数据绑定	数据绑定	数据绑定	数据绑定
选择	数据绑定	数据绑定	数据绑定	数据绑定	数据绑定	数据绑定	数据绑定
1 2							

图 8.42　实现的结果

(5) 在 Details.aspx 的“设计”视图中再添加一个 SqlDataSource 数据源控件，其 ID 默认为“SqlDataSource2”，设置其连接的数据库为 pubs，当指定 Select 查询时，选择“*”来查询所有的字段。单击“WHERE”按钮添加 Where 子句，在“添加 Where 子句”对话框中，将“列”“运算符”“源”和“控件 ID”分别选择为“id”“=”“Control”和“GridView1”，如图 8.43 所示，然后单击“添加”按钮并确定。

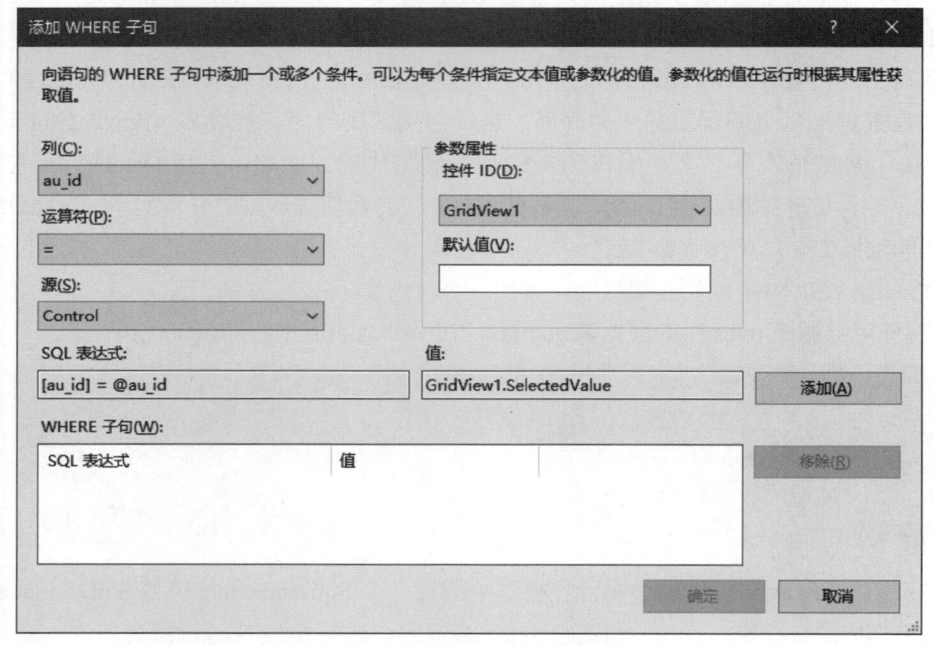

图 8.43　为查询设置 Where 子句

再单击“配置 Select 语句”对话框中的“高级”按钮，在弹出的对话框中选中“生成 INSERT、UPDATE 和 DELETE 语句”复选框，就可以启用 DetailsView 控件的插入、更新和删除功能。

(6) 在 Details.aspx 的“设计”视图中添加一个 DetailsView 控件 DetailsView1，在“DetailsView 任务”中选择数据源为“SqlDataSource2”。设置结果如图 8.44 所示。

(7) 保存网站，运行程序，在运行过程中可以单击 GridView 网格中的“选择”超链接，此时，DetailsView 控件中应该会显示该记录的全部数据项，如图 8.45 所示。当然单击 DetailsView 控件中的“编辑”按钮时会出现编辑对话框，以便于更新数据。

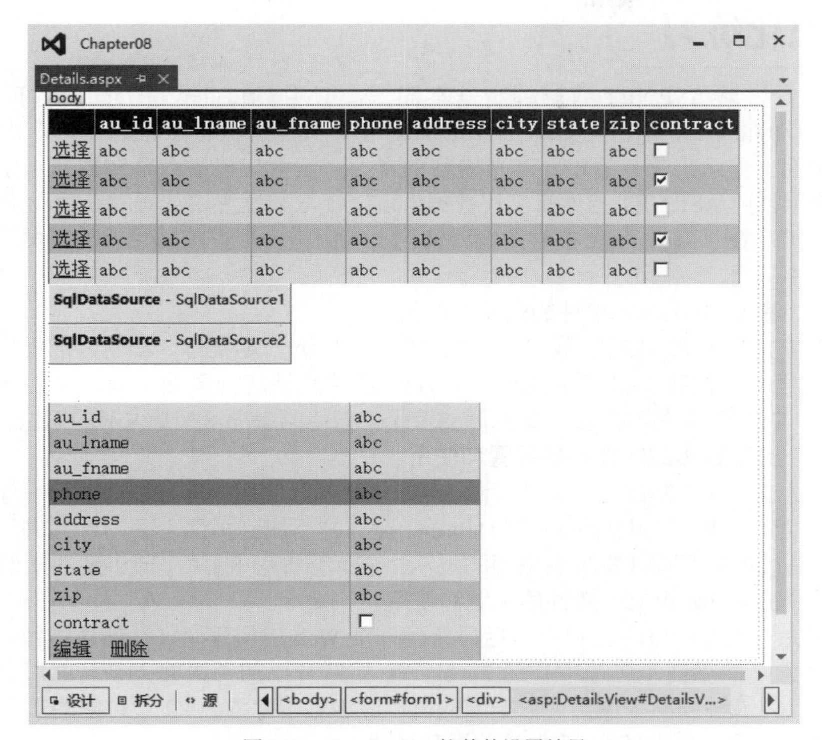

图 8.44　DetailsView 控件的设置结果

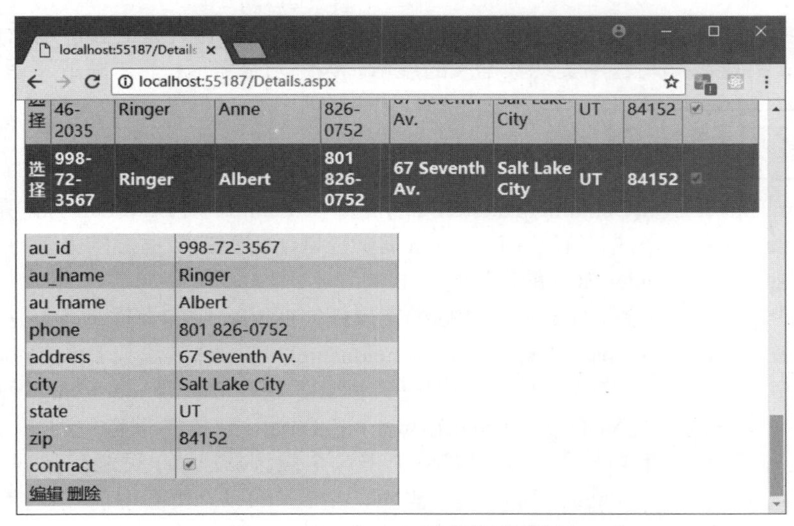

图 8.45　DetailsView 控件的显示结果

从本例可以看出，在设计主控 / 详细视图的网页时，并不需要编写代码，就可以实现非常复杂的数据浏览、编辑、插入、更新和删除操作。这就是 ASP.NET 数据控件带来的便利，使得 Web 数据库编程成为非常简单的任务。在 ASP.NET 中，这些强大的数据显示控件功能让开发人员在开发 Web 应用程序过程中可以非常轻松地实现一些平常较难的数据显示功能。

强化练习

本章主要讲解 ASP.NET 数据绑定基本知识，使用 GridView、DataList、FormView、DataPager、DetailsView 等控件实现在 ASP.NET Web 页面上进行数据绑定，从而将数据源中数据在页面上显示出来。通过对本章内容的学习，读者应该重点掌握数据绑定的基本知识和如何使用各种 ASP.NET 控件来实现数据绑定，读取数据源中数据并在页面上显示。

本章的难点在于 GridView 控件的编程使用上，因其有很多的属性且非常灵活，故需要大量练习方能掌握。

练习 1　练习 GridView 控件的配置和使用。

需要首先安装 VS 2015 工具，然后再新建一个 Web 应用程序，在新建的程序上面新建一个 Web 页面，然后在工具箱中找到 GridView 控件并添加到页面上去，然后进行各种数据绑定配置，并能够编写程序实现数据源的展示。该练习参考 8.3 节讲解的知识。

练习 2　练习 DataList 控件的配置和使用。

需要首先安装 VS 2015 工具，然后再新建一个 Web 应用程序，在新建的程序上面新建一个 Web 页面，然后在工具箱中找到 DataList 控件并添加到页面上去，然后进行各种数据绑定配置，并能够编写程序实现数据源的展示。该练习参考 8.4.1 小节讲解的知识。

练习 3　练习 FormView 控件的配置和使用。

需要首先安装 VS 2015 工具，然后再新建一个 Web 应用程序，在新建的程序上面新建一个 Web 页面，然后在工具箱中找到 FormView 控件并添加到页面上去，然后进行各种数据绑定配置，并能够编写程序实现数据源的展示。该练习参考 8.4.2 节讲解的知识。

练习 4　练习 DetailsView 控件的配置和使用。

需要首先安装 VS 2015 工具，然后再新建一个 Web 应用程序，在新建的程序上面新建一个 Web 页面，然后在工具箱中找到 DetailView 控件并添加到页面上去，之后进行各种数据绑定配置，并能够编写程序实现数据源的展示。该练习参考 8.6 节讲解的知识。

常见疑难解答

问：DataBinder.Eval(Container.DataItem,"") 这个 Container 和 DataItem 分别是什么？

答：Container 即容器，指父控件；DataItem 指父控件所绑定的数据源的当前行，不是字段。

问：Eval 与 DataBinder.Eval 的区别是什么？

答：ASP.NET 2.0 改善了模板中的数据绑定操作，把 v1.x 中的数据绑定语法 DataBinder.Eval(Container.DataItem,fieldname) 简化为 Eval(fieldname)。Eval() 方法与 DataBinder.Eval 一样可以接受一个可选的格式化字符串参数。缩短的 Eval 语法与 DataBinder.Eval 的不同点在于，Eval() 会根据最近的容器对象（如 DataListItem）的 DataItem 属性来自动地解析字段，而 DataBinder.Eval 需要使用参数来指定容器。由于这个原因，Eval() 只能在数据绑定控件的模板中使用，而不能用于 Page（页面）层。当然，ASP.NET 2.0 页面中仍然支持 DataBinder.Eval，可以在不支持简化的 Eval 语法的环境中使用它。

问：Eval 与 Bind 的区别是什么？

答：Eval 格式为：<%# Eval("字段名") %>；Bind 格式为：<%# Bind("字段名") %>。

二者都可以将数据显示到 Web 页面，但是 Eval() 绑定的是只读数据的显示，Bind() 可以绑定只读数据也可以绑定更新数据，Bind() 方法还把字段和控件的绑定属性联系起来，使得数据控件（如 GridView 等）的 Update、Insert 和 Delete 等方法可以使用这种联系来做出相应的处理。

第9章 ASP.NET高级应用

内容导读

运行在不同机器上的不同应用无须借助附加的、专门的第三方软件或硬件， 如何相互交换数据或集成。在后台与服务器进行少量数据交换，使网页实现异步更新，即在不重新加载整个网页的情况下，对网页的某部分进行更新。

本章将主要讲解 XML 数据处理、Web 服务调用处理、AJAX 实现无刷新动态 ASP.NET 页面以及如何处理缓存进行程序的安装部署和网站安全配置等知识。

通过本章的学习，读者应该重点掌握 XML 数据处理、WebService 调用方法、Ajax 简单应用以及如何用 Cache 处理缓存数据，并最终将程序打包，最后要能够对网站的安全性有一个简单的配置。

学习目标

◆ 掌握 XML 数据处理
◆ 掌握 Web 服务调用方法
◆ 掌握 AJAX 简单应用
◆ 掌握 Cache 处理缓存数据

课时安排

◆ 理论学习 6 课时
◆ 上机操作 4 课时

9.1 XML 数据处理

XML 是 HTML 的一种补充，这是因为 HTML 被设计用来显示数据，而 XML 被设计用来描述数据，HTML 可以显示 XML 中的数据。下面将对 XML 的基础知识进行全面介绍。

9.1.1 XML 基础

XML 的全称为 eXtensible Markup Language，其中文含义为“可扩展标识语言”。通常情况下，很多人将 XML 理解为 HTML 的简单扩展，这实际上是不正确的。严格来说 SGML、HTML 是 XML 的先驱。SGML(Standard Generalized Markup Language，通用标识语言标准) 是国际上定义电子文件结构和内容描述的标准，是一种主要用于大量高度结构化数据的区域和其他各种工业领域非常复杂的文档结构。同 XML 相比，SGML 定义的功能很强大，缺点是它不适用于 Web 数据描述，而且 SGML 软件价格非常昂贵。相对来说，HTML 的优点就比较适合 Web 页面的开发，但它有一个缺点是标记太少，只有固定的标记，如
、<table>、<hr> 等，缺少 SGML 的柔性和适应性，不能支持对如数学、化学、音乐等特定领域的标记语言。

XML 结合了 SGML 和 HTML 的优点并消除其缺点。XML 仍然被认为是一种 SGML 语言，它比 SGML 要简单，但能实现 SGML 的大部分功能。简单地说，XML 是一种元标记语言，“元标记”就是开发者可以根据自己的需要定义自己的标记，比如开发者可以定义以下标记 <book><name>，任何满足 XML 命名规则的名称都可以标记，这就为使用不同的应用程序打开了大门，其次 XML 是一种语义结构化语言。它描述了文档的结构和语义。

例如，在 HTML 中，要描述一个学生，可以使用以下代码：

```
<P> studentinfo</P>
<ul>
<li> 刘德华 </li>
<li>9908091045</li>
<li> bianma1</li>
</ul>
```

在 XML 中，同样的数据可表示为：

```
<student>
   <title>studentinfo</title>
   <stu_name> 刘德华 </stu_name>
<stu_id> 9908091045</stu_id>
<class>bianma1</class>
</student>
```

从上面的对比可以看出，XML 文档的描述是有明确语义并且是结构化的。XML 是一种通用的数据格式，是一种简单的数据格式，是纯 100% 的 ASCII 码文本，而对于 ASCII

码文本文件来说，它的抗破坏能力是很强的。不像压缩数据和 Java 对象，只要破坏一个数据文件数据就不可阅读。

XML 文件是一种自描述语言。XML 可用于数据交换，主要是因为 XML 表示的信息独立于任何不同的操作系统平台。因为它描述了一种规范，利用它可以将微软的 SQL Server 数据库文档转换为其他的数据库文件。

对于大型复杂的文档，XML 是一种理想语言，不仅允许指定文档中的词汇，还允许指定元素之间的关系。比如，可以规定 student 元素必须有一个 stu_id 子元素；可以规定企业的业务必须包括哪种子业务。XML 的优良特性表现在以下几个方面。

1. 内容与形式分离

XML 用来表示数据，并不用来显示数据。对于 XML 文档而言，标记是包含信息的，如关键字、继承关系等，这些信息对于数据的检索、描述起着巨大的简化作用。当修改 XML 中的数据时，不会影响其表现形式。

2. 良好的可扩展性

XML 允许程序员制定自己的标记集，这样 XML 就可以轻松地适应每个领域而无须对语言本身作大修改。

3. 良好的移植性

XML 本身是文本文件，其中的数据可以是文本、图像、声音等各种数据。因此，通过 XML 文件可以在不同的平台之间交流数据。

9.1.2 在 ASP.NET 中处理 XML 数据

在 ASP.NET 中处理 XML 数据主要分为两大类，即文档对象模型处理 XML 数据和流模型处理 XML 数据。

1. 文档结构模型处理 XML 数据

文档对象模型 DOM(Document Object Model) 是 XML 文档的内存中 (缓存) 树状表示形式，允许对该文档的导航和编辑。.NET FrameWork SDK 中通过 XMLDocument 实现了对 DOM 的封装，使程序员能够以编程方式读取、操作和修改 XML 文档。DOM 的结构是树状结构，最基本的对象是节点 (Node)。命名空间 System.XML 中封装的 XMLNode 类能够很好地表示 DOM 树的节点。下面介绍如何使用文档结构模型来操作 XML 文件。

(1) 创建一个 Web 应用程序，新建立一个 XML 文件。

```
<?XML version="1.0" standalone="yes"?>
<dbCust>
  <User>
    <Name> 张三 </Name>
    <City> 郑州 </City>
    <Email>zhangsan@zzuli.edu.cn</Email>
    <Message>a</Message>
```

```
    <Stime>2018-06-16 11:44:04</Stime>
  </User>
  <User>
    <Name> 李四 </Name>
    <City> 北京 </City>
    <Email>lisi@zzuli.edu.cn</Email>
    <Message>dsfsddfsdfsdf</Message>
  </User>
</ dbCust >
```

(2) 在新建的 Default.aspx 页面增加一个按钮，在该按钮事件中写入以下程序。创建一个 XML 文档结构对象：

```
XmlDocument doc = new XmlDocument();// 声明一个 Xml 文档对象
```

(3) 将刚刚建立的 XML 文件加载到该文档结构对象中。

```
doc.Load(Server.MapPath(".\\dbcust.xml"));// 加载 Xml 文档
```

(4) 使用 XMLNode 节点对象来获取该文档的相应节点：

```
XmlNode root = doc.SelectSingleNode("dbCust");// 获取文档根节点
```

(5) 利用 XMLElement 对象创建元素并添加到该结构树上。

```
XmlElement xe1 = doc.CreateElement("User");// 创建一个元素
XmlElement xesub1 = doc.CreateElement("Name");
xesub1.InnerText = " 王五 ";
xe1.AppendChild(xesub1);// 将该元素添加到上一层节点中
```

(6) 将该文档对象保存到服务器中，即可实现对该 XML 文件节点内容的添加。

```
doc.Save(Server.MapPath(".\\dbcust.Xml"));
```

该程序的完整代码如下：

```
protected void Button1_Click(object sender, System.EventArgs e)
{
XmlDocument doc = new XmlDocument();// 声明一个 Xml 文档对象
doc.Load(Server.MapPath(".\\dbcust.xml"));// 加载 Xml 文档
XmlNode root = doc.SelectSingleNode("dbCust");// 获取文档根节点
XmlElement xe1 = doc.CreateElement("User");// 创建一个元素
XmlElement xesub1 = doc.CreateElement("Name");
xesub1.InnerText = " 王五 ";
xe1.AppendChild(xesub1);// 将该元素添加到上一层节点中
XmlElement xesub2 = doc.CreateElement("City");
xesub2.InnerText = " 郑州 ";
xe1.AppendChild(xesub2);
```

```
XmlElement xesub3 = doc.CreateElement("Email");
xesub3.InnerText = "wangwu@163.com";
xe1.AppendChild(xesub3);
XmlElement xesub4 = doc.CreateElement("Message");
xesub4.InnerText = "hello";
xe1.AppendChild(xesub4);
root.AppendChild(xe1);
doc.Save(Server.MapPath(".\\dbcust.Xml"));
  }
```

2. 流模型处理 XML 数据

流模型处理 XML 数据是指通过 XMLTextReader 和 XMLTextWriter 对象处理 XML 数据。XMLTextReader 类提供对 XML 数据的快速、非缓存和直接的读取访问。通常情况下，如果需要将 XML 作为原始数据进行访问，则可以使用 XMLTextReader，这样可以避免大量的内存开销，而且省去对 DOM 的访问，可使读取 XML 的速度加快。对于较大的 XML 文档，流模型相比文档对象模型可以大大提高处理性能。在 Web 应用程序项目中，新建 XmlWriteDemo.aspx 页面，并增加一个 Button 控件和一个 TextBox 控件，在 TextBox 控件中输入要生成的 XML 文档路径，在按钮事件中写入以下程序即可以生成一个 XML 文档：

```
static void writeXMLbyXMLWriter(XMLWriter writer,string symbol,double price,double change,long volume)
{
writer.WriteStartElement("stock");
writer.WriteAttributeString("symbol",symbol);
writer.WriteElementString("price",XMLConvert.ToString(price));
writer.WriteElementString("change",XMLConvert.ToString(change));
writer.WriteElementString("volume",XMLConvert.ToString(volume));
writer.WriteEndElement();
}
private void Button1_Click(object sender, System.EventArgs e)
{
string filename=this.TextBox1.Text;
FileStream myfile=new FileStream(filename,FileMode.Create);
XMLTextWriter myXMLWriter=new XMLTextWriter(myfile,System.Text.Encoding.Unicode);
myXMLWriter.Formatting=Formatting.Indented;
try
{
        writeXMLbyXMLWriter(myXMLWriter,"MSFT",74.5,5.5,49222);
        myXMLWriter.Close();
        Page.Response.Write(" 生成 XML 文档成功 ");
}
catch
{
```

```
        Response.Write(" 生成文件路径错误或者没有文件写入权限 ");
    }
}
```

生成的 XML 文件内容如下：

```
<stock symbol="MSFT">
  <price>74.5</price>
  <change>5.5</change>
  <volume>49222</volume>
</stock>
```

9.1.3 DataSet 和 XML 的相关处理技术

DataSet 对象中的数据和数据组织模式，本质上都是以 XML 和 XML Schema 来表示的。Dataset 可以使用 XML 进行读取、写入或序列化，因此 DataSet 与 XML 有密切的关系。在 ADO.NET 中，DataSet 和 XML 完全可以相互转换。这包括两个方面的内容：DataSet 中的数据可以完全采用 XML 格式进行输出；DataSet 中的数据可以完全来自 XML 文件。可以利用 DataSet 的 ReadXML 和 WriteXML 方法将 DataSet 和 XML 文件之间进行相互转换，下面将 DataSet 转换为 XML 文件。

(1) 在上面的 Web 应用程序项目中，新建 DataSet2Xml.aspx 页面，添加 4 个 TextBox 控件，用来输入 Name、City、Email 和 Message，以及一个 Button 控件，用来执行保存操作；然后创建一个 DataSet 对象。

```
DataSet ds=new DataSet("myds");
```

(2) 在其 Page_Load 事件中添加以下代码，利用 DataSet 对象的 ReadXML() 方法来读取并加载 XML 文件：

```
ds.ReadXml(Server.MapPath(@".\dbCust.XML"));
```

(3) 这样就可以在内存中形成一个 DataSet 对象数据库，可以利用 DataSet 对象来实现对虚存数据表中数据的修改。在保存按钮的单击事件中添加以下代码：

```
DataRow dr=ds.Tables[0].NewRow();
dr["Name"]=this.TextBox1.Text.Trim();
dr["City"]=this.TextBox2.Text.Trim();
dr["Email"]=this.TextBox3.Text.Trim();
dr["Message"]=this.TextBox4.Text.Trim();
dr["Stime"]=DateTime.Now.ToString();
ds.Tables[0].Rows.Add(dr);
```

(4) 使用 DataSet 对象的 WriteXML() 方法来实现将内存中的数据保存到服务器 XML 文件中去：

```
ds.WriteXML(Server.MapPath(@".\dbCust.XML "));
```

该程序完整代码如下：

```
using System;
using System.Data;

public partial class DataSet2Xml : System.Web.UI.Page
{
    DataSet ds = new DataSet("myds");
    protected void Page_Load(object sender, EventArgs e)
    {
        ds.ReadXml(Server.MapPath(@".\dbCust.XML"));
    }

    protected void Button1_Click(object sender, EventArgs e)
    {
        DataRow dr = ds.Tables[0].NewRow();
        dr["Name"] = this.TextBox1.Text.Trim();
        dr["City"] = this.TextBox2.Text.Trim();
        dr["Email"] = this.TextBox3.Text.Trim();
        dr["Message"] = this.TextBox4.Text.Trim();
        dr["Stime"] = DateTime.Now.ToString();
        ds.Tables[0].Rows.Add(dr);
        ds.WriteXml(Server.MapPath(@".\dbCust.XML"));
    }
}
```

同样也可以将 XML 文件转换为 DataSet 来作为数据源，如下代码，创建一个 DataSet 对象，并利用 DataSet 对象的 ReadXML 方法来读取并生成 ds 数据集，该数据集即可作为一些数据绑定控件的数据源。

```
DataSet ds=new DataSet();
ds.ReadXML(Server.MapPath(@".\dbCust.XML "));
this.GridView1.DataSource=ds.Tables[0].DefaultView;
this.GridView1.DataBind();
```

9.2 Web 服务

Web 服务是下一代 Internet 的基础，是 Internet 最重要的开发技术之一，对本节知识内容的学习能够让读者体会 Web 服务在大型数据库应用、电子商务应用中构建中间层业务对象的优势。

9.2.1 了解 Web 服务

Web 服务是一个可通过网络使用的自描述、自包含软件模块，这些软件模块可完成任务、解决问题或代表用户、应用程序处理事务。Web 服务建立了一个分布式计算的基础架构。这个基础架构由许多不同的、相互之间进行交互的应用模块组成。这些应用模块通过专用网络或公共网络进行通信，并形成一个虚拟的逻辑系统。

Web 服务可以是以下内容。

◎ 自包含的业务任务，如提款或取款服务。

◎ 成熟的业务流程，如办公用品的自动采购。

◎ 应用程序，如人寿保险应用程序、需求预测与库存补充应用程序。

◎ 已启用服务的资源，如访问特定的保存病人病历的后台数据库。

Web 服务的功能千差万别，既可以是进行简单的请求，如信用卡的核对与授权、价格查询、库存状态检查或者天气预报等，也可以是需要访问和综合多个数据源信息的完整的业务应用程序，如保险经纪人系统、保险责任计算、旅行自动规划或者包裹跟踪系统等。

对于预先定义的关系以及因特网上各个孤立服务的严格实现，Web 服务解决了这些问题。Web 服务技术的远期目标是实现分布式应用，按照不断变化的业务需求动态组配应用程序，并可根据设备 (如 PC、工作站、WAP 手机、PDA)、网络 (如有线电视线缆、移动通信系统、各种数字用户线路、蓝牙等) 和用户访问情况定制具体的分布式应用，保证所需之处都可广泛利用任何业务逻辑的具体片段。一旦部署了具体的 Web 服务，其他的应用和 Web 服务就能发现和调用这个 Web 服务。

Web 服务可以被定义为一个平台独立的、松耦合的、自包含的、基于可编程的 Web 应用程序，可使用开放的 XML 标准描述、发布、发现、协调和配置这些应用程序，用于开发分布式互操作的应用程序。Web 服务能够在一些常规的计算中提供服务，从而完成具体的任务，处理相关的业务或者解决复杂的问题。此外，Web 服务使用 (基于 XML 的) 标准化的因特网语言和标准化协议在因特网或内部网上展示它们的可编程功能部件，并通过自描述接口实现 Web 服务。这些自描述接口基于开放的因特网标准。

与 Web 服务相对应的概念就是“本地服务”。完成同样一项任务，如果不需要调用其他网站的资源，都靠本地资源完成，这样的资源就称为“本地服务”。这就好比一件事可以自己做，也可以交给另一个人去做。比如，肚子饿了，可以自己做饭，也可以通过网络去订餐。

Web 服务的基本思想就是尽量把事情交给其他网站去做，自己轻易不要去做。举例来说，要计算 1+1=？，可以在自己的计算机上写一个程序，也可以交给网上的另一台计算机，等它计算完毕后，再把结果返回。Web 服务要求尽量不要写本地的程序，而是把它“外包”出去。顺便提一句，最近“云计算”这个名词很火，其实它只不过是“Web 服务”的另一种故弄玄虚的说法而已。

为什么不提倡使用本地服务呢？主要有以下 3 个原因。

① 本地资源不足。很多数据和资料，本地得不到，只有向其他网站寻求帮助。

② 成本因素。本地提供服务，往往是不经济的，使用专业网站的服务更便宜。其中涉及硬件和人员两部分，即使买得起硬件，专门找一个人管理系统，也是很麻烦的事。

③ 可移植性差。如果想把本机的服务移植到其他机器上，往往很困难，尤其是在跨平台的情况下。

9.2.2 创建 Web 服务

新创建一个 Web 服务项目，在 Web 服务项目中新建一个扩展名为 asmx 的文件，双击打开该文件后在 [WebMethod] 后编写代码如下：

```
[WebMethod]
public int Add(int num1,int num2)
{
    return num1+num2;
}
```

运行该项目后将出现如图 9.1 所示的 Web 服务，该服务的功能就是对外发布一个加法操作，别人可以调用该 Web 服务来实现在自己项目中的加法操作，而不需要再在自己的项目中去写加法程序，这样可以大大降低自己程序的代码量，并且也提高了程序的执行效率。

图 9.1　Web 服务的运行效果

9.2.3 公布 Web 服务

统一描述、发现和集成协议 (Universal Description Discovery and Integration，UDDI) 是 Web 服务信息注册的规范，定义了 Web 服务的注册发布与发现的方法。UDDI 类似一个目录索引，上面列出了所有可用企业的 Web 服务信息。服务器请求者可以在这个目录中找到自己需要的服务。

当写好 Web 服务后即可用 UDDI 来公布它。首先确定公布 Web 服务所需的基本信息，然后进行实际注册。其具体操作步骤如下。

(1) 右击项目，在弹出的快捷菜单中选择“发布”命令，打开“发布 Web”对话框，如图 9.2 所示。

(2) 单击“自定义”，输入配置文件名称，如图 9.3 所示。

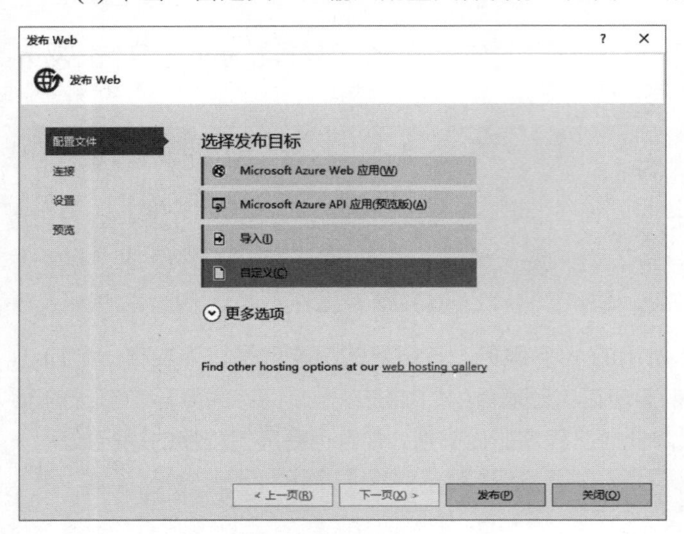

图 9.2 “发布 Web”对话框

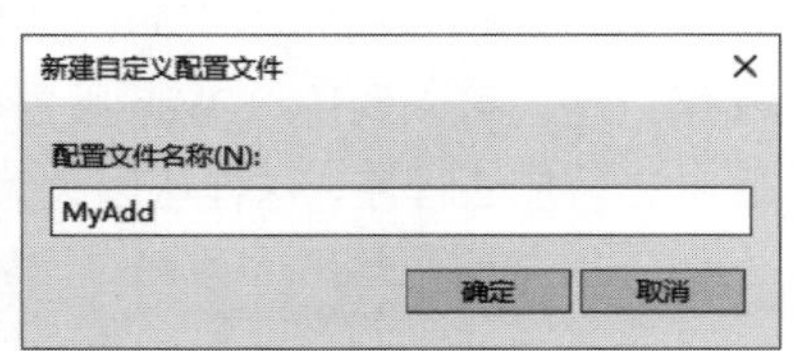

图 9.3 设置配置文件名称

(3) 单击“确定”按钮，连接选择文件系统、发布路径 (这个路径要记住后面的 IIS 需要使用此目录)，单击“发布”按钮完成，如图 9.4 所示。

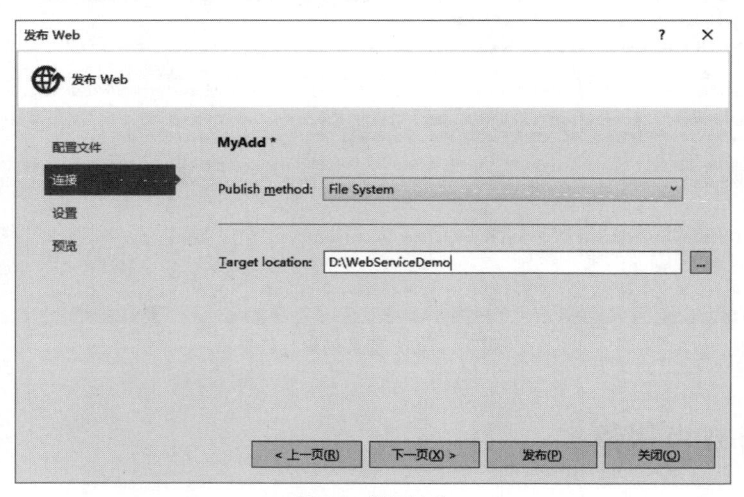

图 9.4 设置连接

(4) 发布完路径下会有图 9.5 所示的文件。

图 9.5　发布成功后生成的文件

(5) 打开 IIS 管理器，如图 9.6 所示。

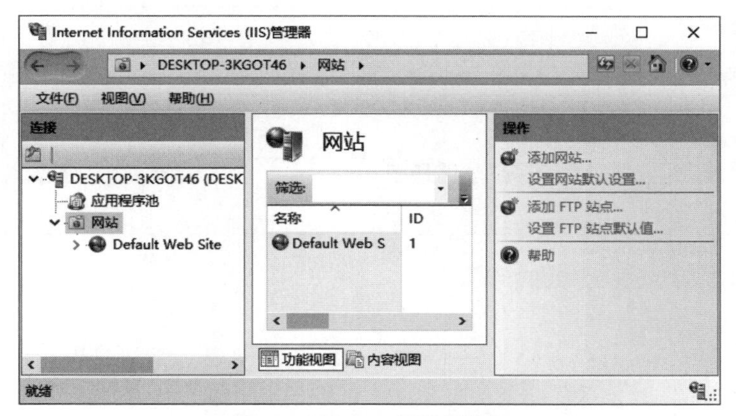

图 9.6　添加 Web 服务提供者

(6) 右键单击网站，在弹出的快捷菜单中选择“添加网站”命令，在打开的“添加网站”对话框中设置网站名称、物理路径和 IP 地址，如图 9.7 所示。

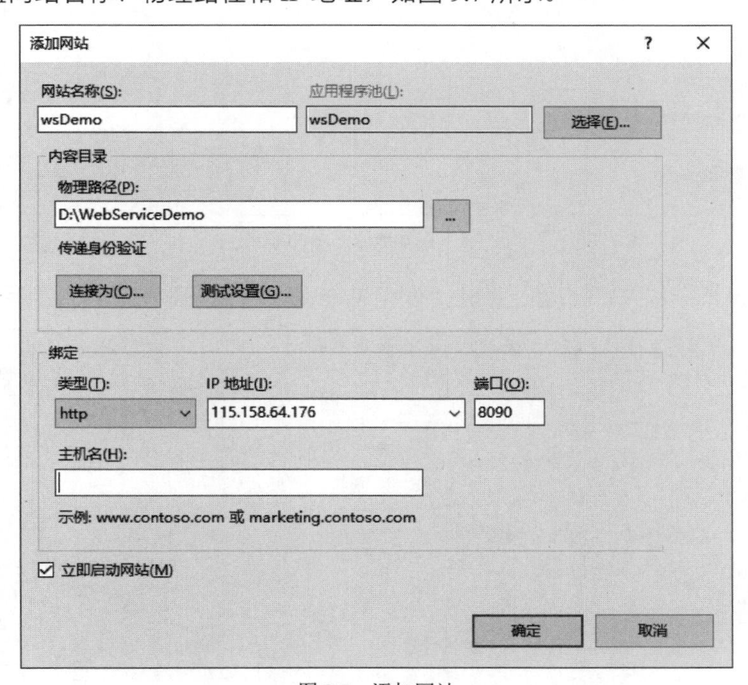

图 9.7　添加网站

到这里为止，就发布好了一个服务。就好比一个人开了一个公司，他现在在工商局进行了注册，在电信局也做了登记，客户需要这些服务的话，可以通过搜索来查询。

9.2.4 使用 Web 服务

如果使用 Web 服务，必须要查询到该服务的详细信息。在 VS 2015 所创建的 Web 应用程序项目中右键单击项目，添加 Web 引用，直接使用 UDDI 服务去查找服务，单击“确定”按钮，如图 9.8 所示，即可以在本地的 Web 项目中使用该服务所公布的加法功能。

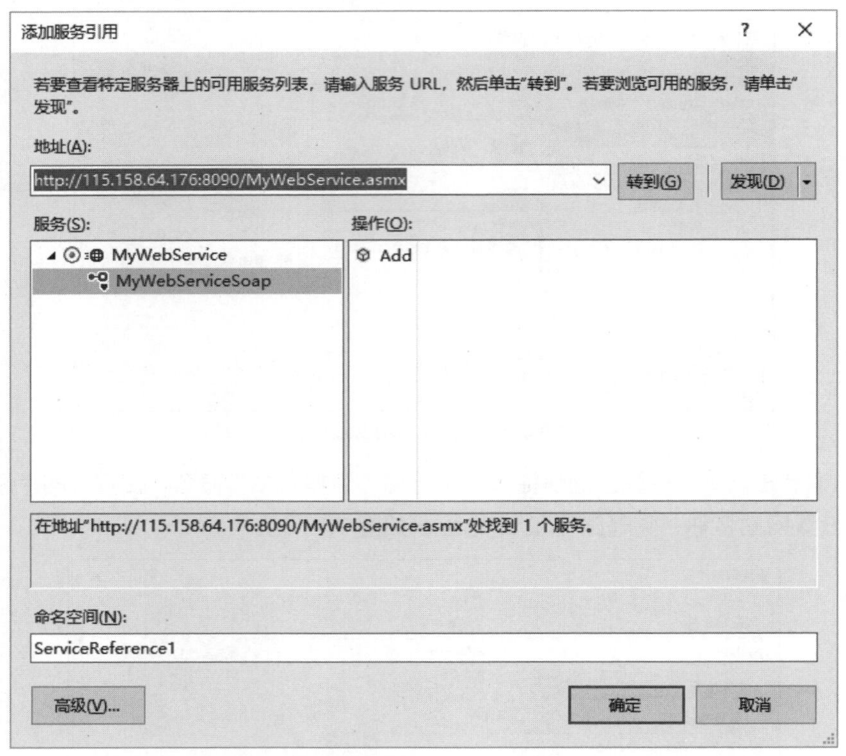

图 9.8　在本地添加 Web 服务

在如图 9.9 所示的 Web 页面上双击“调用 Web 服务”按钮，在其事件中写入以下代码：

```
protected void Button1_Click(object sender, EventArgs e)
{
    // 实例化 ServiceReference1.MyWebServiceSoapClient 类
    ServiceReference1.MyWebServiceSoapClient client = new ServiceReference1. MyWebServiceSoapClient();
    // 调用 Add 方法，将结果输出到页面上
    int num1 = Convert.ToInt16(TextBox1.Text);
    int num2 = Convert.ToInt16(TextBox2.Text);

    Label1.Text=client.Add(num1,num2).ToString();
}
```

图 9.9 使用 Web 服务

运行该 Web 项目后即可单击按钮来调用 Web 服务中的加法运算服务，从而实现加法操作。

9.3 AJAX 与 ASP.NET

ASP.NET AJAX 能发挥出浏览器中 Web 应用程序处理最出色的一面，不需要去跟服务器端交互来更新页面。ASP.NET AJAX 开发集成了 ECMAScript (JavaScript) 客户端脚本库和 ASP.NET 基于服务器端的开发平台。ASP.NET AJAX 依赖于 AJAX 策略来创建 Web 应用程序，这样就能通过客户端脚本向基于 Web 的应用程序发送请求。

9.3.1 Ajax 简介

AJAX(Asynchronous JavaScript and XML) 是指一种创建交互式网页应用的网页开发技术。AJAX 并非缩写词，而是由 Jesse James Gaiiett 创造的名词。

Web 应用的交互如 Flickr、Backpack 和 Google 在这方面已经有质的飞跃。这个术语源自描述从基于网页的 Web 应用到基于数据的应用的转换。在基于数据的应用中，用户需求的数据如联系人列表，可以从独立于实际网页的服务端取得，并且可以被动态地写入网页中，给缓慢的 Web 应用体验着色使之像桌面应用一样。虽然大部分开发人员在过去使用过 XMLHttp 或者使用 IFrame 来加载数据，但到现在才看到传统的开发人员和公司开始采用这些技术。就像新的编程语言或模型伴随着更多的痛苦，开发人员需要学习新的技巧及如何更好地利用这些新技术。

该技术在 1998 年前后得到了应用。允许客户端脚本发送 HTTP 请求的第一个组件由 Outlook Web Access 小组写成。该组件原属于微软 Exchange Server，并且迅速地成为 Internet Explorer 4.0 的一部分。部分观察家认为，Outlook Web Access 是第一个应用了 AJAX 技术的成功的商业应用程序，并成为包括 Oddpost 的网络邮件产品在内的许多产品的领头羊。但是，2005 年初，许多事件使得 Ajax 被大众所接受。简单来说，AJAX 并不是一种技术。实际上，它由几种蓬勃发展的技术以新的强大方式组合而成。AJAX 具有以下优势。

◎ 基于 XHTML 和 CSS 标准的表示。

◎ 使用 Document Object Model 进行动态显示和交互。

◎ 使用 XMLHttpRequest 与服务器进行异步通信。

◎ 使用 JavaScript 绑定一切。

AJAX 的核心是 JavaScript 对象 XMLHttpRequest。该对象在 Internet Explorer 5 中首次引入，它是一种支持异步请求的技术。简而言之，XMLHttpRequest 可以帮用户使用 JavaScript 向服务器提出请求并处理响应，而不阻塞用户。

在创建 Web 站点时，在客户端执行屏幕更新为用户提供了很大的灵活性。下面是使用 AJAX 可以完成的功能。

◎ 动态更新购物车的物品总数，无须用户单击 Update 并等待服务器重新发送整个页面。

◎ 提升站点的性能，这是通过减少从服务器下载的数据量而实现的。例如，在亚马逊购物车页面，当更新车子中的一项物品的数量时，会重新载入整个页面，这必须下载 32KB 的数据。如果使用 AJAX 计算新的总量，服务器只会返回新的总量值，因此所需的带宽仅为原来的 1%。

◎ 消除了每次用户输入时的页面刷新。例如，在 AJAX 中，如果用户在分页列表上单击“Next”按钮，则服务器数据只刷新列表而不是整个页面。

◎ 直接编辑表格数据，而不是要求用户导航到新的页面来编辑数据。对于 AJAX，当用户单击 Edit 按钮时，可以将静态表格刷新为内容可编辑的表格。用户单击 Done 按钮之后，就可以发出 AJAX 请求来更新服务器，并刷新表格，使其包含静态、只读的数据。

9.3.2 ASP.NET AJAX 控件

在 ASP.NET 中，AJAX 已经成为 .NET 框架的原生功能。创建 ASP.NET Web 应用程序就能够直接使用 AJAX 功能，如图 9.10 所示。

图 9.10　AJAX 控件

1. 更新区域控件

更新区域控件(UpdatePanel)在ASP.NET AJAX中是最常用的控件。UpdatePanel控件使用的方法同Panel控件类似，只需要在UpdatePanel控件中放入需要刷新的控件就能够实现局部刷新。使用UpdatePanel控件，整个页面中只有UpdatePanel控件中的服务器控件或事件会进行刷新操作，而页面的其他地方都不会被刷新。UpdatePanel控件的HTML代码如下：

```
<asp:ScriptManager ID="ScriptManager1" runat="server" >
</asp:ScriptManager>
<asp:UpdatePanel ID="UpdatePanel1" runat="server" ChildrenAsTriggers="true" UpdateMode="Always"
RenderMode="Block">
<ContentTemplate>
</ContentTemplate>
<Triggers>
<asp:AsyncPostBackTrigger />
<asp:PostBackTrigger />
</Triggers>
</asp:UpdatePanel>
```

UpdatePanel控件可以用来创建局部更新，开发人员无须编写任何客户端脚本，直接使用UpdatePanel控件就能够进行局部更新，UpdatePanel控件的属性如表9.1所示。

表9.1 UpdatePanel控件的属性

属 性	说 明
RenderMode	该属性指明UpdatePanel控件内呈现的标记应为<div>或<span>
ChildrenAsTriggers	该属性指明UpdatePanel控件的子控件的回发(PostBack)是否导致UpdatePanel控件的更新，其默认值为True
EnableViewState	指明控件是否自动保存其往返过程
Triggers	指明可以导致UpdatePanel控件更新的触发器的集合
UpdateMode	指明UpdatePanel控件回发的属性，是在每次事件时进行更新还是使用UpdatePanel控件的Update方法进行更新
Visible	UpdatePanel控件的可见性

UpdatePanel控件要进行动态更新，必须依赖于ScriptManager控件。当ScriptManager控件允许局部更新时，它会以异步的方式发送到服务器，服务器接受请求后，执行操作并通过DOM对象来替换局部代码。UpdatePanel控件包括ContentTemplate标签。在UpdatePanel控件的ContentTemplate标签中，开发人员能够放置任何ASP.NET控件，这些控件到ContentTemplate标签中，就能够实现页面无刷新的更新操作，示例代码如下：

```
<asp:UpdatePanel ID="UpdatePanel1" runat="server">
  <ContentTemplate>
   <asp:TextBox ID="TextBox1" runat="server"></asp:TextBox>
   <asp:Button ID="Button1" runat="server" Text="Button" />
```

```
    </ContentTemplate>
</asp:UpdatePanel>
```

上述代码在 ContentTemplate 标签加入了 TextBox1 控件和 Button1 控件，当这两个控件产生回发 (PostBack) 事件，并不会对页面中的其他元素进行更新，只会对 UpdatePanel 控件中的内容进行更新。UpdatePanel 控件还包括 Triggers 标签，Triggers 标签包括两个属性，这两个属性分别为 AsyncPostBackTrigger 和 PostBackTrigger。AsyncPostBackTrigger 用来指定某个服务器端控件，以及将其触发的服务器事件作为 UpdatePanel 异步更新的一种触发器，AsyncPostBackTrigger 属性需要配置控件的 ID 和控件产生的事件名，示例代码如下：

```
<asp:UpdatePanel ID="UpdatePanel1" runat="server">
  <ContentTemplate>
        <asp:TextBox ID="TextBox1" runat="server"></asp:TextBox>
        <asp:Button ID="Button1" runat="server" Text="Button" />
  </ContentTemplate>
  <Triggers>
        <asp:AsyncPostBackTrigger ControlID="TextBox1" EventName="TextChanged" />
  </Triggers>
</asp:UpdatePanel>
```

而 PostBackTrigger 用来指定在 UpdatePanel 中的某个控件，并指定其控件产生的事件将使用传统的回发方式进行回发。当使用 PostBackTrigger 标签进行控件描述，且该控件产生了一个事件时，页面并不会异步更新，而会使用传统的方法进行页面刷新，示例代码如下：

```
<asp:PostBackTrigger ControlID="TextBox1" />
```

UpdatePanel 控件在 ASP.NET AJAX 中是非常重要的，UpdatePanel 控件用于进行局部更新，当 UpdatePanel 控件中的服务器控件产生事件并需要动态更新时，服务器端返回请求只会更新 UpdatePanel 控件中的事件而不会影响到其他的事件。

2. 脚本管理控件

脚本管理控件 (ScriptManager) 是 ASP.NET AJAX 中非常重要的控件，通过使用 ScriptManager 能够进行整个页面的局部更新的管理。ScriptManager 用来处理页面上局部更新，同时生成相关的代理脚本以便能够通过 JavaScript 访问 Web Service。

ScriptManager 只能在页面中被使用一次，也就是说，每个页面只能使用一个 ScriptManager 控件，ScriptManager 控件用来进行该页面的全局管理。创建 ScriptManager 控件后系统自动生成 HTML 代码，示例代码如下：

```
<asp:ScriptManager ID="ScriptManager1" runat="server">
</asp:ScriptManager>
```

ScriptManager 控件用于对整个页面的局部更新管理，ScriptManager 控件的常用属性如表 9.2 所示。

表 9.2 ScriptManager 控件的属性

属　性	说　明
AllowCustomErrorRedirect	指明在异步回发过程中是否进行自定义错误重定向
AsyncPostBackTimeout	指定异步回发的超时事件，默认为 90 秒
EnablePageMethods	是否启用页面方法，默认值为 false
EnablePartialRendering	在支持的浏览器上为 UpdatePanel 控件启用异步回发。默认值为 True
LoadScriptsBeforeUI	指定在浏览器中呈现 UI 之前是否应加载脚本引用
ScriptMode	指定要在多个类型时可加载的脚本类型，默认为 Auto

在 AJAX 应用中，ScriptManager 控件基本不需要配置就能够使用。因为 ScriptManager 控件通常需要同其他 AJAX 控件搭配使用，在 AJAX 应用程序中，ScriptManager 控件就相当于一个总指挥官，这个总指挥官只是进行指挥，而不进行实际的操作。ScriptManager 控件在页面中相当于指挥的功能，如果需要使用 AJAX 的其他控件，就必须使用 ScriptManager 控件，并且页面中只能包含一个 ScriptManager 控件，如图 9.11 所示。

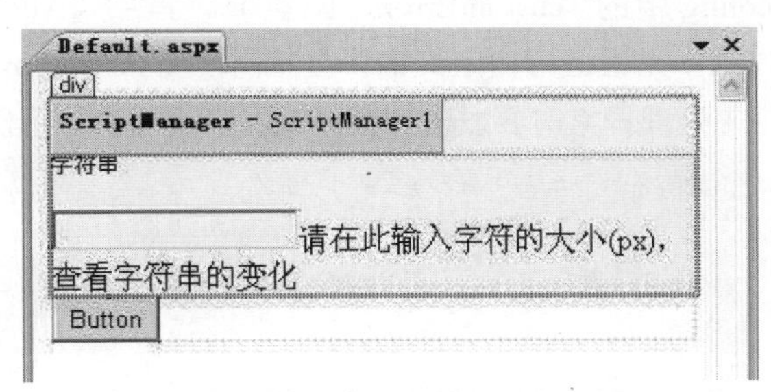

图 9.11　ScriptManager 控件设置结果

图 9.11 创建了一个 ScriptManager 控件和一个 UpdatePanel 控件用于 AJAX 应用开发。在 UpdatePanel 控件中，包含一个 Label 标签控件和一个 TextBox 文本框控件，当在文本框控件中输入用于表示文字大小数据时，鼠标单击“Button”按钮，则会触发 TextBox1_TextChanged 事件。TextChanged 事件相应的 CS 代码如下：

```
protected void TextBox1_TextChanged(object sender, EventArgs e)
{
    try
    {
        Label1.Font.Size = FontUnit.Point(Convert.ToInt32(TextBox1.Text));// 改变字体
    }
    catch
    {
        Response.Write(" 错误 ");          // 抛出异常
    }

}
```

上述代码的运行效果如图 9.12 所示。

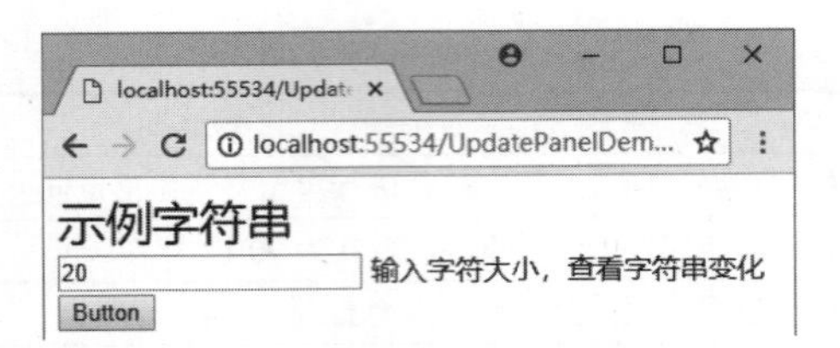

图 9.12　CS 代码运行效果

当页面回传发生异常时，则会触发 AsyncPostBackError 事件，示例代码如下：

```
protected void ScriptManager1_AsyncPostBackError(object sender, AsyncPostBackErrorEventArgs e)
{
ScriptManager1.AsyncPostBackErrorMessage = " 回传发生异常 :" + e.Exception.Message;
}
```

AsyncPostBackError 事件的触发依赖于 AllowCustomErrorsRedirct 属性、AsyncPostBackErrorMessage 属性和 Web.config 中的 <customErrors> 配置节。其中，AllowCustomErrorsRedirct 属性指明在异步回发过程中是否进行自定义错误重定向，而 AsyncPostBackErrorMessage 属性指明当服务器上发生未处理异常时要发送到客户端的错误消息。示例代码如下：

```
protected void Button1_Click(object sender, EventArgs e)
{
throw new ArgumentException();                    // 抛出异常
}
```

上述代码当单击按钮控件时，则会抛出一个异常，ScriptManager 控件能够捕获异常并输出异常，运行代码后系统会提示异常“回传发生异常 : 值不在预期范围内”。

3. 脚本管理控件

脚本管理控件 ScriptManager 作为整个页面的管理者，能够提供强大的功能以至开发人员无须关心 ScriptManager 控件是如何实现 AJAX 功能的，但是一个页面只能使用一个 ScriptManager 控件，如果在一个页面中使用多个 ScriptManager 控件则会出现异常。

在 Web 应用的开发过程中，常常需要用到母版页。在前面的章节中提到，母版页和内容窗体一同组合成为一个新页面呈现在客户端浏览器，那么如果在母版页中使用了 ScriptManager 控件，而在内容窗体中也使用 ScriptManager 控件的话，整合在一起的页面就会出现错误。为了解决这个问题，就可以使用另一个脚本管理控件，即 ScriptManagerProxy 控件。ScriptManagerProxy 控件和 ScriptManager 控件十分相似，首先创建母版页，示例如图 9.13 所示。

图 9.13　创建母版页的结果

图 9.13 创建了母版页，并且母版页中使用了 ScriptManager 控件，为母版页中的控件进行 AJAX 应用支持，母版页中按钮控件的事件代码如下：

```
protected void Button1_Click(object sender, EventArgs e)
{
TextBox1.Text = " 母版页中的时间为 " + DateTime.Now.ToString();      // 获取母版页时间
}
```

在内容窗体中可以使用母版页进行样式控制和布局，内容窗体设置如图 9.14 所示。

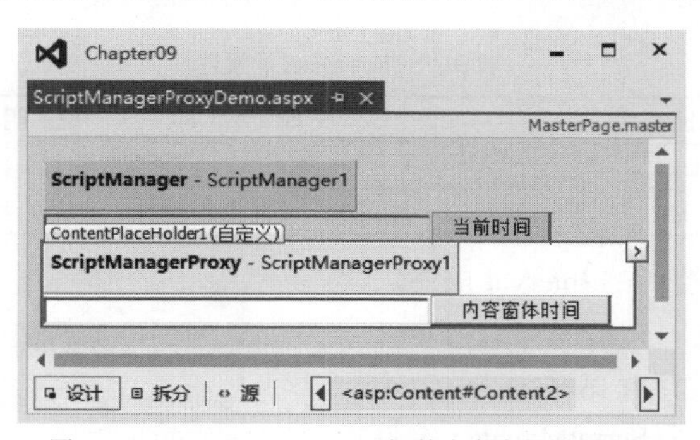

图 9.14　ScriptManagerProxy 控件内容窗体设置结果

在内容窗体中，使用了 MasterPage.master 母版页作为样式控制，并且通过使用 ScriptManagerProxy 控件进行内容窗体 AJAX 应用的支持，然后在内容窗体的 Button 事件中添加以下代码：

```
protected void Button2_Click(object sender, EventArgs e)
{
TextBox1.Text = " 内容窗体中的时间为 " + DateTime.Now.ToString();  // 获取当前窗体页时间
}
```

运行后的效果如图 9.15 所示。

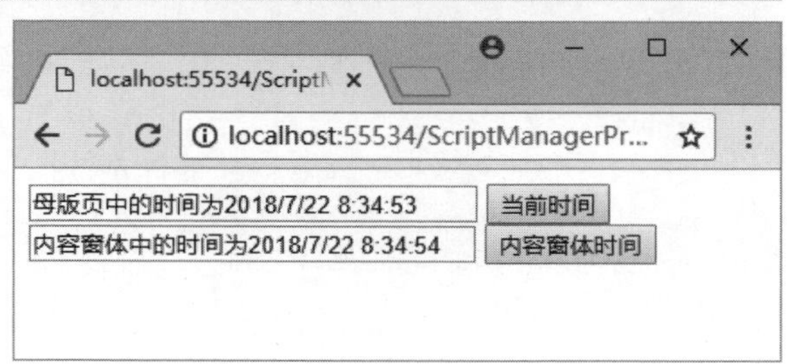

图 9.15　ScriptManagerProxy 控件

ScriptManagerProxy 控件与 Script Manager 控件非常相似，但是 Script Manager 控件只允许在一个页面中使用一次。当 Web 应用需要使用母版页进行样式控制时，母版页和内容页都需要进行局部更新时 ScriptManager 控件就不能完成需求，使用 ScriptManagerProxy 控件就能够在母版页和内容页中都实现 AJAX 应用。

4. 时间控件

在 C/S 应用程序开发中，时间控件 (Timer) 是最常用的控件，使用 Timer 控件能够进行时间控制。Timer 控件被广泛应用在 Windows WinForm 应用程序开发中，Timer 控件能够在一定的时间间隔内触发某个事件，如每隔 5 秒就执行某个事件。但是在 Web 应用中，由于 Web 应用是无状态的，开发人员很难通过编程方法实现 Timer 控件，虽然 Timer 控件还是可以通过

JavaScript 实现，但是这样也是以复杂的编程的大量的性能要求为代价的，这就造成了 Timer 控件的使用困难。在 ASP.NET AJAX 中，AJAX 提供了 Timer 控件，用于执行局部更新，使用 Timer 控件能够控制应用程序在一段时间内进行事件刷新。Timer 控件初始代码如下：

```
<asp:Timer ID="Timer1" runat="server">
</asp:Timer>
```

开发人员能够配置 Timer 控件的属性进行相应事件的触发，Timer 控件的属性如表 9.3 所示。

表 9.3　Timer 控件的属性

属　性	说　明
Enabled	是否启用 Tick 时间引发
Interval	设置 Tick 事件之间的连续时间，单位为毫秒

通过配置 Timer 控件的 Interval 属性，能够指定 Time 控件在一定时间内进行事件刷新操作，设计效果如图 9.16 所示

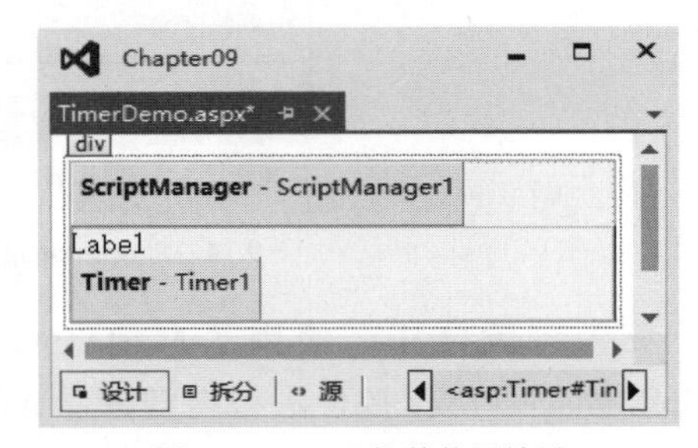

图 9.16　Timer 控件使用效果

图 9.16 使用了一个 ScriptManager 控件进行页面全局管理，ScriptManager 控件是必需的。另外，在页面中使用了 UpdatePanel 控件，该控件用于控制页面的局部更新，而不会引发整个页面刷新。在 UpdatePanel 控件中，包括一个 Label 控件和一个 Timer 控件，Label 控件用于显示时间，Timer 控件用于每 1000 毫秒执行一次 Timer1_Tick 事件，Label1 和 Timer 控件的事件代码如下：

```
protected void Page_Load(object sender, EventArgs e)                    // 页面打开时执行
{
    Label1.Text = DateTime.Now.ToString();// 获取当前时间
}
protected void Timer1_Tick(object sender, EventArgs e)           //Timer 控件计数
{
    Label1.Text = DateTime.Now.ToString();                              // 遍历获取时间
}
```

上述代码在页面被呈现时，将当前时间传递并呈现到 Label 控件中，Timer 控件用于每隔一秒进行一次刷新，并将当前时间传递到 Label 控件中，这样就形成了一个可以计数的时间，如图 9.17 所示。

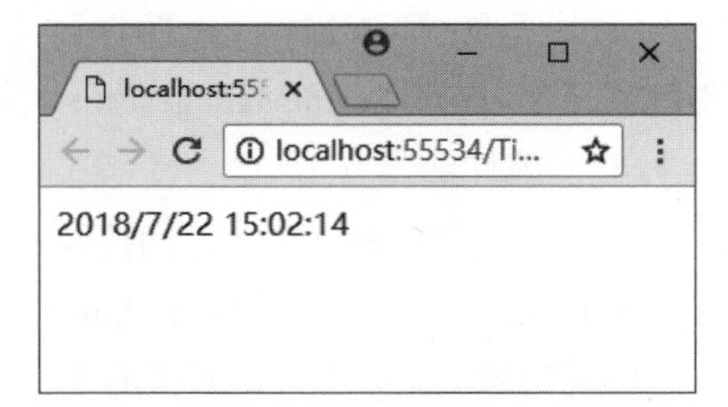

图 9.17　Timer 控件的使用结果

Timer 控件能够通过简单的方法让开发人员无须通过复杂的 JavaScript 实现时间控制。但是从另一方面来讲，Timer 控件会占用大量的服务器资源，如果不停地进行客户端服务器的信息通信操作，很容易造成服务器死机。

5. 更新进度控件

使用 ASP.NET AJAX 常常会给用户造成疑惑。例如，当用户进行评论或留言时，页面并没有刷新，而是进行了局部刷新，这时用户很可能不清楚到底发生了什么，以至于用户很有可能会产生重复操作，甚至会产生非法操作。更新进度控件 (UpdateProgress) 就用于解决这个问题，当服务器端与客户端进行异步通信时，需要使用 UpdateProgress 控件告诉用户现在正在执行中。例如，当用户进行评论时，单击按钮提交表单，系统应该提示“正在提交中，请稍候”，这样就提供了便利，从而让用户知道应用程序正在运行中。这种方法不仅能够让用户更少地出现操作错误，也能够提升用户体验的友好度。UpdateProgress 控件的 HTML 代码如下：

```
<asp:UpdateProgress ID="UpdateProgress1" runat="server">
    <ProgressTemplate>
        正在操作中，请稍候 ...<br />
    </ProgressTemplate>
</asp:UpdateProgress>
```

上述代码定义了一个 UpdateProgress 控件，并通过使用 ProgressTemplate 标记进行等待中的样式控制。ProgressTemplate 标记用于标记等待中的样式。当用户单击按钮进行相应的操作后，如果服务器和客户端之间需要时间等待，则 ProgressTemplate 标记就会呈现在用户面前，以提示用户应用程序正在运行。完整的 UpdateProgress 控件和 UpdatePanel 控件使用结果如图 9.18 所示。

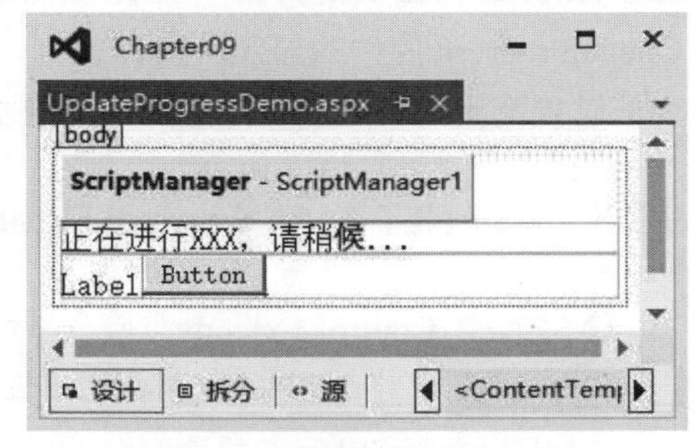

图 9.18　更新控件的使用结果

为了使 UpdateProgress 控件进行用户进度更新提示，在上面创建了一个 Label 控件和一个 Button 控件，HTML 代码如下：

```
<asp:ScriptManager ID="ScriptManager1" runat="server">
</asp:ScriptManager>
<asp:UpdateProgress ID="UpdateProgress1" runat="server">
    <ProgressTemplate>
        正在进行 XXX，请稍后 ...<br />
    </ProgressTemplate>
</asp:UpdateProgress>
<asp:UpdatePanel ID="UpdatePanel1" runat="server">
    <ContentTemplate>
        <asp:Label ID="Label1" runat="server" Text="Label"></asp:Label>
```

```
        <asp:Button ID="Button1" runat="server" OnClick="Button1_Click" Text="Button" />
    </ContentTemplate>
</asp:UpdatePanel>
```

当用户单击 Button 控件时会提示用户正在更新，Button 更新事件代码如下：

```
protected void Button1_Click(object sender, EventArgs e)
{
System.Threading.Thread.Sleep(3000);              // 应用程序挂起 3s
Label1.Text = DateTime.Now.ToString();            // 获取时间
}
```

上述代码使用了 System.Threading.Thread.Sleep 方法指定系统线程挂起的时间，这里设置 3000ms，也就是说，当用户进行操作后，在这 3s 的时间内会呈现“正在操作中，请稍候…”几个字样，当 3000ms 过后，就会执行下面的方法，运行后如图 9.19 所示。

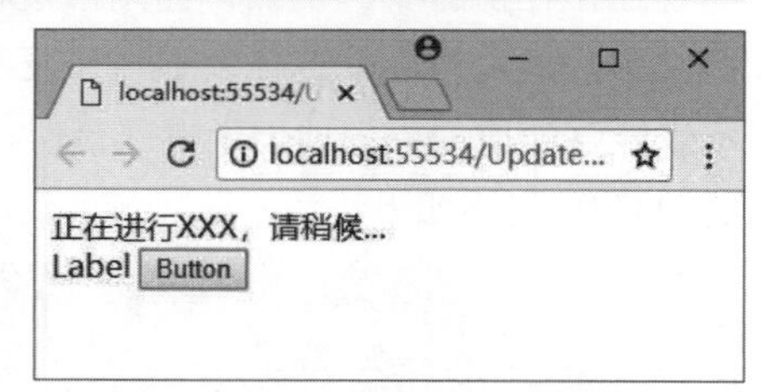

图 9.19 UpdateProgress 控件的使用结果

在用户单击后，如果服务器和客户端之间的通信需要较长时间的更新，则等待提示语会出现正在操作中。如果服务器和客户端之间交互的时间很短，基本上看不到 UpdateProgress 控件的显示。虽然如此，UpdateProgress 控件在大量的数据访问和数据操作中能够提高用户友好度，并避免错误的发生。

9.3.3 ASP.NET AJAX Control Extenders 扩展控件

ASP.NET Control Extenders 是一些派生自 System.Web.UI.ExtenderControl 基类的控件，利用它们可以为页面中已存在的控件添加其他功能（一般都是 AJAX 或者 JavaScript 支持）。它们使得开发者可以很容易地封装 UI 行为，并且它们使得为应用程序添加更丰富的功能变得非常简单。例如，假设想拥有一个文本框，用户可以在里面输入一个日期。如果浏览器使能 JavaScript，当日期文本框得到焦点时，那么可能想拥有一个友好的用户端日历日期选择器以辅助选择日期。

使用 ASP.NET AJAX Control Toolkit 完成这项功能非常简单。只需将包含在其中的“CalendarExtender”控件添加到页面中，并将“TargetControlID”属性指向 <asp:textbox>，代码如下：

```
<asp:TextBox ID="TextBox1" runat="server"/>
<AjaxToolkit:calendarExtender ID="TextBox1_CalendarExtender" Enabled="true"
TargetcontrolID="TextBox1" runat="server"/>
```

CalendarExtender 现在自动输出一个 ASP.NET AJAX JavaScript 客户端脚本，它在运行时向 TextBox 添加客户端日历行为，不需要其他代码。

ASP.NET AJAX Control Toolkit 就是利用这些控件扩展功能的一个极好的例子。它包括 40 多个免费的控件扩展，可以轻松地下载并在应用程序中使用它们添加 AJAX 功能。由于篇幅所限，这里就不再赘述了，读者可以自行下载并加载就可以很方便地使用 AJAX 的很多功能了。

9.4 处理缓存

缓存技术主要用于提升程序性能，自 ASP.NET 2.0 以后的版本中提供了该技术，缓存技术是 Web 程序非常重要的一个特性，它提供了一种非常好的本地数据缓存机制，可以非常容易地定制属于数据缓存，从而有效地提高数据访问的性能。

9.4.1 ASP.NET 缓存机制概述

缓存有一个不太容易克服的缺点，就是数据过期的问题。最典型的情况是，如果将数据库表中的数据内容缓存到服务器内存中，当数据库表中的记录发生更改时，Web 应用程序则很可能显示过期的、不准确的数据。对于某些类型的数据，即使显示的信息过期，影响也不会很大。然而，对于实时性要求比较严格的数据，如股票价格、拍卖出价之类的信息，显示的数据稍有过期都是不可接受的。依据缓存数据的不同特点，将缓存机制分为以下几种。

1. 页面输出缓存

页面输出缓存是最为简单的缓存机制，该机制将整个 ASP.NET 页面内容保存在服务器内存中。当用户请求该页面时，系统从内存中输出相关数据，直到缓存数据过期。在这个过程中，缓存内容直接发送给用户，而不必再次经过页面处理生命周期。通常情况下，页面输出缓存对于那些包含不需要经常修改内容的，但需要大量处理才能编译完成的页面特别有用。需要读者注意的是，页面输出缓存是将页面全部内容都保存在内存中，并用于完成客户端请求。

2. 页面部分缓存

页面部分缓存是指输出缓存页面的某些部分，而不是缓存整个页面内容。实现页面部分缓存有两种机制。

(1) 将页面中需要缓存的部分置于用户控件 (.ascx 文件) 中，并且为用户控件设置缓存功能。这就是通常所说的“控件缓存”。设置控件缓存的实质是对用户控件进行缓存配置。主要包括以下 3 种方法：①使用 @ OutputCache 指令以声明的方式为用户控件设置缓存功能；②在代码隐藏文件中使用 PartialCachingAttribute 类设置用户控件缓存；③使用 ControlCachePolicy 类以编程方式指定用户控件缓存设置。

(2) 还有一种称为“缓存后替换”的方法。该方法与控件缓存正好相反，将页面中的某一部分设置为不缓存，因此，尽管缓存了整个页面，但是当再次请求该页时，将重新处理那些没有设置为缓存的内容。

3. 应用程序数据缓存

应用程序数据缓存提供了一种编程方式，可通过键 / 值对将任意数据存储在内存中。

使用应用程序缓存与使用应用程序状态类似。但是，与应用程序状态不同的是，应用程序数据缓存中的数据是易失的，即数据并不是在整个应用程序生命周期中都存储在内存中。应用程序数据缓存的优点是由 ASP.NET 管理缓存，它会在项过期、无效或内存不足时移除缓存中的项，还可以配置应用程序缓存，以便在移除项时通知应用程序。

4. 缓存依赖

ASP.NET 2.0 引入的自定义缓存依赖项，特别是基于 MS SQL Server 的 SqlCacheDependency 特性，使得我们可以避免"数据过期"的问题，它能够根据数据库中相应数据的变化通知缓存，并移除那些过期的数据缓存功能，但也有其自身的不足。例如，显示的内容可能不是最新、最准确的，为此，必须设置合适的缓存策略。又如，缓存增加了系统的复杂性，并使其难以测试和调试，因此建议在没有缓存的情况下开发和测试应用程序，然后在性能优化阶段启用缓存选项。

9.4.2 缓存指令 @OutputCache

使用 @ OutputCache 指令能够实现对页面输出缓存的一般性需要。@ OutputCache 指令在 ASP.NET 页或者页中包含的用户控件的头部声明。这种方式非常方便，只需几个简单的属性设置就能够实现页面的输出缓存策略。@ OutputCache 指令声明代码如下：

```
< %@ OutputCache CacheProfile =" " NoStore= "True | False" Duration ="#ofseconds" Shared ="True | False"
Location ="Any | Client |  Downstream | Server | None | ServerandClient " SqlDependency ="database/table
name pair | CommandNotification " VaryByControl ="controlname" VaryByCustom ="browser | customstring"
VaryByHeader ="headers" VaryByParam ="parametername" % >
```

如上所示，在 @OutputCache 指令中，共包括 10 个属性，分别是 CacheProfile、NoStore、Duration、Shared、Location、SqlDependency、VaryByControl、VaryByCustom、VaryByHeader 和 VaryByParam。这些属性将对缓存时间、缓存项的位置、SQL 数据缓存依赖等各方面进行设置。下面简要介绍以上属性的基本概念。

1. CacheProfile 属性

CacheProfile 属性用于定义与该页关联的缓存设置的名称。是可选属性，默认值为空字符 ("")。需要注意的是，包含在用户控件中的 @ OutputCache 指令不支持此属性。在页面中指定此属性时，属性值必须与 Web.config 文件 < outputCacheSettings > 配置节下的 outputCacheProfiles 元素中的一个可用项的名称匹配。如果此名称与配置文件项不匹配，将引发异常。

2. NoStore 属性

NoStore 属性定义一个布尔值，用于决定是否阻止敏感信息的二级存储。需要注意的是，包含在用户控件中的 @ OutputCache 指令不支持此属性。将此属性设置为 true 等效于在请求期间执行代码 "Response.Cache.SetNoStore();"。

3. Duration 属性

Duration 属性用于设置页面或者用户控件缓存的时间，单位是秒。通过设置该属性，

能够为来自对象的 HTTP 响应建立一个过期策略，并将自动缓存页或用户控件输出。需要注意的是，Duration 属性是必需的，否则将会引起分析器错误。

4. Shared 属性

Shared 属性定义一个布尔值，用于确定用户控件输出是否可以由多个页共享。默认值为 false。注意，包含在 ASP.NET 页中的 @ OutputCache 指令不支持此属性。

5. Location 属性

Location 属性用于指定输出缓存项的位置。其属性值是 OutputCacheLocation，为枚举值，它们是 Any、Client、Downstream、None、 Server 和 ServerAndClient。默认值是 Any，表示输出缓存可用于所有请求，包括客户端浏览器、代理服务器或处理请求的服务器。需要注意的是，包含在用户控件中的 @ OutputCache 指令不支持此属性。

6. SqlDependency 属性

SqlDependency 属性标识一组数据库 / 表名称对的字符串值，页或控件的输出缓存依赖于这些名称对。需要注意，SqlCacheDependency 类监视输出缓存所依赖的数据库中的表，因此，当更新表中的项时，使用基于表的轮询将从缓存中移除这些项。当通知 (在 SQL Server 2005 中) 与 CommandNotification 值一起使用时，最终将使用 SqlDependency 类向 SQL Server 2005 服务器注册查询通知。另外，SqlDependency 属性的 CommandNotification 值仅在 ASP.NET 页中有效。控件只能将基于表的轮询用于 @ OutputCache 指令。

7. VaryByControl 属性

VaryByControl 属性使用一个分号分隔的字符串列表来更改用户控件的输出缓存。这些字符串代表在用户控件中声明的 ASP.NET 服务器控件的 ID 属性值。除非已经包含 VaryByParam 属性；否则在 @ OutputCache 指令中该属性是必需的。

8. VaryByCustom 属性

VaryByCustom 属性用于自定义输出缓存要求的任意文本。如果赋予该属性值是 browser，缓存将随浏览器名称和主要版本信息的不同而异。如果输入了自定义字符串，则必须在应用程序的 Global.asax 文件中重写 HttpApplication.GetVaryByCustomString 方法。

9. VaryByHeader 属性

VaryByHeader 属性中包含由分号分隔的 HTTP 标头列表，用于使输出缓存发生变化。当将该属性设为多标头时，对于每个指定的标头，输出缓存都包含一个请求文档的不同版本。VaryByHeader 属性在所有 HTTP 1.1 缓存中启用缓存项，而不仅限于 ASP.NET 缓存。用户控件中的 @ OutputCache 指令不支持此属性。

10. VaryByParam 属性

VaryByParam 属性定义了一个分号分隔的字符串列表，用于使输出缓存发生变化。默认情况下，这些字符串与用 GET 方法属性发送的查询字符串值对应，或与用 POST 方法发送的参数对应。当将该属性设置为多参数时，对于每个指定的参数，输出缓存都包含一个请求文档的不同版本。可能的值包括“none”“*”和任何有效的查询字符串或 POST 参数名称。值得注意的是，在输出缓存 ASP.NET 页时，该属性是必需的。它对于用户控件也是必需的，除非已经在用户控件的 @ OutputCache 指令中包含了 VaryByControl 属性。如果没有包含，则会发生分析器错误。如果不需要使缓存内容随任何指定参数发生变化，则可将该值设为“none”。如果要使输出缓存根据所有参数值发生变化，则将属性设置为“*”。

9.4.3 设置页面缓存

页面输出缓存是把一次请求所产生的动态输出保存于内存中。在一个负担很重的站点，即使将一个经常被访问的页面缓存很短的时间，都可以带来性能上很大的提高。当使用输出缓存时，后续的对页面的请求将直接从内存中取出页面而不重新创建页面。

静态页面全部内容保存在服务器内存中。当再有请求时，系统将缓存中的相关数据直接输出，直到缓存数据过期。这个过程中，缓存不需要再次经过页面处理生命周期。这样可以缩短请求响应时间，提高应用程序性能。很显然，页面输出缓存适用于不需要频繁更新数据，而占用大量时间和资源才能编译生成的页面。对于那些数据经常更新的页面，则不适用。默认情况下，ASP.NET 3.5 启用了页面输出缓存功能，但并不缓存任何响应的输出。开发人员必须通过设置，使得某些页面的响应成为缓存的一部分。

设置页面输出缓存可以使用以下两种方式：一种是使用 @ OutputCache 指令；另一种是使用页面输出缓存 API。@ OutputCache 指令曾经在 ASP.NET 1.x 中出现过，并在 ASP.NET 3.5 中得到了继承和增强。页面输出缓存 API 主要是指 HttpCachePolicy 类。

下面列举了两个使用 @OutputCache 指令的示例代码。

使用 @ OutputCache 的示例代码 1：

```
< %@ OutputCache Duration="100" VaryByParam="none"% >
```

以上示例是 @ OutputCache 指令的基本应用，其指示页面输出缓存的有效期是 100s，并且页面不随任何 GET 或 POST 参数改变。在该页仍被缓存时接收到的请求由缓存数据提供服务。经过 100s 后，将从缓存中移除该页数据，并随后显式处理下一个请求并再次缓存页。

使用 @ OutputCache 的示例代码 2：

```
< %@ OutputCache Duration="100" VaryByParam="location;firstname" % >
```

以上 @ OutputCache 指令设置页面输出缓存的有效期是 100s，并且根据查询字符串参数 location 或者 firstname 来设置输出缓存。例如，假设客户端请求是“http://localhost/default.aspx?location=beijing”，那么该页面将被作为缓存处理。

9.4.4 应用程序缓存

ASP.NET 提供了第二种更灵活的方法去处理应用程序范围内的数据。Web 应用程序存活并发生作用多久，在 HttpApplicationState 对象内的值就会在内存中保留多久。不过有时，用户可能希望只在特定时间维护一份应用程序数据。例如，可能希望获得只在 5min 之内有效的 ADO.NET DataSet。5min 之后，可能想要获得新的 DataSet 以说明可能的数据库更新。

从技术上讲，虽然利用 HttpApplicationState 和某种手动监视器构建该基础结构具有可能性，但是利用 ASP.NET 应用程序缓存将大大简化工作。

ASP.NET 的 System.Web.Caching 命名空间中 Cache 对象在固定的时间内可以被 (来自所有页面的) 所有用户访问。以下代码利用 Cache 对象来处理缓存数据：

```
protected void Button1_Click(object sender, System.EventArgs e)
{
if (Cache["Key1"] == null)
{
        int sec = Convert.ToInt16(TextBox1.Text);
Cache.Add("Key1", TextBox2.Text, null, DateTime.Now.AddSeconds(sec),
TimeSpan.Zero, CacheItemPriority.High, null);
         Label1.Text = Cache["Key1"].ToString();
    }
else if (Cache["Key1"] != null)
    {
Label1.Text = Cache["Key1"].ToString();
}
      else
    {
    Label1.Text = " 缓冲变量不存在 ";
    }
}
```

除了类型索引器外，System.Web.Caching.Cache 类只定义少量成员。Add() 方法可以用于将新项插入到不在当前被定义的缓存中 (如果特定项已经出现，Add() 就没什么作用了)。Insert() 方法也可以放置成员到缓存。但是，如果现在定义项，Insert() 将用新的对象取代当前项。

9.5 ASP.NET 程序的安装和部署

在 Web 项目完成后，需要进行打包做成 SetUp 安装程序，这样的安装程序可以避免客户的源代码的丢失或泄露。VS 2015 提供了两种部署方式，即安装模板和 XCopy 功能。使用安装模板可以创建傻瓜式的安装向导，使用户可以方便地安装应用程序，同时安装项目还可以自动卸载程序必需的一些资源文件和 DLL 格式的文件等。使用安装模式，还可以保障应用程序的安全性，缺点主要是比较占用资源。使用 XCopy 安装占用资源较少且比较方便，可以通过本地的虚拟目录部署远程的网站，但其不提供 DLL 格式的文件的注册，也不带任何安装程序，部署就像复制文件夹一样。此方法一般用于比较简单的程序，如纯文本编写的 Web 程序。

要部署网站，一定要知道此网站所需要的文件都在什么地方，才能正确添加文件到部署项目中，一般地，Web 应用程序的文件资源主要包含图像资源、皮肤资源、资源文件说明文档、项目源代码文件及在网站中添加的引用。这些是网站常用的文件，要分类管理。

9.5.1 使用 VS 2015 模板创建安装文件

在 VS 2015 中提供了一个制作安装程序的项目模板“Web 安装项目”。由于在安装包内没有提供，需要自己从微软官网下载，下载地址：https://marketplace.visualstudio.com/items?itemName=VisualStudioClient.MicrosoftVisualStudio2015InstallerProjects，下载完成后，可直接进行安装。

(1) 新建一个 Web 安装项目，如图 9.20 所示。

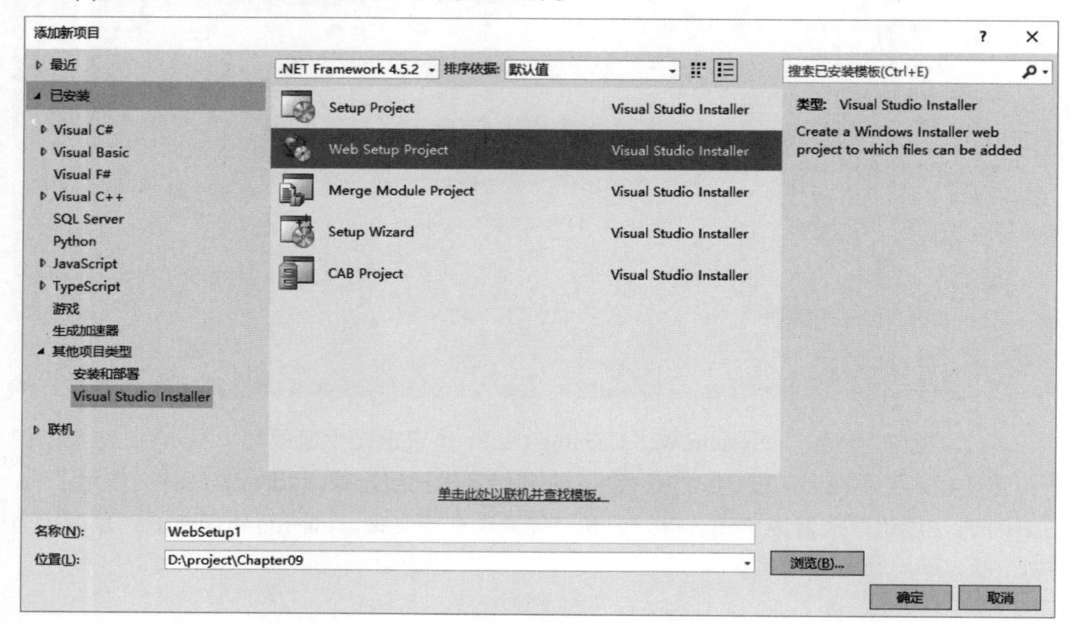

图 9.20 创建安装项目

(2) 在 Web 应用程序文件夹上添加图 9.21 所示的项目输出文件。

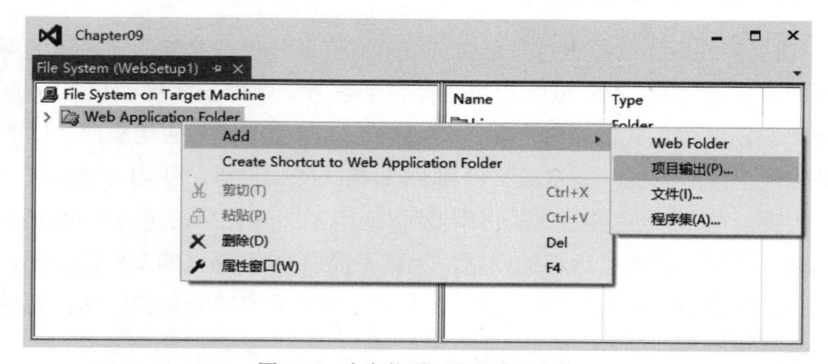

图 9.21 为安装项目配置输出文件

(3) 选择想要打包的该应用程序的内容即可，如图 9.22 所示。

其中主输出是必须要选择的，然后就是资源文件等。在一切选择完毕之后就可以用鼠标右键单击 Web 安装项目将项目生成，即可在相应的目录中生成一个该应用程序的 Web 安装文件，双击安装即可。

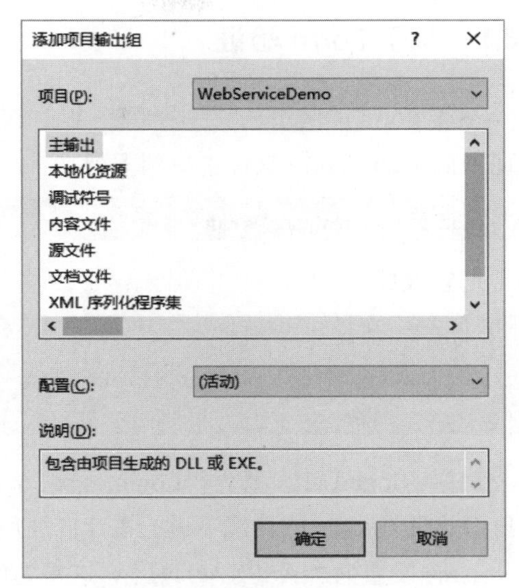

图 9.22　为安装项目选择安装文件

9.5.2　使用 XCopy 部署远程网站

XCopy 是 ASP.NET 推出的一种 Web 程序部署方式，因其操作简单、占用资源少而广受开发人员的欢迎。实现 XCopy 部署的主要步骤较为简单，只需要在 VS 2015 中选中需要发布的 Web 项目，右击该项目，在弹出的快捷菜单中选择“发布”命令，在弹出的“发布 Web”对话框中选择发布网站即可，如图 9.23 所示。

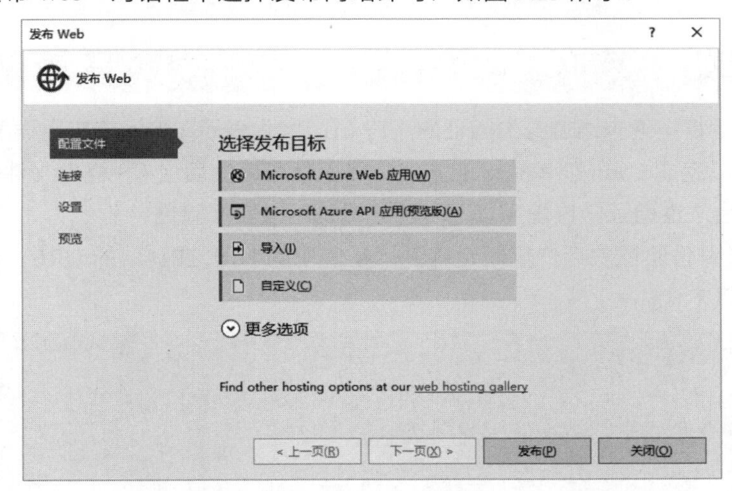

图 9.23　发布 Web 项目

9.6　ASP.NET 网站安全

ASP.NET 应用的安全问题早已成为系统设计与实现中非常重要的环节。关于 ASP.NET 安全的范畴包括不允许未经授权的用户访问 Web 站点的敏感信息、防范恶意代码的攻击、防止竞争对手窃取信息等。对于网站的安全性，ASP.NET 应用中最常用也最实用的安全防范措施就是身份验证。主要分为基于窗体的身份验证、基于 Windows 的身份验证以及 Web 服务验证等。

9.6.1 基于 Form 验证

基于 Form 的验证方式主要是在 Web 应用程序的 Web.Config 配置文件当中进行配置来实现，在 Web.Config 文件中找到下列文字：

```
<authentication mode="Windows" />
```

把它改成：

```
<authentication mode="Forms">
<forms loginUrl="Login.aspx" name=".ASPXAUTH"></forms>
</authentication>
```

其中，loginUrl 设置为“Login.aspx”，Login.aspx 是 ASP.NET 在找不到包含请求内容的身份验证 Cookie 的情况下进行重定向时所使用的 URL。

name 设置为“.ASPXAUTH”，这是为包含身份验证票证的 Cookie 的名称设置的后缀。

然后找到：

```
<authorization> <allow users="*" /></authorization>
```

改换成：

```
<authorization><deny users="?"></deny></authorization>
```

作用：指定将拒绝未通过身份验证的用户(由“?”表示)访问该应用程序中的资源。

这样就可以完成 Form 表单验证的方式，下面就可以在后台 CS 程序文件中书写以下代码来实现用户合法性验证，这里用以下两种方式均可以实现验证。

(1) 将经过身份验证的用户重新定向到最初请求的 URL 或默认的 URL，然后在登录按钮事件中写入以下代码：

```
private void Btn_Login_Click(object sender, System.EventArgs e)
{
if(this.Txt_UserName.Text=="Admin" && this.Txt_Password.Text=="123456")
{
System.Web.Security.FormsAuthentication.RedirectFromLoginPage(this.Txt_UserName.Text,false);
}
}
```

(2) 为提供的用户名创建一个身份验证票据，并将其添加到响应的 Cookie 集合或 URL 中，以便于在 Forms 验证时能够作为一个合法的用户验证票据来访问该网站的其他页面。在登录按钮事件中写入以下代码：

```
private void Btn_Login_Click(object sender, System.EventArgs e)
{
if(this.Txt_UserName.Text=="Admin" && this.Txt_Password.Text=="123456")
{
```

```
System.Web.Security.FormsAuthentication.SetAuthCookie(this.Txt_UserName.Text,false);
Response.Redirect("Main.aspx");
}
}
```

以上两种方式都可通过验证，区别在于：第一种验证后返回请求页面，俗称“从哪来就打哪去”。如用户没登录前直接在 IE 地址栏输入“http://localhost/WebSite/Main.aspx”，那么该用户将看到的是“Login.aspx?ReturnUrl=Main.aspx”，输入用户名与密码登录成功后，系统将根据“ReturnUrl”的值，返回相应的页面。第二种方法则是分两步走：通过验证后就直接发放 Cookie，跳转页面将由程序员自行指定，此方法多用于 Default.aspx 用框架结构的系统。最后在程序退出中写入以下代码即可实现安全退出应用程序：

```
private void Btn_LogOut_Click(object sender, System.EventArgs e)
{
System.Web.Security.FormsAuthentication.SignOut();
}
```

9.6.2 基于 Windows 验证

如果将 ASP.NET 配置为使用 Windows 身份验证，则 IIS 使用配置的 IIS 身份验证机制执行用户身份验证。启用 Windows 身份验证的步骤如下。

(1) 配置 Web.Config 文件

```
<authentication mode="Windows" />
```

(2) 启动系统的 Internet 信息服务 (IIS)，打开默认网站 (Default Web Site) 的身份验证，如图 9.24 和图 9.25 所示。如果在图 9.24 中没有“身份验证”，可打开“程序和功能”，单击左侧“启用或关闭 Windows 功能”，在弹出对话框中勾选“Windows 身份验证”和“基本身份验证”复选框即可安装，如图 9.26 所示。

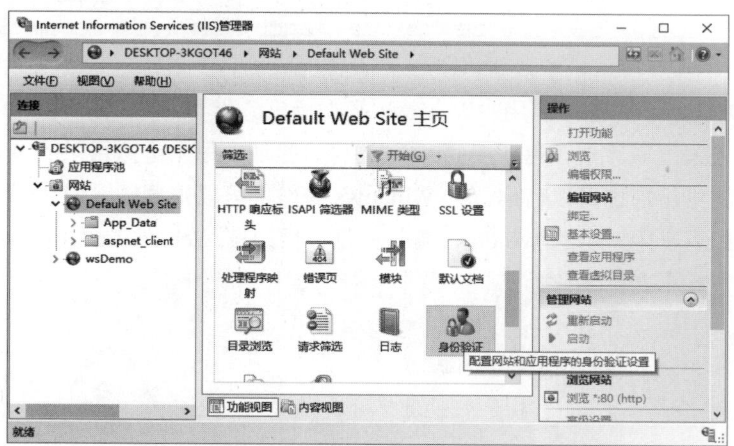

图 9.24 IIS 管理器

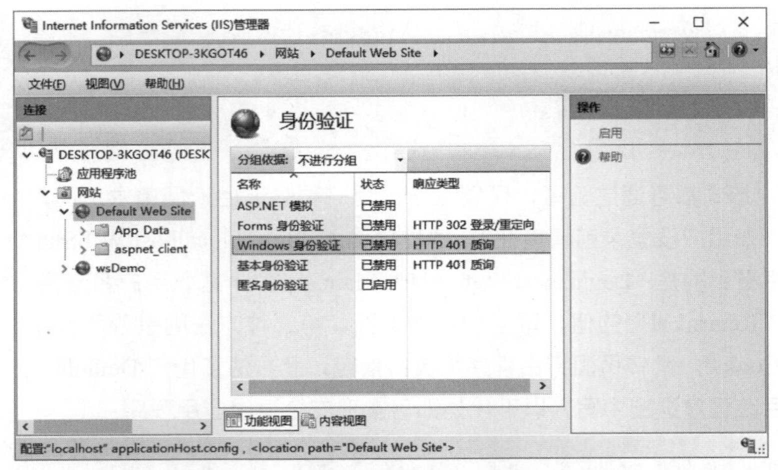

图 9.25 IIS 身份验证

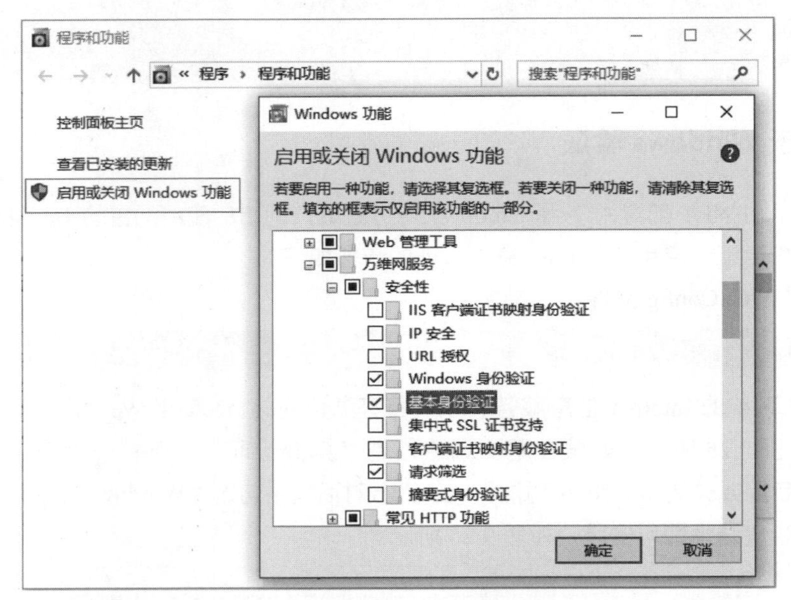

图 9.26 启用 Windows 功能

(3) 在图 9.25 所示界面中启用"Windows 身份验证"即可。

通过上面的设置就完成了基于 Windows 的身份验证。每个虚拟目录的 Windows 身份可以继承根目录的身份，也可以有自己的 Windows 身份，可以根据需要设定每个 Windows 身份的权限。比如基于用户组的 Windows 身份验证，可以在 Web.config 中添加以下代码：

```
<authorization>
  <deny user="DomainName\UserName" />
  <allow roles="DomainName\WindowsGroup" />
</authorization>
```

在实际应用中，Windows 身份验证往往要结合下游资源（如数据库）共同来完成。

强化练习

本章主要讲解了 ASP.NET 中 XML 数据处理、Web 服务调用处理、AJAX 实现无刷新动态 ASP.NET 页面以及如何处理缓存，进行程序的安装和网站安全配置等知识。通过本章的学习，读者应该重点掌握 XML 数据处理、Web 服务调用方法、AJAX 简单应用以及如何用 Cache 处理缓存数据，并最终将程序打包，最后要能够对网站的安全性有一个简单的配置。

本章的难点在于利用 AJAX 来实现 ASP.NET 无刷新动态网页的设计过程，需要大量的练习才能有一个较好的理解和掌握。对于其他高级应用，同样是 ASP.NET 网站应用程序开发所必需的提高技能，同样需要有一个较好的认识和掌握。

练习 1　练习 ASP.NET 操作 XML 文件。

在 VS2015 工具上面首先新建一个 ASP.NET Web 应用程序项目，然后在该项目中新建一个 Web 页面以及一个 XML 文件，可以通过文档结构模型来操作 XML，实现对该 XML 文件的添加和修改。该练习参考 9.1.2 小节讲解的知识。

练习 2　练习 ASP.NET 调用 Web Service。

在 VS2015 工具上面首先新建一个 ASP.NET Web 应用程序项目，然后在该项目中新建 Web 页面，在工具箱中为该页面添加几个需要的 Button 以及 TextBox 或者其他需要的控件，然后在该 Web 项目中添加引用远程以及本地的 Web 服务，实现对 Web Service 的调用。该练习参考 9.2.4 节讲解的知识。

练习 3　练习 AJAX 在 ASP.NET 中的应用。

在 VS 2015 工具上面首先新建一个 ASP.NET Web 应用程序项目，然后在该项目中新建 Web 页面，在该页面上可以添加工具箱中的 AJAX 控件，然后使用它们。该练习参考 9.3 节讲解的知识。

练习 4　ASP.NET 中缓存的使用。

在 VS 2015 工具上面首先新建 ASP.NET Web 应用程序项目，然后在该项目中新建 Web 页面，为该页面配置数据缓存功能，并能够用 Cache 来存取缓存数据。该练习参考 9.4 节讲解的知识。

练习 5　在 ASP.NET 中配置安装文件。

在 VS 2015 工具上面首先新建一个 ASP.NET Web 应用程序项目，然后在该项目中新建 Web 页面，并能够在该页面上添加一个简单的功能。然后为该 Web 应用程序项目打包需要创建一个 Web 安装项目，对该 Web 安装项目进行配置完成后，测试该安装文件用来查看能否实现 Web 项目的安装过程。该练习参考 9.5.1 小节所讲解的知识。

练习 6　ASP.NET 网站的安全配置。

在 VS 2015 工具上面首先新建一个 ASP.NET Web 应用程序项目，然后在该项目中新建 Web 页面，并能够在该页面上添加一些登录所需要的验证依据输入的文本框，然后再新建一个 Web 页面作为该 Web 项目的主页面，最后通过配置来实现基于 Form 的验证过程。该练习参考 9.6.1 节讲解的知识。

常见疑难解答

问：Web Service 部署后内网不能访问。

答：在防火墙中开启部署时想要访问的端口即可，步骤如下。

① 依次选择“开始”→“控制面板”→“Windows 防火墙”。

② 先选择“打开或关闭 Windows 防火墙”将 Windows 防火墙打开。

③ 单击“高级设置”按钮。

④ 设置入站规则 (入站规则：别人计算机访问自己计算机；出站规则：自己计算机访问别人计算机)，单击“新建规则”。

⑤ 选择“端口”，单击“下一步”按钮。

⑥ 选择相应的协议，如添加 8080 端口，选择 TCP。

⑦ 选择“允许连接”，单击“下一步”按钮。

⑧ 选中“域”“专用”“公司”复选框，单击“下一步”按钮。

⑨ 输入端口名称，点“完成”即可。

问：使用缓存有哪些好处呢？

答：① 可以让如 CSS、JavaScript、Image、ASPX 等资源文件在第二次访问时读取本地而不用再次请求服务器端，减少客户端对服务器资源请求的压力，加快客户端响应速度。

② 对于经常使用的数据源，将其存储在数据缓存中或者内存中，这样来减少数据库请求，缓解数据库压力。

③ 将网站部署在多台计算机上，采用分布式方式处理，可以有效解决多个用户请求对一台服务器所造成的压力，加快客户端请求响应 (分布式部署)。

④ 将经常访问但数据经常不更新的页面做静态化处理，可有效减轻服务器压力和提高客户端响应速度。

第10章 综合编程项目开发

内容导读

为了配合ASP.NET语言课程教学，同时适应软件开发项目管理流程，本章通过网上书店系统阐述项目开发过程及方法。不仅给出了项目设计的技术方法，还引入了软件开发项目管理的理念，详细给出了一个具体项目开发的步骤。

通过对这些实例的讲解，要求读者深入学习和掌握ASP.NET网络应用程序的有关方法，加强编程技巧的训练。熟悉项目开发的过程及项目管理流程，为今后的职业生涯做好准备。

学习目标

- 了解软件项目的开发流程
- 熟悉使用ASP.NET进行项目开发的过程及方法
- 掌握使用ASP.NET进行项目设计的技术方法

课时安排

- 理论学习10课时
- 上机操作6课时

10.1 概述

网上书店系统是 Internet 电子商务在图书销售行业发展的必然结果，这种销售形式与传统的书店销售方式相比拥有诸多优势：一是降低了销售成本；二是利用网络作为交易平台，改变了传统的交易方式，使得交易活动不受空间和时间的限制；三是信息的传递更迅速、灵活，新书信息上传后，客户可以立即看到并可以从网上购书，从而大大提高了交易的效率。正是由于这些优势，网上图书销售才能得以迅速发展。

网上书店的主要功能是利用网站作为交易平台，将图书的一些基本信息以网站的形式发布到 Internet 中，客户可以通过 Internet 登录图书销售网站来查看售书信息并提交订单订购图书，实现在线交易。如图 10.1 所示，本例是网上书店系统，采用 ASP.NET 为开发语言、SQL Server 2017 数据库作为后台支撑，实现了对各种图书的增加及分类、用户的注册和购买以及注册用户密码的找回等功能。

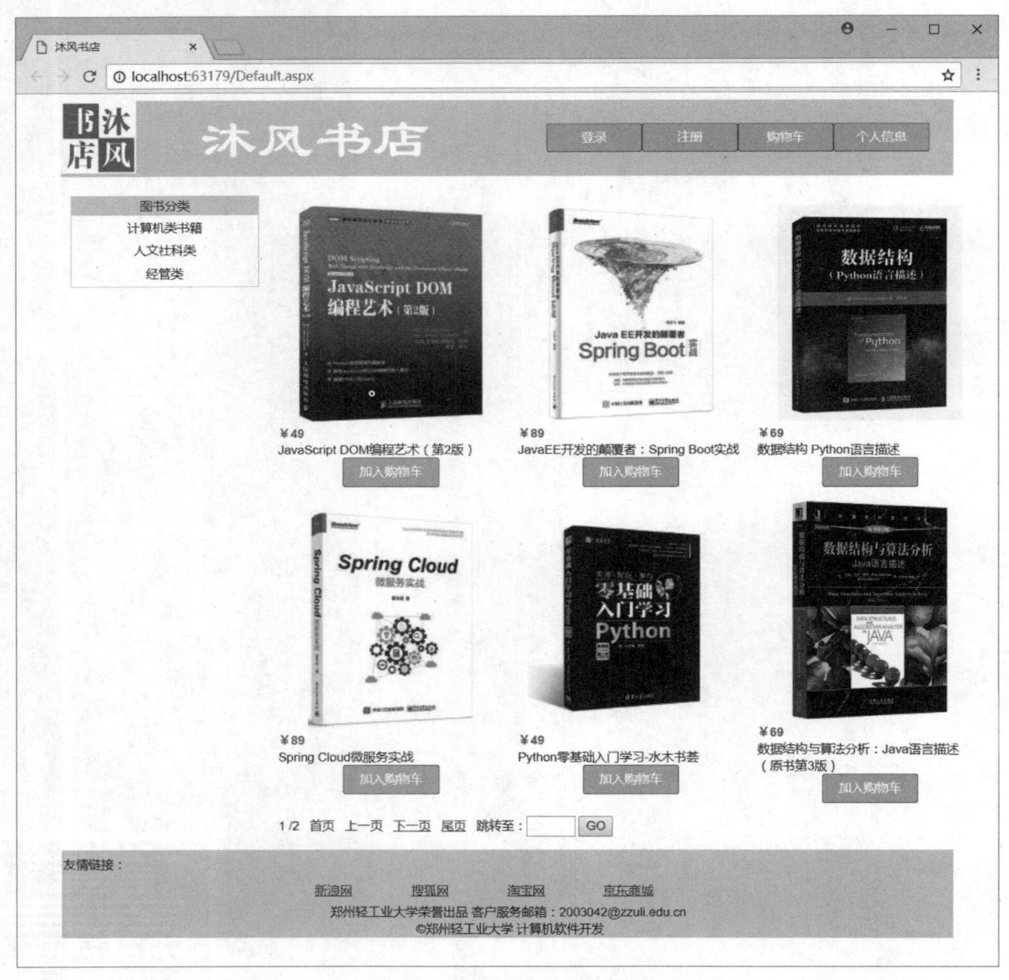

图 10.1　网上书店系统的界面

10.2 业务流程以及功能需求分析

结合图书销售的一般业务流程，根据图书在线销售行业的一般业务逻辑，图 10.2 给出本例的业务流程框图。

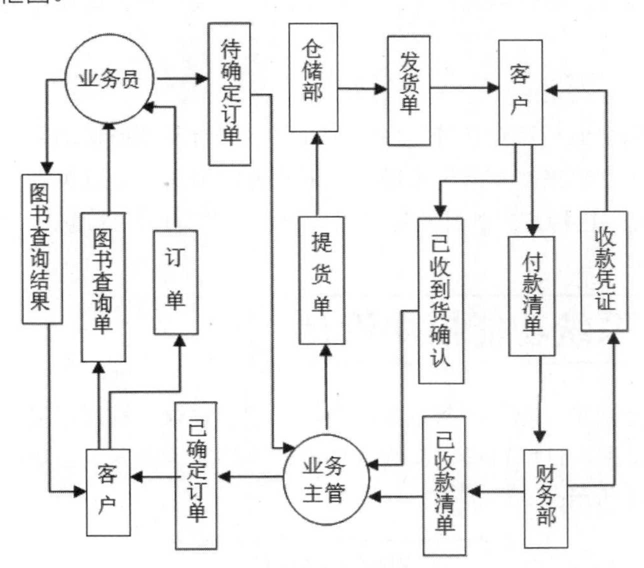

图 10.2 网上书店的业务流程

本系统是一个典型的电子商务系统，采用 B/S 架构，必须实现以下功能。

1. 用户管理

在电子商务系统中有两类用户，即会员和系统管理员。系统管理员用来管理系统中所有会员，其主要操作的数据库表为会员表，实现对会员的修改、删除操作，并可输入查询条件进行查询操作。

2. 图书类别管理

在图书在线销售系统中，所展示的图书可以是多种多样的，按照图书的科目、类别等信息可以分为很多种类，这样在上传图书信息时，就需要有专门的产品类别管理功能，才能使系统的图书按照各个分类进行划分，从而使系统数据便于归类、查询、统计。

一级分类：指把图书分为大类，如计算机类、经济类、管理类、电子类、机械类等。

二级分类：针对一级分类做更加详细的分类，如计算机类为一级分类，那么网站开发类、组网工程类、程序设计类、平面设计类、多媒体类就是二级分类。

在开发的过程中，程序员要根据实际需要，来灵活地变化分类的划分及深度，一个良好的系统分类功能是电子商务网站的基础。

3. 图书信息管理

管理员设置好系统分类功能模块后，就可以根据不同的图书分类，向系统中添加图书，一般的图书信息包括名称、封面图片、简介、价格、出版社等，因此开发人员在设计数据表时，尽量根据实际情况，详尽地展示图书的相关信息。图书管理模块可以针对产品，进行添加、修改、查询及删除等操作。

4. 订单管理

该模块是系统管理员用来管理会员购买图书时所产生的订单，从而使管理员可以及时地了解商品的订单情况，保证书商与用户之间及时的沟通，也是用户和书商之间达成买卖的基本依据。

5. 友情链接管理

该模块是企业与企业相互合作的平台。企业可以通过友情链接功能，将合作企业的电子商务平台有机地结合起来。本系统采用文字形式的友情链接，以关键字或者短语来标识相关友情链接的名称，这种方式的好处是占用资源少、网页访问速度快。

10.3 系统功能模块设计

根据系统的设计要求，电子商务系统需要实现用户登录、管理员管理、会员管理、商品分类管理、商品管理、订单管理、友情链接管理等功能。根据这些功能要求，设计的系统功能模块如图 10.3 所示。

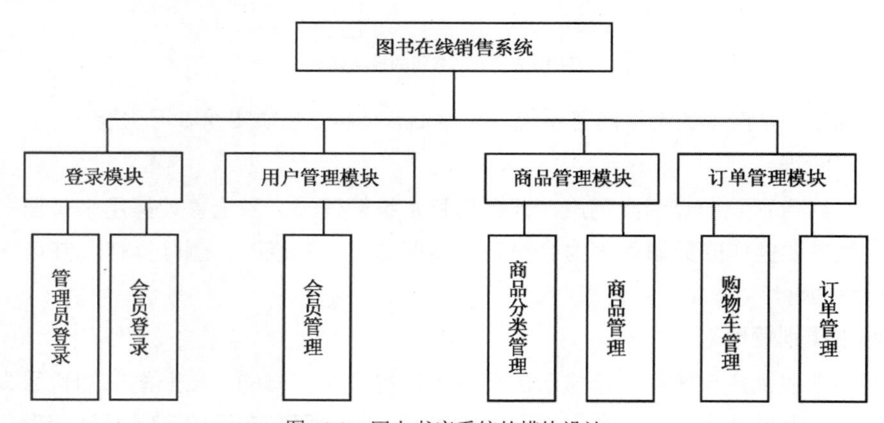

图 10.3 网上书店系统的模块设计

10.4 数据库设计

本例数据库中包含有 7 个表，它们分别是 Manager(管理员表)、User(用户表)、Classes(图书产品分类表)、Product(图书商品表)、Order(订单表)、OrderList(订单产品表)、Links(友情链接表)。具体介绍如下。

1. 管理员表

Manager 表用于存放管理员登录名和密码，其结构如表 10.1 所示。

表 10.1 Manager 表的结构

字　段	中文描述	数据类型	是否允许为空
Id	编号	varchar(20)	否
ManagerName	用户名	varchar(50)	否
Password	密码	varchar(20)	是

2. 用户表

User 表用于存放会员用户的登录名和密码等信息，其结构如表 10.2 所示。

表 10.2 User 表的结构

字　段	中文描述	数据类型	是否允许为空
Id	编号	varchar(20)	否
UserName	用户名	varchar(50)	否
Password	密码	varchar(20)	是
Email	邮箱	varchar(50)	是
TelePhone	电话	varchar(20)	是
Address	地址	varchar(200)	是
Postcode	邮编	varchar(10)	是
CreateDate	注册日期	timestamp	是

3. 图书产品分类表

Classes 表用于存放产品分类相关信息，其结构如表 10.3 所示。

表 10.3 Classes 表的结构

字　段	中文描述	数据类型	是否允许为空
Id	编号	varchar(20)	否
Name	分类名	varchar(50)	是
ParentId	父分类编号	varchar(20)	是
ShowOrder	显示顺序编号	int	是
Content	简介	varchar(1000)	是

4. 图书商品表

Product 表用于存放商品的相关信息，其结构如表 10.4 所示。

表 10.4 Product 表的结构

字　段	中文描述	数据类型	是否允许为空
Id	编号	varchar(20)	否
Name	图书名称	varchar(100)	是
Price	价格	int	是
imageURL	图片地址	varchar(200)	是
Contents	简介	varchar(1000)	是
CreateDate	添加日期	timestamp	是
ClassName	分类名	varchar(50)	是

5. 订单表

Order 表用于存储订单的相关信息，其结构如表 10.5 所示。

表 10.5　Order 表的结构

字　段	中文描述	数据类型	是否允许为空
Id	订单编号	varchar(20)	否
UserId	购买会员编号	varchar(20)	是
Price	总价格	int	是
Count	数量	int	是
Datetimes	订单创建时间	timestamp	是
States	订单状态	varchar(10)	是

6. 订单产品表

OrderList 表用于存储订单的相关商品信息，其结构如表 10.6 所示。

表 10.6　OrderList 表的结构

字　段	中文描述	数据类型	是否允许为空
Id	编号	varchar(20)	否
OrderId	订单编号	varchar(20)	是
ProductID	产品编号	varchar(20)	是
Count	产品数量	int	是

7. 友情链接表

Links 表用于存储友情链接相关信息，其结构如表 10.7 所示。

表 10.7　Links 表的结构

字　段	中文描述	数据类型	是否允许为空
Id	编号	varchar(20)	否
Name	名称	Varchar(50)	是
Links	链接地址	varchar(100)	是

10.5　公共类设计

在项目开发中，为了提高代码的重用率，将一些常用的方法封装为公共类，也方便了代码的管理。本项目共创建了 3 个公共类，分别为 DataBase(数据操作类)、Cart(购物车类) 和 CartProduct(购物车中的商品)。

10.5.1　DataBase 类

DataBase 类是数据交互公共类，是数据库连接、操作的基础，在本类中提供数据库的连接、打开、关闭等操作，DataBase 类中的所有方法都是静态方法，这样在其他页面调用时，不用初始化就可以使用。为了便于访问数据库，将数据库的连接字符串添加到 web.config 中，代码如下：

```
<connectionStrings>
```

```
    <add name="shoping" connectionString="Data Source=(localdb)\MSSQLLocalDB;Initial Catalog=shopin
g;AttachDbFilename=|DataDirectory|\shoping.mdf;Persist Security Info=True;User ID=sa;Password=123456"
providerName="System.Data.SqlClient"/>
  </connectionStrings>
```

在App_Code文件夹中创建DataBase类，首先添加以下代码，用来获取连接字符串的值：

```
    private static readonly string ConnString = ConfigurationManager.ConnectionStrings["shoping"]
.ConnectionString;
```

DataBase类主要用来完成SQL语句的执行，而SQL语句的执行主要分为以下几种情况。

(1) 执行插入 (Insert)、删除 (Delete)、修改 (Update)，返回受影响的行数，代码如下：

```
    public static int ExecuteNonQuery(string cmdText, CommandType cmdType, Hashtable htParms)
    {
        using (SqlConnection conn = new SqlConnection(ConnString))
        {
            SqlCommand cmd = new SqlCommand(cmdText, conn);
            cmd.CommandType = cmdType;
            if (htParms != null && htParms.Count > 0)
            {
                AddParameters(ref cmd, htParms);
            }
            conn.Open();
            int result = cmd.ExecuteNonQuery();
            cmd.Dispose();
            conn.Close();
            return result;
        }
    }
```

(2) 执行查询 (Select)，返回数据表 (DataTable)，代码如下：

```
    public static DataTable ExecuteDataTable(string cmdText, CommandType cmdType, Hashtable htParms)
    {
        using (SqlConnection conn = new SqlConnection(ConnString))
        {
            SqlCommand cmd = new SqlCommand(cmdText, conn);
            cmd.CommandType = cmdType;
            if (htParms != null && htParms.Count > 0)
            {
                AddParameters(ref cmd, htParms);
            }
            DataTable dt = new DataTable();
            conn.Open();
```

```
            SqlDataReader dr = cmd.ExecuteReader();
            if (dr.HasRows)
            {
                for (int i = 0; i < dr.FieldCount; i++)
                {
                    dt.Columns.Add(dr.GetName(i), dr.GetFieldType(i));
                }
                object[] values = new object[dr.FieldCount];
                while (dr.Read())
                {
                    dr.GetValues(values);
                    dt.Rows.Add(values);
                }
            }
            else
            {
                dt = null;
            }
            dr.Close();
            conn.Close();
            return dt;
        }
    }
```

(3) 执行聚合函数，返回单值，如获取记录的数量、最大值、最小值等。代码如下：

```
    public static object ExecuteScalar(string cmdText, CommandType cmdType, Hashtable htParms)
    {
        using (SqlConnection conn = new SqlConnection(ConnString))
        {
            SqlCommand cmd = new SqlCommand(cmdText, conn);
            cmd.CommandType = cmdType;
            if (htParms != null && htParms.Count > 0)
            {
                AddParameters(ref cmd, htParms);
            }
            conn.Open();
            object result = cmd.ExecuteScalar();
            cmd.Dispose();
            conn.Close();
            return result;
        }
    }
```

(4) 执行查询，获取 DataReader 对象，代码如下：

```
public static SqlDataReader ExecuteReader(string sql)
{
    SqlConnection conn = new SqlConnection(ConnString);
    SqlCommand cmd = new SqlCommand(sql, conn);
    conn.Open();
    try
    {
        SqlDataReader rdr = cmd.ExecuteReader(CommandBehavior.CloseConnection);// 返回选择集对象，
CommandBehavior.CloseConnection 数据库使用完毕关闭数据库
        return rdr;
    }
    catch
    {
        conn.Close();
        throw;
    }
}
```

其中，AddParameters() 方法用来为 SQL 语句的参数赋值，代码如下：

```
private static void AddParameters(ref SqlCommand cmd, Hashtable htParms)
{
    IDictionaryEnumerator de = htParms.GetEnumerator();
    // 作哈希表循环
    while (de.MoveNext())
    {
        cmd.Parameters.Add(new SqlParameter("@" + de.Key.ToString(), de.Value));
    }
}
```

10.5.2 Cart 类

Cart 是购物车类，读者可以把它想象成在超市中购物时所使用的购物篮或者推车，当选择了中意的商品时，就暂时放在里面，直到离开时一起结算，此 Cart 类就是实现这个功能的。Cart 类依托 CartProduct 类，将 CartProduct 中暂存的商品信息系统的信息形成订单形式，用户可以随时对购物车中的商品进行添加、修改数量及删除等操作，其代码保存在文件 cart.cs 中，代码如下：

```
public class cart
{
    public const string SHOPPINTCARTDATAKEY = "SHOPPINTCARTDATAKEY";
    private ArrayList bookList;
```

```
public ArrayList BookList
{
        get
        {
                return bookList;
        }
}

// <summary>
// 购物车初始化
// </summary>
public cart()
{   // 判断 Session 是否为空
        if(HttpContext.Current.Session != null)
        {   // 获取购物车的信息
                if(HttpContext.Current.Session[SHOPPINTCARTDATAKEY] != null)
                {
                        bookList = (ArrayList)HttpContext.Current.Session[SHOPPINTCARTDATAKEY];
                }
                else
                {   // 如果为空，则创建新的购物车列表
                        bookList = new ArrayList();
                        HttpContext.Current.Session[SHOPPINTCARTDATAKEY] = bookList;
                }
        }
}

// <summary>
// 向购物车中添加商品
// </summary>
// <param name="product"></param>
// <returns></returns>
public int AddProductToShoppingCart(cartProduct product)
{
        if(product == null) return -1;
        // 获取购物车中的商品
        bookList = (ArrayList)HttpContext.Current.Session[SHOPPINTCARTDATAKEY];
        if(bookList == null) return -1;

        // 比较购物车中是否已经存在该商品
        int index = 0;
        for(index = 0; index < bookList.Count; index++)
```

```
        {   // 如果已经存在，则修改购物车中该商品的数量
            if(((cartProduct)bookList[index]).BookID == product.BookID)
            {
                ((cartProduct)bookList[index]).Number++;
                break;
            }
        }
        // 如果不存在，则把该商品添加到购物车中
        if(index == bookList.Count)
        {
            bookList.Add(product);
        }
        // 重新保存购物车中的数据
        HttpContext.Current.Session[SHOPPINTCARTDATAKEY] = bookList;
        return 1;
}

// <summary>
// 更新购物车中的商品
// </summary>
// <param name="products"></param>
// <returns></returns>
public int UpdateProductFromShoppingCart(ArrayList products)
{
        if(products == null || products.Count <= 0) return -1;
        // 获取购物车中的商品
        bookList = (ArrayList)HttpContext.Current.Session[SHOPPINTCARTDATAKEY];
        if(bookList == null) return -1;
        // 更新购物车中的商品
        for(int index = 0; index < bookList.Count; index++)
        {
            foreach(cartProduct product in products)
            {
                if(((cartProduct)bookList[index]).BookID == product.BookID)
                {   // 修改商品的数量
                    ((cartProduct)bookList[index]).Number = product.Number;
                    break;
                }
            }
        }

        // 重新保存购物车中的数据
        HttpContext.Current.Session[SHOPPINTCARTDATAKEY] = bookList;
```

```
                return 1;
        }

        // <summary>
        // 删除购物车中的商品
        // </summary>
        // <param name="product"></param>
        // <returns></returns>
        public int DeleteProductFromShoppingCart(cartProduct product)
        {
                if(product == null) return -1;
                // 获取购物车中的商品
                bookList = (ArrayList)HttpContext.Current.Session[SHOPPINTCARTDATAKEY];
                if(bookList == null) return -1;

                // 从购物车查找被删除的商品
                foreach(cartProduct item in bookList)
                {
                        if(item.BookID == product.BookID)
                        {    // 移除该商品
                                bookList.Remove(item);
                                break;
                        }
                }
                // 重新保存购物车中的数据
                HttpContext.Current.Session[SHOPPINTCARTDATAKEY] = bookList;
                return 1;
        }

        // <summary>
        // 清空购物车中的商品
        // </summary>
        // <returns></returns>
        public int ClearShoppingCart()
        {       // 获取购物车中的商品
                bookList = (ArrayList)HttpContext.Current.Session[SHOPPINTCARTDATAKEY];
                if(bookList == null) return -1;
                // 清空购物车中的商品
                bookList.Clear();
                HttpContext.Current.Session[SHOPPINTCARTDATAKEY] = null;
                return 1;
        }
}
```

10.5.3 CartProduct 类

CartProduct 是购物车功能的基本类，购物车是电子商务系统在线购物功能中的重要功能模块，用户在网站中浏览商品时，可以把中意的商品先放入购物车中，直到最后进行结算。CartProduct 类主要定义了一些与商品有关的变量，并使用面向对象所特有的性质，将用户选择的商品信息暂时存储到此类的对象中，只要用户不下线，这些信息都会在缓存中保存着，这样给用户购物带来极大的方便，其代码保存在 cartProduct.cs 文件中，在此不再赘述。

10.6 网站的前台设计

10.6.1 网站的母版页设计

为了使整个网站具有统一的用户界面和样式，使用母版页提供共享的控件和代码，供网站内的所有页面使用，提升整个网站的开发效率。

网上书店需要包含统一的页眉和页脚，在左侧需要有图书的分类，在此使用二级分类设计，当单击图书分类时，在二级分类中显示其包含的子分类。网上书店的母版页设计界面如图 10.4 所示。

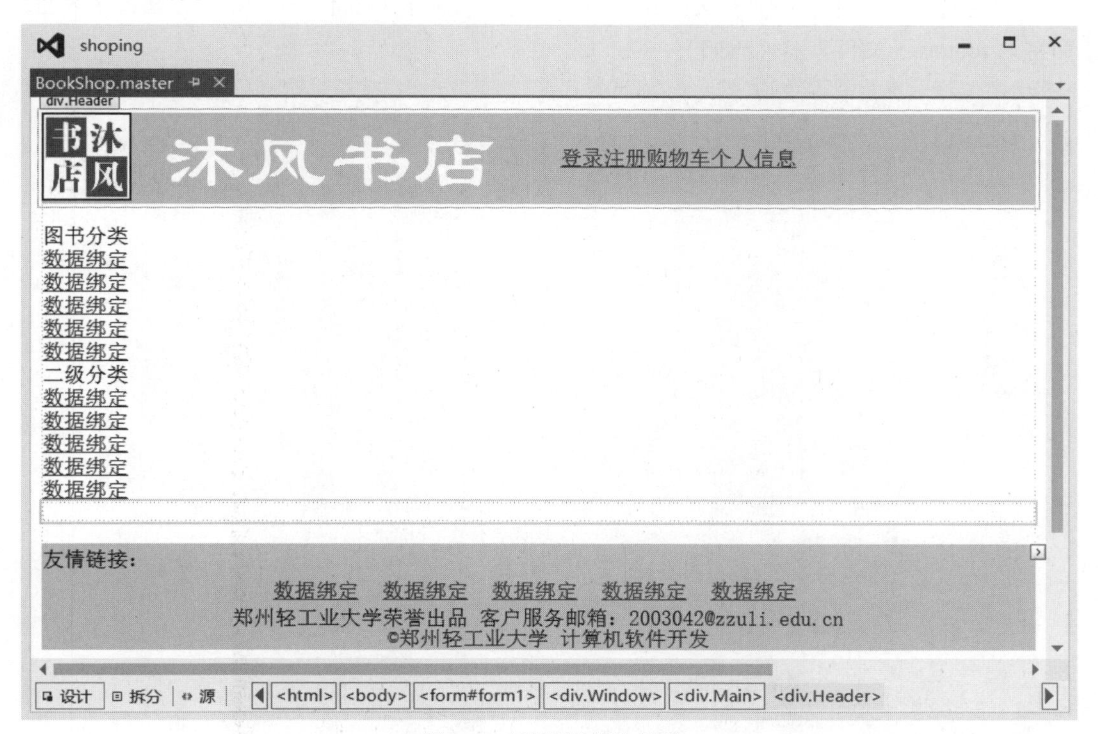

图 10.4 母版页的设计界面

网站统一页眉设计，利用 Web 用户控件实现，界面如图 10.4 所示。提供用户注册会员快速登录入口和购物车入口，命名为 head.ascx 文件。其代码如下：

```
<%@ Control Language="C#" AutoEventWireup="true" CodeFile="head.ascx.cs" Inherits="head" %>
<table border="0" cellpadding="0" style="background-color:#ffce45; margin:0px;" cellspacing="0" width="100%"
height="80">
    <tr>
        <td style="height:80px;width:80px">
            <a href="../Default.aspx"><img height="80px" alt="logo" src="../images/top.jpg" /></a>
        </td>
            <td align="center" style="height:80px; width:40%;">
                    <span style="color:white;font-family: 隶书 ; font-size:46pt;"> 沐风书店 </span>
            </td>
            <td colspan="2" style="padding-left:30px;">
            <a href="../User/Login.aspx" class="a_B_color"> 登 录 </a><a href="../user/register.aspx" class="a_
B_color"> 注 册 </a><a href="../Order/cart.aspx" class="a_B_color"> 购 物 车 </a><a href="../user/index.aspx"
class="a_B_color"> 个人信息 </a>
    </td>
    </tr>
</table>
```

网站统一页脚设计，利用 Web 用户控件实现，界面如图 10.4 所示。提供友情链接入口，命名为 foot.ascx 文件。其代码如下：

```
<%@ Control Language="C#" AutoEventWireup="true" CodeFile="foot.ascx.cs" Inherits="foot" %>
<table border="0" style="background-color:#ffce45;   margin-top:20px; margin-bottom:0px; margin-left:0px;
margin-right:0px;" cellspacing="0" width="100%">
<tr>
<td style="height:30px;">
友情链接:
</td>
</tr>
<tr>
<td align="center" valign="top">
    <asp:DataList ID="DataList1" runat="server" RepeatColumns="8"
        RepeatDirection="Horizontal" ShowFooter="False" ShowHeader="False">
        <ItemTemplate>
            <table width="100" border="0">
            <tr>
            <td>
              <a href='<%# Eval("links") %>' target="_blank">
              <%# Eval("Name") %>
              </a>
```

```
                </td>
                </tr>
                </table>

            </ItemTemplate>
        </asp:DataList>
    </td>
    </tr>
        <tr>
            <td align="center" valign="top">
                郑州轻工业大学荣誉出品 客户服务邮箱：2003042@zzuli.edu.cn<br />
                 &copy; 郑州轻工业大学 计算机软件开发
            </td>
        </tr>
    </table>
```

DataList 控件绑定友情链接的代码如下：

```
        public void databind()
        {
            string sql = "select    * from [links] ";
            DataList1.DataSource = DataBase.ExecuteDataTable(sql, CommandType.Text, null);
            DataList1.DataBind();
    }
```

10.6.2 图书分类的实现

图书分类分为两级，使用 Web 用户控件实现，一级分类为 FirstList.ascx，其代码如下：

```
<%@ Control Language="C#" AutoEventWireup="true" CodeFile="FirstList.ascx.cs" Inherits="UserControls_FirstList"
%>
<asp:DataList ID="list" runat="server" Width="200px" CssClass="FirstList">
   <HeaderStyle CssClass="FirstListHead" />
   <HeaderTemplate>
      图书分类
   </HeaderTemplate>
   <ItemTemplate>
      <asp:HyperLink
         ID="HyperLink1"
         Runat="server"
         NavigateUrl='<%# getUrl(Eval("ID").ToString()) %>'
         Text='<%# HttpUtility.HtmlEncode(Eval("Name").ToString()) %>'
```

```
            CssClass='<%# Eval("ID").ToString() == Request.QueryString["firstID"] ? "FirstSelected" : "FirstUnselected"
%>'>
        </asp:HyperLink>
    </ItemTemplate>
</asp:DataList>
```

其中，CssClass 使用三元操作符，在单击分类后，将其变为粗体，具体的样式定义可查看 App_Themes 的 BookShop.css 中的定义。

在 FirstList.ascx.cs 中，需要绑定数据，具体代码如下：

```
public partial class UserControls_FirstList : System.Web.UI.UserControl
{
    protected void Page_Load(object sender, EventArgs e)
    {
        string sql = "select   * from [classes] where parentId=1";
        list.DataSource = DataBase.ExecuteDataTable(sql, CommandType.Text, null);
        list.DataBind();
    }
    protected string getUrl(string id)
    {
        return "~/Default.aspx?firstId="+id;
    }
}
```

二级分类的实现和一级分类类似，具体文件在 SecondList.ascx 中，请自行查看。

10.6.3 系统首页的实现

系统首页的运行效果如图 10.1 所示，由母版页和内容页组成，内容页中默认显示所有的图书，当用户单击左侧“图书分类”时，只显示该分类的图书信息，如图 10.5 所示。

系统首页为 Default.aspx，在创建时要选择母版页，其代码如下：

```
<%@ Page Title="" Language="C#" MasterPageFile="~/BookShop.master" AutoEventWireup="true"
CodeFile="Default.aspx.cs" Inherits="_Default" %>

<%@ Register Src="~/UserControls/BookList.ascx" TagPrefix="uc1" TagName="BookList" %>

<asp:Content ID="Content1" ContentPlaceHolderID="head" Runat="Server">
</asp:Content>
<asp:Content ID="Content2" ContentPlaceHolderID="ContentPlaceHolder1" Runat="Server">
    <uc1:BookList runat="server" ID="BookList" />
</asp:Content>
```

图 10.5 首页的运行效果

由上面的代码可以看到，首页的代码非常简单，在内容页中主要添加了一个 Web 用户控件——BookList，下面主要介绍 BookList 的实现。

首先，在项目中添加 Web 用户控件 BookList.ascx，使用 DataList 显示图书信息，编辑 ItemTemplate 用来显示图书信息；由于图书太多，需要进行分页显示，编辑 FooterTemplate 添加分页控制。其代码如下：

```
<%@ Control Language="C#" AutoEventWireup="true" CodeFile="BookList.ascx.cs" Inherits="UserControls_
BookList" %>
<p>
    <asp:Label ID="Label1" runat="server" Text="Label" Visible="False"></asp:Label>
</p>
<asp:DataList ID="DataList1" runat="server" CellPadding="5" CellSpacing="5" RepeatColumns="3"
OnItemCommand="DataList1_ItemCommand" OnItemDataBound="DataList1_ItemDataBound">
    <ItemTemplate>
        <a href='BookInfo.aspx?bookID=<%# Eval("ID")%>'>
            <img width="240" src='admin/upLoad/<%# Eval("imageUrl") %>' border="0" alt='<%# HttpUtility.
HtmlEncode(Eval("Name").ToString())%>' />
        </a>
        <br />
        <font color="red"><b> ￥<%# Eval("price") %></b></font><br /><%# Eval("name") %><br />
```

```
            <center><a href='../order/cart.aspx?bookID=<%# Eval("ID")%>&name=<%# Eval("Name")%>&price=<%#
Eval("price")%>' class="a_B_color"> 加入购物车 </a></center>
        </ItemTemplate>
        <FooterTemplate>
            <asp:Label ID="lblCurrentPage" runat="server" Text="Label"></asp:Label>
            /<asp:Label ID="lblPageCount" runat="server" Text="Label"></asp:Label>
             
            <asp:LinkButton ID="lbFirst" runat="server" CommandName="first"> 首页 </asp:LinkButton>
              
            <asp:LinkButton ID="lbPrior" runat="server" CommandName="prior"> 上一页 </asp:LinkButton>
             
            <asp:LinkButton ID="lbNext" runat="server" CommandName="next"> 下一页 </asp:LinkButton>
              
             <asp:LinkButton ID="lbLast" runat="server" CommandName="last"> 尾页 </asp:LinkButton>
               跳转至： <asp:TextBox ID="txtPage" runat="server" Height="16px" Width="48px"></asp:TextBox>
             <asp:Button ID="Button1" runat="server" CommandName="go" Text="GO" />
    </FooterTemplate>
</asp:DataList>
```

其次，在 BookList.ascx.cs 中进行数据绑定及分页控制，代码如下：

```
using System;
using System.Collections.Generic;
using System.Data;
using System.Linq;
using System.Web;
using System.Web.UI;
using System.Web.UI.WebControls;
public partial class UserControls_BookList : System.Web.UI.UserControl
{
    protected int firstId = -1;
    protected int secondId = -1;
    // 创建一个分页数据源对象
    static PagedDataSource pds = new PagedDataSource();
    protected void Page_Load(object sender, EventArgs e)
    {
        if (Request.Params["firstId"] != null)
        {
            firstId = Int32.Parse(Request.Params["firstId"].ToString());
        }
        if (Request.Params["secondId"] != null)
        {
```

```
                secondId = Int32.Parse(Request.Params["secondId"].ToString());
            }
            if (!IsPostBack)
            {
                databind(0);
            }
        }
        /// <summary>
        /// 绑定分类菜单
        /// </summary>
        public void databind(int pageNo)
        {
            string sql;
            if (secondId != -1)// 按照二级分类进行图书过滤
            {
                sql = "select * from [product] where className in(select   name from [classes] where Id=" +
secondId + ") order by CreateDate desc";
            }
            else if (firstId != -1)// 按照一级分类进行图书过滤
            {
                sql = "select * from [product] where className in(select   name from [classes] where parentId=" +
firstId + ") order by CreateDate desc";
            }
            else// 首次打开，显示所有图书
            {
                sql = "select * from [product] order by CreateDate desc";
            }
            pds.AllowPaging = true;// 允许分页
            pds.PageSize = 6;// 每页显示 2 条记录
            pds.CurrentPageIndex = pageNo;// 设置当前页

            DataTable table = DataBase.ExecuteDataTable(sql, CommandType.Text, null);
            if (table == null)
            {
                Label1.Visible = true;
                Label1.Text = " 对不起，没有这方面的书籍！ ";
                return;
            }
            Label1.Visible = false;
            pds.DataSource = table.DefaultView;
            DataList1.DataSource = pds;
```

```
        DataList1.DataBind();
    }

    protected void DataList1_ItemDataBound(object sender, DataListItemEventArgs e)
    {
        if (e.Item.ItemType == ListItemType.Footer)
        {
            // 获取页脚模板中的控件
            Label curPage = e.Item.FindControl("lblCurrentPage") as Label;
            Label pageCount = e.Item.FindControl("lblPageCount") as Label;
            LinkButton firstPage = e.Item.FindControl("lbFirst") as LinkButton;
            LinkButton priorPage = e.Item.FindControl("lbPrior") as LinkButton;
            LinkButton nextPage = e.Item.FindControl("lbNext") as LinkButton;
            LinkButton lastPage = e.Item.FindControl("lbLast") as LinkButton;
            // 设置当前页和总页数
            curPage.Text = (pds.CurrentPageIndex + 1).ToString();
            pageCount.Text = pds.PageCount.ToString();
            // 设置首页和上一页是否可用
            if (pds.IsFirstPage)
            {
                firstPage.Enabled = false;
                priorPage.Enabled = false;
            }
            // 设置下一页和尾页是否可用
            if (pds.IsLastPage)
            {
                nextPage.Enabled = false;
                lastPage.Enabled = false;
            }
        }
    }

    protected void DataList1_ItemCommand(object source, DataListCommandEventArgs e)
    {
        switch (e.CommandName)
        {
            case "first":// 首页
                pds.CurrentPageIndex = 0;
                databind(pds.CurrentPageIndex);
                break;
```

```
                case "prior":// 上一页
                    pds.CurrentPageIndex--;
                    databind(pds.CurrentPageIndex);
                    break;
                case "next":// 下一页
                    pds.CurrentPageIndex++;
                    databind(pds.CurrentPageIndex);
                    break;
                case "last":// 尾页
                    pds.CurrentPageIndex = pds.PageCount - 1;
                    databind(pds.CurrentPageIndex);
                    break;
                case "go":// 跳转到指定页
                    if (e.Item.ItemType == ListItemType.Footer)
                    {
                        TextBox txtPage = e.Item.FindControl("txtPage") as TextBox;
                        int pageCount = pds.PageCount;// 总页数
                        int pageNo = 0;
                        // 读取用户输入的页数
                        if (!txtPage.Text.Equals(""))
                        {
                            pageNo = Convert.ToInt32(txtPage.Text.ToString());
                        }
                        if (pageNo <= 0 || pageNo > pageCount)// 判断数据是否合法
                        {
                            Response.Write("<script>alert(' 请输入正确的页数！ ')</script>");
                        }
                        else
                        {
                            databind(pageNo - 1);// 跳转
                        }
                    }
                    break;
            }
        }
    }
```

10.6.4 会员管理的实现

会员管理主要包括注册、登录、会员中心和购物车管理四部分。

1. 会员注册模块

注册信息输入页面位于 user 目录下的 register.aspx 文件。界面如图 10.6 所示。

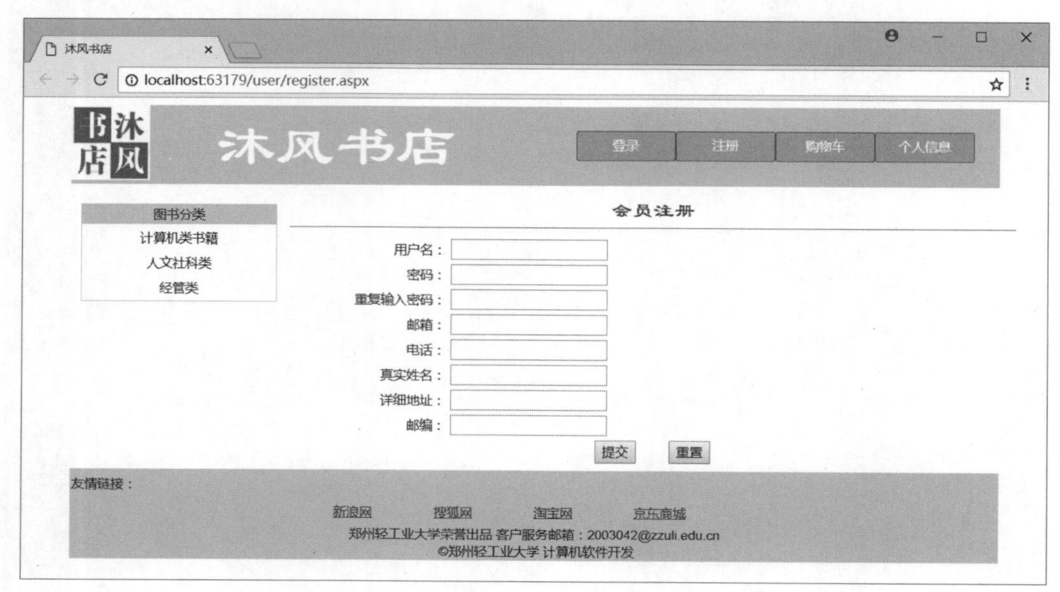

图 10.6　会员注册页面

在会员输入信息，单击“提交”按钮后，其后台代码在 user 目录下的 register.aspx.cs 文件中，具体如下：

```
        protected void btCreate_Click(object sender, EventArgs e)
        {
            string sql = "insert into [user](Username,Password,Email,TelePhone,Address,Postcode,CreateDate,name) values('";
            sql += tbUserName.Text + "','";
            sql += tbPassword.Text + "','";
            sql += tbMail.Text + "','";
            sql += tbPhone.Text + "','";
            sql += tbAddress.Text + "','";
            sql += tbPost.Text + "','";
            sql += System.DateTime.Now.ToString() + "','";
            sql += tbName.Text + "')";

            try
            {
                DataBase.ExecuteNonQuery(sql, CommandType.Text, null);
                Response.Write("<script language=javascript>function window.onload(){alert('注册成功！');location.href='../index.aspx'}</script>");
```

```
            }
            catch (Exception ex)
            {
                Response.Write("alert(' 注册失败！ ')");
            }
        }
```

2. 会员登录模块

会员登录模块是系统和会员交互的基本入口。例如，书商要想将新购的书籍对客户进行展示，必须要登录到系统中才能发布最新图书信息：而客户如果想在本系统中购买自己中意的产品，则必须要登录到系统中才具有购买权限。因此会员登录模块对于电子商务系统具有重要的意义。出于对系统信息安全的考虑，本系统将管理员登录模块与会员登录模块分开设计，也就是说，本系统采用了两个登录入口，而且数据库表也是单独设计的。管理员通过特定的入口登录之后，可以对系统中的数据进行管理；用户通过特定的入口登录之后，可以管理与自己相关的信息。

会员通过特定的入口登录之后，可以管理与自己相关的信息。具体界面设计如图 10.7 所示。用户登录入口的设计和登录代码与管理员入口很相似，其实现功能也相似，都是为用户提供登录系统功能。会员登录页面为 user 目录下的 Login.aspx 文件。其后台代码在 user 目录下的 Login.aspx.cs 文件中。

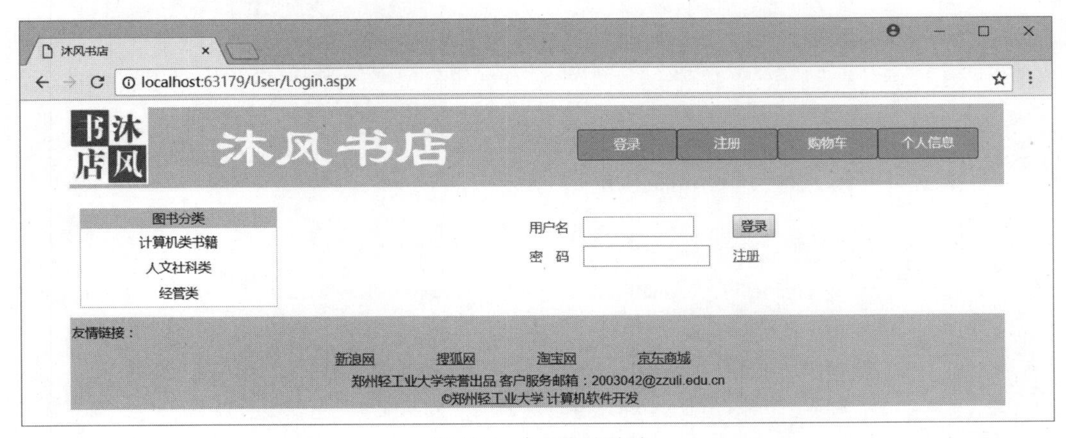

图 10.7 会员登录页面

3. 会员中心模块

会员中心是会员在网站实现登录之后，对自己信息进行管理的功能模块，本系统会员中心包括的功能有修改密码、修改个人信息、订单管理。

该模块功能是会员对个人信息进行管理。会员中心的主界面的设计如图 10.8 所示，右例为操作界面，左侧为菜单列表栏目，有会员修改密码、修改个人信息、订单管理 3 个界面设计。

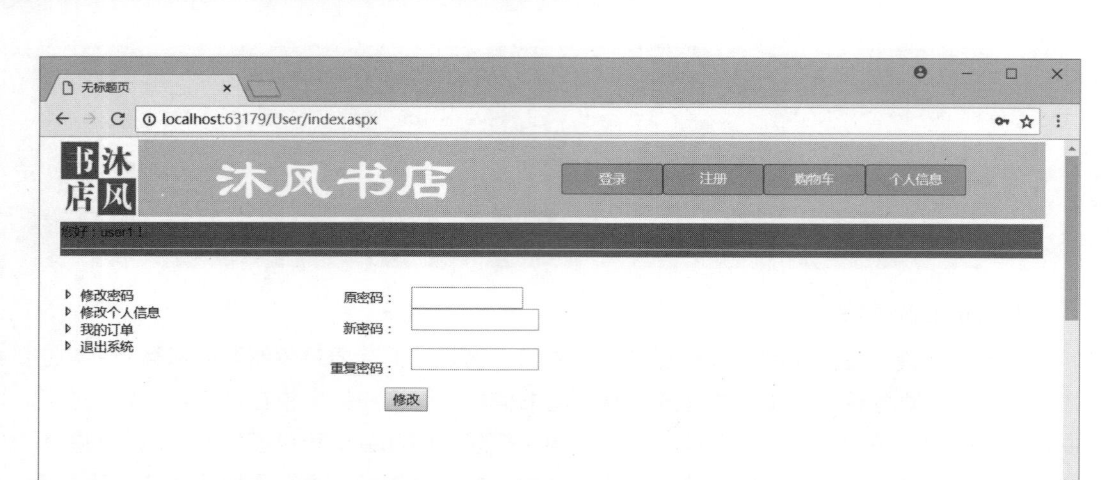

图 10.8　会员中心页面

在会员单击图 10.8 所示页面左侧的“修改密码”菜单项时，需要验证用户的原密码是否正确，这是保证用户个人权益的一部分。修改密码页面位于 user 目录下的 password.aspx，主要是由 Label 控件、TextBox 控件和 Button 控件组成，其后台代码在 user 目录下的 password.aspx.cs 文件中，通过 Button 控件的单击事件来实现密码修改功能，实现代码如下：

```
protected void btUpdate_Click(object sender, EventArgs e)
{
    // 获取原密码
    string sqlPass = "select Password from [User] where Username='" + Session["userName"].ToString() + "'";
    userpassword = DataBase.ExecuteScalar(sqlPass, CommandType.Text, null).ToString();

    if (userpassword == tbPassword.Text)
    {
        // 修改密码
        string updateSql = "update [User] set Password='"+tbNewPass.Text+ "' where Username='" +
Session["userName"].ToString() + "'";
        DataBase.ExecuteNonQuery(updateSql, CommandType.Text, null);
        Response.Write("<script language=javascript>function window.onload(){alert('密码修改成功！');}</
script>");
    }
    else
    {
        Response.Write("<script language=javascript>function window.onload(){alert('原密码输入错误！');}</
script>");
    }
}
```

在会员单击图 10.8 所示页面左侧的“修改个人信息”菜单项时，页面的右边显示如图 10.9 所示。

会员详细信息
用户名：user1
真实姓名：
邮箱：user1@qq.com
电话：
地址：
邮编：
注册时间：2018/8/16/四 10:25:53
修改 返回

图 10.9 修改个人信息页面

修改个人信息功能模块位于 user 目录下的 userInfo.aspx 页面，其后台代码在 user 目录下的 userInfo.aspx.cs 文件中。个人信息修改之前，首先要将用户信息显示到前台，也就是在页面的 Page_Load( ) 方法中实现页面加载功能，其代码如下：

```
    protected void Page_Load(object sender, EventArgs e)
     {
            if (Session["userName"] != "")
            {
                  string id = Session["userId"].ToString();
                  string sql = "select * from [User] where id=" + id;
                  DataTable dt = DataBase.ExecuteDataTable(sql, CommandType.Text, null);
                  lbUsername.Text = dt.Rows[0]["Username"].ToString();
                  tbName.Text = dt.Rows[0]["name"].ToString();
                  tbMail.Text = dt.Rows[0]["Email"].ToString();
                  tbPhone.Text = dt.Rows[0]["TelePhone"].ToString();
                  tbAddress.Text = dt.Rows[0]["Address"].ToString();
                  tbPost.Text = dt.Rows[0]["Postcode"].ToString();
                  lbTime.Text = dt.Rows[0]["CreateDate"].ToString();
            }
            else
            {
Response.Redirect("login.aspx");
}
    }
```

会员修改完个人信息之后的单击事件如下。单击“修改”按钮即可实现个人信息的修改，“修改”按钮控件的单击事件如下：

```
    protected void Button1_Click(object sender, EventArgs e)
     {
                string id = Session["userId"].ToString();
                  string sql = "update   [user] set [name]='" + tbName.Text + "',Email='" + tbMail.Text + "',TelePhone='"
+ tbPhone.Text + "',Address='" + tbAddress.Text + "',Postcode='" + tbPost.Text + "' where id=" + Session["userId"].
ToString();
            try
            {
```

```
                DataBase.ExecuteNonQuery(updateSql, CommandType.Text, null);
                Response.Write("<script language=javascript>function window.onload(){alert(' 修 改 成 功！ ');location.
href='password.aspx'}</script>");
            }
            catch (Exception ex)
            {
                Response.Write("alert(' 修改失败！ ')");
            }
        }
```

在会员单击图 10.8 所示页面左侧的“我的订单”菜单项时，页面右边显示如图 10.10 所示。

订单编号	创建日期	订单状态
数据绑定	数据绑定	数据绑定
数据绑定	数据绑定	数据绑定
数据绑定	数据绑定	数据绑定
数据绑定	数据绑定	数据绑定
数据绑定	数据绑定	数据绑定

图 10.10　订单管理页面

订单管理功能是会员管理自己购买产品进度的功能模块。通过此功能，会员可以清晰地了解产品的发货情况，企业也可以通过订单管理来了解用户的付款及收货情况，功能页面为 order 目录下的 myorder.aspx，其后台代码在 order 目录下的 myorder.aspx.cs 文件中。其主要后台代码如下：

```
    protected void Page_Load(object sender, EventArgs e)
    {
        if (Session["userName"] != "")
        {
            if (!IsPostBack)
                dataCart();
        }
        else
            Response.Redirect("login.aspx");
    }
    public void dataCart()
    {
        string sql = "select * from [order] where userId='" + Session["userId"].ToString() + "'";
        /// 绑定数据并显示商品
        gvProduct.DataSource = DataBase.ExecuteDataTable(sql, CommandType.Text, null);
        gvProduct.DataBind();
    }
```

4. 购物车管理模块

电子商务系统中，购物车管理模块是用户购买产品的必要手段，通过购物车实现产品

购买的订单操作。

该模块的功能是存储用户的意向产品。 把用户选购的产品放到购物车中，生成购买订单。购物车界面设计如图 10.11 所示。

购物车

商品名称	商品价格	商品数量	删除
数据绑定	数据绑定	数据绑定 不能为空！ 只能为整数！	删除
数据绑定	数据绑定	数据绑定 不能为空！ 只能为整数！	删除
数据绑定	数据绑定	数据绑定 不能为空！ 只能为整数！	删除
数据绑定	数据绑定	数据绑定 不能为空！ 只能为整数！	删除
数据绑定	数据绑定	数据绑定 不能为空！ 只能为整数！	删除

保存修改　创建订单　继续购买商品

图 10.11　购物车界面的设计效果

购物车页面中使用 GridView 控件来显示用户选中的商品，在 GridView 控件中通过模板来实现产品数量的在线修改。购物车页面位于 order 目录中的 cart.aspx 页面，其后台代码在 order 目录下的 cart.aspx.cs 文件中。在该页面中，将购物车中商品显示的实现代码如下：

```
    protected void Page_Load(object sender, EventArgs e)
        {
if (!IsPostBack)
            {
                if (Request.Params["bookID"] != null)
                {
                    // 设置商品的属性
                    cartProduct product = new cartProduct();
                    int bookID = Int32.Parse(Request.Params["bookID"].ToString());
                    product.BookID = bookID;
                    product.Name = Request.Params["name"].ToString();
                    product.Price = Request.Params["price"].ToString();
                    product.Number = 1;
                    /// 添加商品到购物车
                    cart shoppingCart = new cart();
                    if (shoppingCart.AddProductToShoppingCart(product) > -1)
                    {
                        Response.Write("<script language=javascript>alert('恭喜您，添加商品到购物车成
功！ ');</script>");
                        product = null;
                    }
                }
                dataCart();
```

```
        }
    }
    public void dataCart()
    {
        /// 获取购物车的商品
        cart shoppingCart = new cart();

        /// 绑定数据并显示商品
        gvProduct.DataSource = shoppingCart.BookList;
        gvProduct.DataBind();

        btCreate.Enabled = btUpdate.Enabled = gvProduct.Rows.Count > 0 ? true : false;
    }
```

修改购物车中商品数量的实现代码如下：

```
    protected void btUpdate_Click(object sender, EventArgs e)
    {
        /// 获取购物车的商品
        cart shoppingCart = new cart();
        if (shoppingCart == null || shoppingCart.BookList == null || shoppingCart.BookList.Count <= 0) return;
        /// 检查购物车中的商品和显示的商品是否相等，如果不相等，则数据错误
        if (shoppingCart.BookList.Count != gvProduct.Rows.Count) return;

        ArrayList products = new ArrayList();
        foreach (GridViewRow row in gvProduct.Rows)
        {   /// 找到输入商品数量的控件
            TextBox tbNumber = (TextBox)row.FindControl("tbNumber");
            if (tbNumber == null) return;
            /// 获取商品数量
            int number = -1;
            if (Int32.TryParse(tbNumber.Text.Trim(), out number) == false) return;
            /// 创建一个子项，并添加到临时数组中
            cartProduct product = new cartProduct();
            /// 设置子项的名称、数量、价格和商品 ID 值
            product.Name = ((cartProduct)shoppingCart.BookList[row.RowIndex]).Name;
            product.Number = number;
            product.Price = ((cartProduct)shoppingCart.BookList[row.RowIndex]).Price;
            product.BookID = ((cartProduct)shoppingCart.BookList[row.RowIndex]).BookID;
            products.Add(product);
        }
        /// 修改购物车中的商品数量
        shoppingCart.UpdateProductFromShoppingCart(products);
    }
```

删除购物车中的产品时，需要将指定的商品更新到购物车公共类中，实现代码如下：

```
protected void  gvProduct_RowCommand(object sender, GridViewCommandEventArgs e)
{
    /// 获取购物车的商品
    cart shoppingCart = new cart();
    if (shoppingCart == null || shoppingCart.BookList == null || shoppingCart.BookList.Count <= 0) return;
    /// 创建被删除的商品
    cartProduct deleteProduct = new cartProduct();
    deleteProduct.BookID = Int32.Parse(e.CommandArgument.ToString());
    /// 删除选中的商品
    shoppingCart.DeleteProductFromShoppingCart(deleteProduct);
    /// 重新绑定商品数据
    dataCart();
}
```

10.7　网站后台功能的实现

10.7.1　管理员登录模块

管理员通过特定的入口登录之后，进入系统后台，可以对系统中的数据进行管理。管理员登录入口是通过指定的链接，转入到指定的登录入口，其界面设计如图 10.12 所示。管理员登录界面比较简单，包括两个 TextBox 控件，用于输入“用户名”和“密码”，还包括一个按钮控件。与管理员登录页面对应的是 admin 目录下的 Login.aspx 文件。

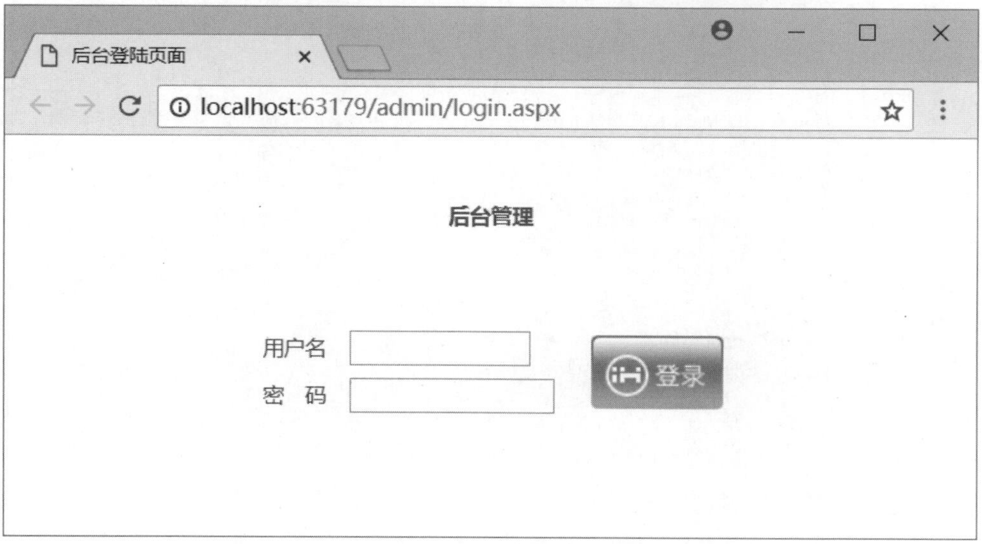

图 10.12　管理员登录界面

当管理员输入“用户名”和“密码”，单击“登录”按钮后，在该页面的后台验证代码 Login.aspx.cs 文件中，登录按钮控件的 Click 事件下添加以下代码：

```
protected void btLogin_Click(object sender, ImageClickEventArgs e)
    {   if (tbUserName.Text.Trim() == "")
        {
            Page.RegisterStartupScript("alert", "<script lanauage='javascript'>alert(' 用户名不能为空！ ')</script>");
            return; }
        if (tbPassword.Text.Trim() == "")
        {
            Page.RegisterStartupScript("alert", "<script lanauage='javascript'>alert(' 密码不能为空！ ')</script>");
            return;  }
              try
        { // 判断是否为管理员
                string sqladminName = "select managerName from [manager] where managerName='"
+tbUserName.Text.Trim() + "'";
            adminName = DataBase.ExecuteScalar(sqladminName, CommandType.Text, null).ToString();
                string sqladminPass = "select password from [manager] where managerName='" +tbUserName.
Text.Trim() + "'";
                adminpassword = DataBase.ExecuteScalar(sqladminPass, CommandType.Text, null).ToString();
        }
        catch (Exception ex)          {          }
        if (tbUserName.Text != adminName)
        {
            Page.RegisterStartupScript("alert", "<script lanauage='javascript'>alert(' 用户名不存在，请重新输
入！ ')</script>");
            return;
        }
        else if (tbPassword.Text != adminpassword)
        {
            Page.RegisterStartupScript("alert", "<script lanauage='javascript'>alert(' 用户名或密码输入错误，
请重新输入！ ')</script>");
            return;
        }
        else
        {
            Session["adminName"] = adminName.ToString();
            Response.Redirect("index.aspx");
        }
    }
```

首先连接数据库，查询用户是否存在，然后验证管理员的账号和密码是否正确，对于正确的用户名和密码则使用 Session 对象来存储最后转向后台的管理页面，如图 10.13 所示。

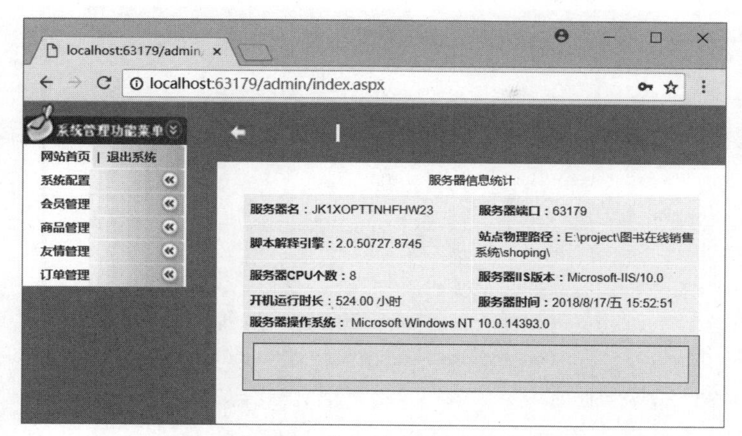

图 10.13　管理员后台管理页面

10.7.2　图书分类模块

电子商务系统中，重要的环节就是向客户展示商品，而商品的分类管理是电子商务系统是否健全的衡量标准之一，因此产品分类功能在电子商务系统中占有重要地位。一般的电子商务系统，都需要用到多级分类，这样可以将产品管理细化到最基本的分类，因而多级分类的设计与实现就显得尤为重要。

本系统的两级分类设计如下：一级分类其父分类 ID 统一设置为 1；二级分类及底层分类的父分类 ID 都设置为上一级分类的 ID 编号。

该模块最基本的功能为：建立基本的书籍分类功能，实现产品的分类管理。为实现该功能设计了 3 个页面，即添加分类页面、管理分类页面和修改分类页面。

在添加分类页面中使用了文本框、下拉控件和按钮控件，其设计效果如图 10.14 所示。与该页面对应的是 admin/product 目录下的 addClass.aspx 文件。

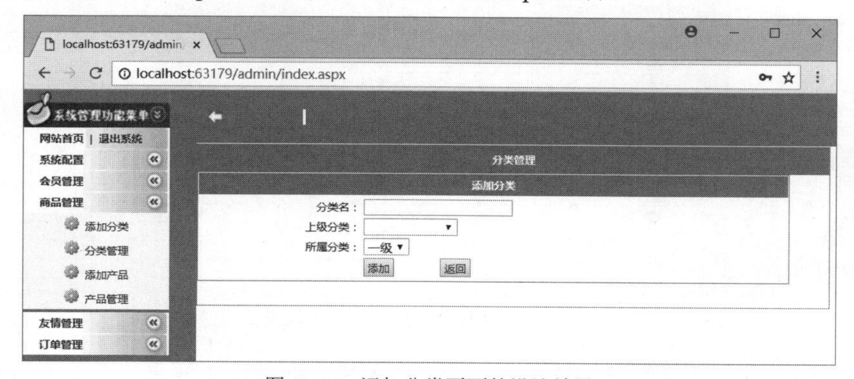

图 10.14　添加分类页面的设计效果

主要实现将分类信息添加到数据库分类表中，也就是说，一个简单的数据插入操作，只要在执行插入操作之前，检测用户是否输入合理的分类名和选择其所属的分类级别即可，其后台代码在 admin/product 目录下的 addClass.aspx.cs 文件中，添加按钮控件的 Click 事件下添加以下代码：

```
protected void Button1_Click(object sender, EventArgs e)
    {
        string sql = "insert into classes (name,parentId,content) values('";
        sql += tbClassName.Text.Trim()+"','";
        sql += ddlClass.SelectedValue + "','";
        sql += ddlClass1.SelectedItem+"')";
        try
        {
            DataBase.ExecuteNonQuery(sql, CommandType.Text, null);
             Response.Write("<script language=javascript>function window.onload(){alert(' 添加成功！ ');location.href='classes.aspx'}</script>");
        }
        catch (Exception ex)
        {
            Response.Write("alert(' 添加失败！ ')");
        }
    }
```

在管理分类页面中使用了 GridView 控件，其设计效果如图 10.15 所示。与该页面对应的是 admin/product 目录下的 classes.aspx 文件。

商品分类	所属分类	编辑	删除
	0级	编辑	删除
计算机类书籍	一级	编辑	删除
数据结构	二级	编辑	删除
操作系统	二级	编辑	删除
编程语言	二级	编辑	删除
人文社科类	一级	编辑	删除
经管类	一级	编辑	删除
政治军事	二级	编辑	删除
传统文化	二级	编辑	删除
历史	二级	编辑	删除
心理	二级	编辑	删除
哲学宗教	二级	编辑	删除
社会科学	二级	编辑	删除
文化	二级	编辑	删除
法律	二级	编辑	删除
管理	二级	编辑	删除
经济	二级	编辑	删除

图 10.15　管理分类页面的设计效果

在该页面中列出了系统已经添加的所有分类列表，此页面主要是将数据库分类表中的数据显示到前台中，从而方便管理员对产品分类进行管理，其后台代码在 admin/product 目录下的 classes.aspx.cs 文件中，用 GridView 控件实现列表的代码如下：

```
protected void Page_Load(object sender, EventArgs e)
    {
if (!IsPostBack)
```

```
        databind();
    }

    public void databind()
    {
        string sql = "select * from [classes] ";
        GridView1.DataSource = DataBase.ExecuteDataTable(sql, CommandType.Text, null);
        GridView1.DataBind();
    }

    protected void GridView1_RowDeleting(object sender, GridViewDeleteEventArgs e)
    {
        int id = Convert.ToInt32(GridView1.DataKeys[e.RowIndex]["id"].ToString());
        string sql = "delete   from [classes]   where id=" + id;
        try
        {
            DataBase.ExecuteNonQuery(sql, CommandType.Text, null);
            Response.Write("<script language=javascript>function window.onload(){alert('删除成功！ ');location.
href='classes.aspx'}</script>");
        }
        catch (Exception ex)
        {
            Response.Write(ex.Message);
        }
    }
```

在图书分类修改页面中使用了文本框、下拉控件和按钮控件，其设计效果如图 10.16 所示。页面为 admin/product 目录下的 editClass.aspx 文件。

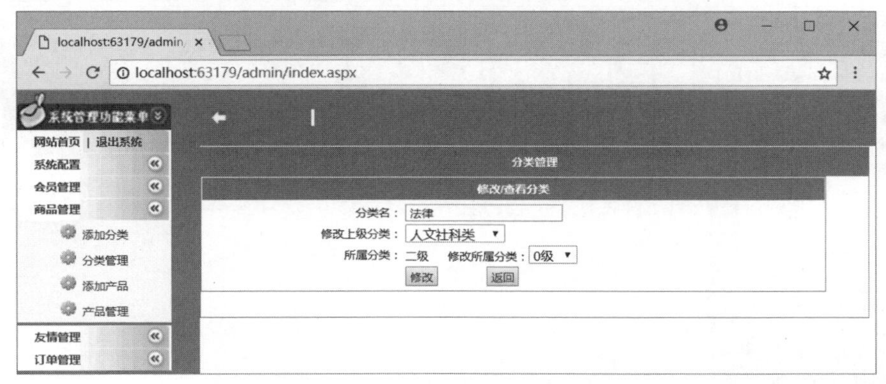

图 10.16 修改分类页面的设计效果

其实现原理就是数据的 update 操作，系统将管理员更新的数据按照指定的分类 ID 进行数据更新操作。其后台代码在 admin/product 目录下的 editClass.aspx.cs 文件中，修改按钮控件的 Click 事件下添加以下代码：

```
protected void Button1_Click(object sender, EventArgs e)
    {
        string id = Request.QueryString["id"].ToString();
            string sql = "update  [classes] set  name='" + tbClassName.Text + "',parentId='" + ddlClass.
SelectedValue + "',content='" + ddlClass1.SelectedItem + "' where id=" + id;
        try
        {
            DataBase.ExecuteNonQuery(sql, CommandType.Text, null);
                Response.Write("<script language=javascript>function window.onload(){alert(' 修  改  成
功！ ');location.href='classes.aspx'}</script>");
        }
        catch (Exception ex)
        {
            Response.Write("alert(' 修改失败！ ')");
        }
    }
```

10.7.3 图书管理模块

图书管理模块是系统重要功能模块之一，是系统中所有商品的管理中心。管理员可以通过图书管理模块向系统中添加最新的图书，同时也可以对已经存在的图书进行修改、编辑及删除等操作。

图书管理功能的设计主要分为以下3个页面，即添加商品页面、管理商品页面和修改商品页面。

在添加图书页面中使用了文本框、文件上传控件、下拉列表控件和按钮控件，其设计效果如图 10.17 所示。与该页面对应的是 admin/product 目录下的 addProduct.aspx 文件。

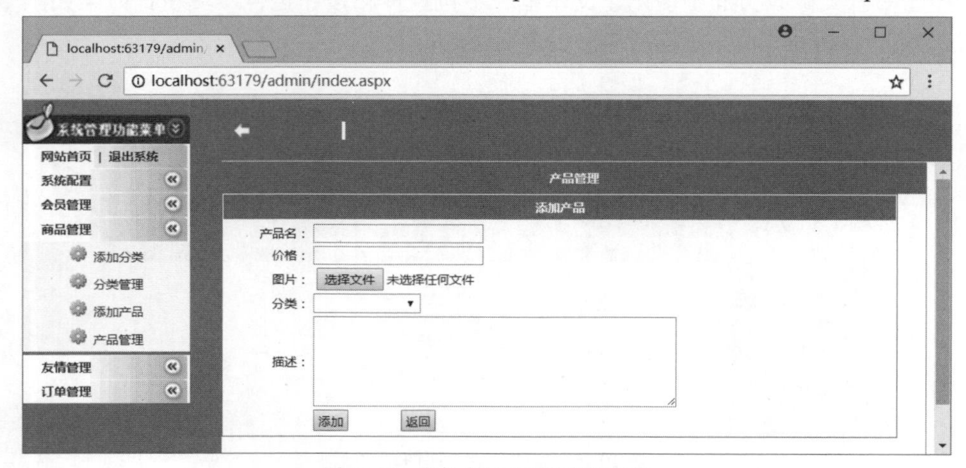

图 10.17　添加商品页面的设计效果

其后台代码在 admin/product 目录下的 addClass.aspx.cs 文件中。首先获取管理员输入的信息，然后根据管理员输入的图书信息，在数据库图书表中进行查看，如果图书信息不存在，则将图书信息保存到数据库图书表中。添加按钮控件的 Click 事件下添加以下代码：

```
protected void Button1_Click(object sender, EventArgs e)
    {
        string shopLogo1;
        if (FileUpload1.HasFile == true)
        {
            shopLogo1 = GetShopLogoName(ref FileUpload1);
        }
        else
        {
            shopLogo1 = "0";
        }
        string sql = "insert into Product (name,price,imageUrl,contents,createDate,className) values('";
        sql += tbProductName.Text+"','";
        sql += tbPrice.Text + "','";
        sql += shopLogo1 + "','";
        sql += tbContent.Text + "','";
        sql += System.DateTime.Now.ToString() + "','";
        sql += ddlClass.SelectedItem.ToString() + "')";
        try
        {
            DataBase.ExecuteNonQuery(sql, CommandType.Text, null);
              Response.Write("<script language=javascript>function window.onload(){alert(' 添  加  成
功！ ');location.href='product.aspx'}</script>");
        }
        catch (Exception ex)
        {
            Response.Write("alert(' 添加失败！ ')");
        }
    }
```

在图书管理页面的设计中使用了 GridView 控件，其设计效果如图 10.18 所示。页面为 admin/product 目录下的 product.aspx 文件。

图 10.18 管理商品页面的设计效果

其后台代码在 admin/product 目录下的 product.aspx.cs 文件中。其实现的功能是将图书表中已经存在的图书信息显示到页面中，方便管理员对系统中的图书进行管理。图书管理页面的功能实现与图书分类信息列表页面类似，用 GridView 控件实现列表的代码如下：

```
protected void Page_Load(object sender, EventArgs e)
    {
        if (!IsPostBack)
        {
            databind();
        }
    }

    public void databind()
    {
        string sql = "select * from [product] ";
        GridView1.DataSource = DataBase.ExecuteDataTable(sql, CommandType.Text, null);
        GridView1.DataBind();
    }

    protected void GridView1_RowDeleting(object sender, GridViewDeleteEventArgs e)
    {
int id = Convert.ToInt32(GridView1.DataKeys[e.RowIndex]["id"].ToString());
        string sql = "delete    from [product]    where id=" + id;
        try
        {
            DataBase.ExecuteNonQuery(sql, CommandType.Text, null);
                Response.Write("<script language=javascript>function window.onload(){alert(' 删除成功！ ');location.
href='product.aspx'}</script>");
        }
        catch (Exception ex)
        {
            Response.Write(ex.Message);
        }
    }
```

在图书修改页面中使用了文本框、下拉列表控件、图片上传控件和按钮控件，其设计效果如图 10.19 所示。与该页面对应的是 admin/product 目录下的 editProduct.aspx 文件。

图 10.19 修改商品页面的设计效果

其实现原理就是数据的 update 操作，系统将管理员更新的数据按照指定的图书 ID 进行数据更新操作。其后台代码在 admin/product 目录下的 editProduct.aspx.cs 文件中，修改按钮控件的 Click 事件下添加以下代码：

```
protected void Button1_Click(object sender, EventArgs e)
    {
        string shopLogo1;
        if (FileUpload1.HasFile == true)
        {
            shopLogo1 = GetShopLogoName(ref FileUpload1);
        }
        else
        {
            shopLogo1 = "0";
        }
            string id = Request.QueryString["id"].ToString();
                string sql = "update  [product] set  name='" + tbProductName.Text + "',price='" + tbPrice.Text +
"',imageUrl='" + shopLogo1 + "',contents='" + tbContent.Text + "',createDate='" + System.DateTime.Now.ToString() +
"',className='" + ddlClass.SelectedItem + "' where id=" + id;
```

```
            try
            {
                DataBase.ExecuteNonQuery(sql, CommandType.Text, null);
                    Response.Write("<script language=javascript>function window.onload(){alert(' 修改成功！ ');location.
href='product.aspx'}</script>");
            }
            catch (Exception ex)
            {
                Response.Write("alert(' 修改失败！ ')");
            }
        }
```

10.7.4 会员管理模块

会员管理也就是指用户管理，是系统管理员用来管理系统中注册用户信息的功能模块。系统管理员可以通过会员管理功能模块，及时掌握系统中已经注册会员数量及详细信息，是企业迅速与用户取得联系的重要依据。

管理员利用该模块管理系统注册会员信息。会员管理页面的设计效果如图 10.20 所示。会员管理页面方便管理员可以看到所有的会员，该页面设计使用了 GridView 控件，页面为 admin/user 目录下的 userList.aspx 文件。

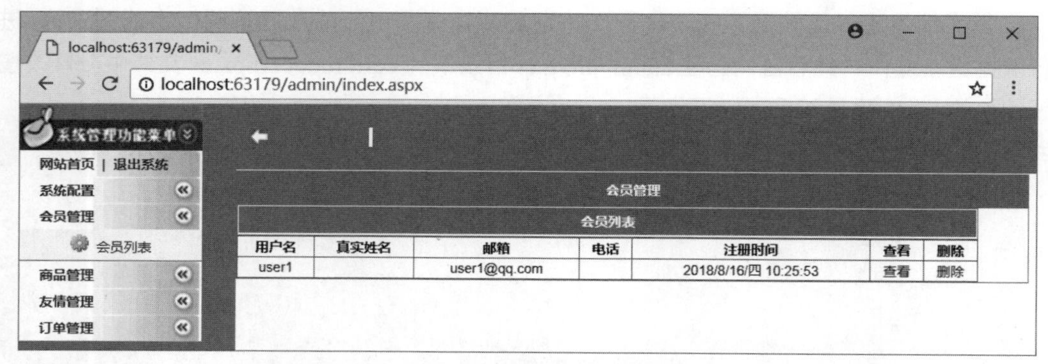

图 10.20　会员管理页面

其主要原理为通过 ADO.NET 连接数据库、查询数据库；通过 Gridview 控件的模板功能，设置显示会员的用户名、姓名、邮箱、电话等，使用模板列实现会员信息的查看、删除列。查看功能是通过超链接跳转到其他页面来显示的，而删除功能则是在本页中实现的，该页面的后台代码在 admin/user 目录下的 userList.aspx.cs 文件中，主要代码如下。

```
protected void Page_Load(object sender, EventArgs e)
{
    if (!IsPostBack)
        databind();
```

```
        }

        public void databind()
        {
            string sql = "select * from [user] order by CreateDate desc";
            gvUser.DataSource = DataBase.ExecuteDataTable(sql, CommandType.Text, null);
            gvUser.DataBind();
        }

        protected void gvUser_RowDeleting(object sender, GridViewDeleteEventArgs e)
        {
            int id = Convert.ToInt32(gvUser.DataKeys[e.RowIndex]["id"].ToString());
            string sql = "delete   from [User]   where id=" + id;
            try
            {
                DataBase.ExecuteNonQuery(sql, CommandType.Text, null);
                    Response.Write("<script language=javascript>function window.onload(){alert(' 删除成功！ ');location.
href='userList.aspx'}</script>");
            }
            catch (Exception ex)
            {
                Response.Write(ex.Message);
            }
        }
    }
```

查看和修改会员信息页面的设计效果如图 10.21 所示，该页面设计使用了文本框和按钮控件，页面为 admin/user 目录下的 userInfo.aspx 文件。

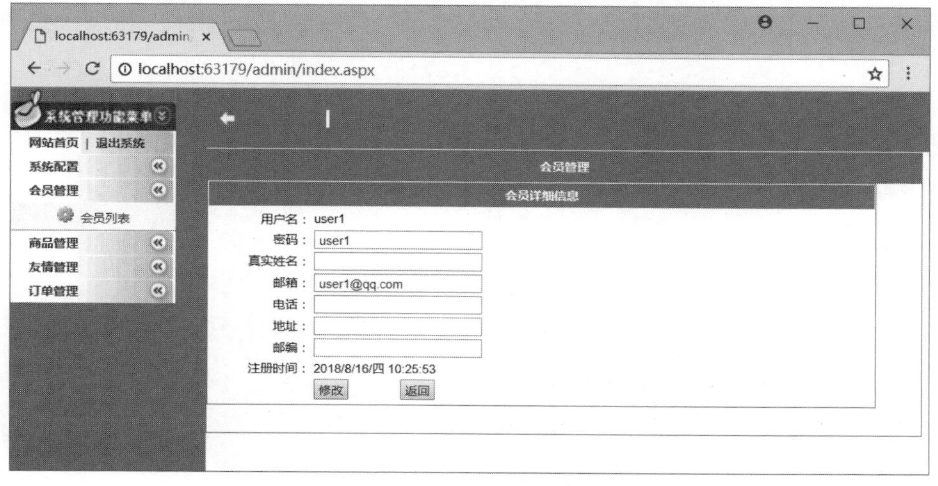

图 10.21　修改会员信息的页面

其实现原理就是数据的 update 操作，系统将管理员更新的数据按照指定的会员 ID 进行数据更新操作。其后台代码在 admin/product 目录下的 userInfo.aspx.cs 文件中，修改按钮控件的 Click 事件下添加以下代码：

```
    protected void Button1_Click(object sender, EventArgs e)
    {
        string id = Request.QueryString["id"].ToString();
            string sql = "update  [user] set  password='" + tbPassword.Text + "',name='" + tbName.Text +
"',Email='" + tbMail.Text + "',TelePhone='" + tbPhone.Text + "',Address='" + tbAddress.Text + "',Postcode='" + tbPost.
Text + "' where id=" + id;
        try {
            DataBase.ExecuteNonQuery(sql, CommandType.Text, null);
            Response.Write("<script language=javascript>function window.onload(){alert(' 修 改 成
功！ ');location.href='userList.aspx'}</script>");
        }
        catch (Exception ex)
        {
            Response.Write("alert(' 修改失败！ ')");
        }
    }
```

10.8　本章小结

本章从系统的需求分析、概要设计、数据库设计和模块设计等方面详细介绍了两个案例的开发过程及方法。把 ASP.NET 技术与软件工程以及软件开发项目管理结合起来进行讲解，加强编程技巧的训练，巩固了前面章节的知识，熟悉项目开发的过程及项目管理流程。本章旨在抛砖引玉，使读者对网站开发了解更全面、理解更深刻，为今后的职业生涯做好准备。

参考文献

[1] 谭浩强 . C 程序设计 [M].4 版 . 北京：清华大学出版社，2010.
[2] 张基温 . 新概念 C 语言程序设计教程 [M]. 南京：南京大学出版社，2007.
[3] 何钦铭，颜晖 . C 语言程序设计 [M].3 版 . 北京：高等教育出版社，2015.
[4] 顾元刚，等 . C 语言程序设计教程 [M]. 北京：机械工业出版社，2004.
[5] 周必水，沃钧军，边华 . C 语言程序设计 [M]. 北京：科学出版社，2004.
[6] Brian W. Kernigham, Dennis M. Ritchie. The C Programming Language[M].2 版 . 北京：机械工业出版社，2004.
[7] 黄迪明 . C 语言程序设计 [M]. 北京：电子工业出版社，2005.
[8] 朱承学 . C 语言程序设计教程 [M]. 北京：中国水利水电出版社，2006.
[9] Richard Johnsonbaugh, Martin Kalin. ANSI C 应用程序设计 [M]. 杨季文，吕强，译 . 北京：清华大学出版社，2006.
[10] Ivor Horton. C 语言入门经典 [M].4 版 . 杨浩，译 . 北京：清华大学出版社，2013.